Al Bosta
Risse im Mauerwerk

D1734720

Risse im Mauerwerk

Verformungsverhalten von Mauerwerkswänden infolge Temperatur und Schwinden

Von
Dipl.-Ing. Salim Al Bosta

Werner-Verlag

1. Auflage 1997

Die Deutsche Bibliothek – CIP-Einheitsaufnahme
Al Bosta, Salim
Risse im Mauerwerk
Verformungsverhalten von Mauerwerkswänden infolge Temperatur und Schwinden,
von Salim Al Bosta – Düsseldorf : Werner, 1997
ISBN 3-8041-1058-4

ISB N 3-8041-1058-4

© Werner-Verlag GmbH · Düsseldorf · 1997
Printed in Germany

Zahlenangaben ohne Gewähr

Gesamtherstellung: RODruck GmbH, Düsseldorf

Archiv-Nr.: 1004-1.97
Bestell-Nr.: 3-8041-1058-4

Meinen Eltern

Vorwort

Dieses Buch stimmt inhaltlich überein mit meiner Dissertation, mit der ich im Februar 1996 am Institut für Konstruktion und Entwurf II der Universität Stuttgart während meiner Tätigkeit als wissenschaftlicher Mitarbeiter promovierte. Ein wesentliches Ziel der Forschung an diesem Institut unter der Leitung von Herrn Prof. Dr.-Ing. Drs. h.c. J. Schlaich ist es, werkstoffübergreifend und praxisorientiert auf wissenschaftlicher Basis Rechenverfahren für das Bemessen und Konstruieren von Bauwerken zu entwickeln. Hieraus resultierten die wesentlichen Impulse für die Arbeit. Wichtige Anregungen für die Arbeit entstanden auch bei der Bearbeitung der Forschungsvorhaben zum Thema "Statisches Verhalten von transparent gedämmten Außenwänden", die vom Bundesministerium für Forschung und Technologie und vom Bundesministerium für Raumordnung, Bauwesen und Städtebau gefördert wurden.

Von Herrn Prof. Dr.-Ing. Drs. h.c. J. Schlaich erhielt ich viel Unterstützung und wertvolle Anregungen zu meiner Arbeit. Seine geschätzten Ratschläge und seine konstruktive Kritik haben die Arbeit in wesentlichen Punkten verbessert. Herr Prof. Dr.-Ing. K. Schäfer unterstützte und betreute meine Dissertation und fertigte den Hauptbericht an. Er hat sich sehr intensiv mit den in der Arbeit gewählten Modellannahmen auseinandergesetzt und viele Anregungen, kritische Anmerkungen und Hilfestellungen in vielen fachlichen Diskussionen geleistet, die für das Gelingen dieser Arbeit maßgebend waren.

Als Diskussionspartner und Mitberichter konnte Herr Prof. Dr.-Ing. H.-W. Reinhardt, Direktor des Instituts für Werkstoffe und der Forschungs- und Materialprüfungsanstalt (FMPA, Otto-Graf-Institut) gewonnen werden. Seine wertvollen Anregungen und seine Kritik haben die Arbeit in wichtigen Punkten abgerundet. Herr Dr. Koch von der hiesigen FMPA hat mich bei den Versuchen technisch beraten und war stets hilfsbereit.

Zum Gelingen der Arbeit haben nicht zuletzt die fachliche und menschliche Unterstützung der Institutsangehörigen beigetragen. Herr Dr.-Ing. K-H. Reineck und Frau Guy gewährten mir stets idelle, organisatorische und nichtfachliche Unterstützung. Herr Dipl.-Ing. V. Schreiber und Herr Dipl.-Ing. L. Meese halfen mir bei Problemen mit den Computergeräten. Herr Dipl.-Ing. Th. Kuchler, Herr Dipl.-Ing. M. Pötzl und Herr Dipl.-Ing. S. Engelsmann waren stets zu vielfältigen und anregenden Fachgesprächen bereit.

Die wissenschaftlichen Hilfskräfte und Diplomanden haben bei den Vorbereitungen, Durchführungen und Auswertungen der Versuche an Mauerwerkswänden sowie bei den umfangreichen FE-Rechnungen mitgeholfen. Stellvertretend seien Frau K. Papadimitriou und die Herren Th. Pflaumer, Th. Ränsch und R. Bauer genannt.

Meine liebe Frau Brigitte und mein Sohn Malik haben mir vor allem während der Abschlußphase dieser Arbeit viel Verständnis, Nachsicht und Geduld entgegenge-bracht.

Allen Beteiligten gilt mein herzlicher Dank.

Stuttgart, Sommer 1996   Salim Al Bosta

Inhaltsverzeichnis

Anhang

Bezeichnungen und Abkürzungen

Bezeichnungen mit lateinischen Großbuchstaben

A_W, A_D	Mitwirkende Fläche der Wand bzw. Decke bei Zwangbeanspruchung
E_x, E_y	Elastizitätsmodul in x– bzw. y–Richtung
$E_ä$	Äquivalenter Elastizitätsmodul
F_τ	Resultierende Wandschubkraft am Wandrand
F_σ	Resultierende Wandzugkraft in Wandmitte
G	Energiefreisetzungsrate
G_c	Rißwiderstand oder spezifische Rißausbreitungsenergie
G_F	Bruchenergie
K	Spannungsintensitätsfaktor
ΔL	Gesamte freie Längenänderung eines Bauteils mit der Länge L
ΔL_{Wf}, ΔL_{Df}	Freie Längenänderung von Wand bzw. Decke
L_B	Länge des B-Bereichs (max. beanspruchte Wandstelle)
L_E	Einleitungslänge der Schubkräfte (D–Bereich)
R_σ	Tragfähigkeit der Wand auf Längszug
R_τ	Tragfähigkeit der Wand gegen Abscheren
R'_τ	Reibungswiderstand nach Überwinden der Kohäsion
T_a, T_i	Temperatur an der Außen– bzw. Innenoberfläche
$\Delta T_{Riß}$	Rißauslösende Temperaturänderung
T_o	Herstellungstemperatur bzw. Anfangstemperatur
$T(\varrho)$	Absorbertemperatur in Abhängigkeit von der Rohdichte ϱ
ΔT_E	Temperaturanteil für die Eigenspannung

Bezeichnungen mit lateinischen Kleinbuchstaben

a, a_m	Rißabstand bzw. mittlerer Rißabstand
b_m	Mitwirkende Plattenbreite
c	Spezifische Wärmekapazität oder Kohäsion
f_{BZ}	Biegezugfestigkeit
f_b	Steindruckfestigkeit
f_{HZ}	Haftzugfestigkeit zwischen Stein und Mörtel
$f_{k,MW}$	Charakteristische Mauerwerksdruckfestigkeit
$f_{Mö}$	Mörteldruckfestigkeit
f_{RZ}	Rechenwert der Steinzugfestigkeit nach Tab. 7 der DIN 1053 T2

f_{RK}	Rechenwert der abgeminderten Kohäsion nach Tab. 8 der DIN 1053 T2
f_R	Rechenwert der Mauerwerksdruckfestigkeit nach Tab. 6, DIN 1053 T2
$f_{RH,LF}; f_{RH,SF}$	Haftscherfestigkeit in der Lagerfuge bzw. in der Stoßfuge
f_Z, f_t	Zugfestigkeit des Mauerwerks
f_{ZSt}	Zugfestigkeit des Steins
f_{Zy}	Haftzugfestigkeit des Mörtels
h_v	Feuchtegehalt in einer Wand
k_{px}, k_{py}	Verhältnis der Plattenspannung zu der maximalen Spannung in x– und y–Richtung
k_{pDx}	Verhältnis der horizontalen Plattenspannung an der Decke zu der maximalen Spannung (Behinderungsgrad)
k_s	Verhältniswerte der horizontalen Scheibenspannungen zur maximalen Spannung
k_{sD}	Verhältnis der horizontalen Scheibenspannung an der Decke zu der maximalen Spannung (Behinderungsgrad)
k_τ	Faktoren für die Ermittlung der mittleren Schubspannung an der Decke
v_m	Völligkeitsfaktor für die Scheibenspannungen in Wandhöhenmitte
v_D	Völligkeitsfaktor für die Scheibenspannungen in der Anschlußlinie
v_{pm}, v_{pD}	Völligkeitsfaktor Plattenspannungen in Wandhöhenmitte bzw. Anschlußlinie
w, w_m	Rißbreite bzw. mittlere Rißbreite
w_E	Rißbreite infolge Eigenspannung

Bezeichnungen mit griechischen Kleinbuchstaben

α_T	Wärmedehnungskoeffizient
α_{PB}	Beiwerte zur Berechnung der wirksamen Deckenbreite bzw. –fläche
δ_x	Verschiebung bei Schubbeanspruchung
γ	Sicherheitsbeiwert (für Zwang 1,0)
ε_E	Eigendehnung
ε_{el}	Elastischer Dehnungsanteil
ε_k	Dehnungsanteil aus Kriechen
ε_s	Dehnungsanteil aus Schwinden
ε_u	Bruchdehnung des Mauerwerks
λ	Wärmeleitfähigkeit
μ	Reibungsbeiwert
ν_1, ν_2	Querdehnzahlen in Hauptspannungsrichtung 1 und 2

ν_x, ν_y	Querdehnzahlen in x– und y–Richtung
ν_{LF}, ν_{SF}	Querdehnzahl in der Lagerfuge bzw. in der Stoßfuge
ϱ	Rohdichte
σ_D, σ_Z	Druckspannungen bzw. Zugspannung
σ_E	Eigenspannung aus instationärer Temperaturänderung
σ_v	Vertikale Druckspannungen aus Auflasten
σ_c	Kritische Spannung
τ_{xy}	Schubspannung
τ_R	Reibungsspannung
τ_{St}	Schubspannung im Mauerstein
$\tau_{xy,m}$	Mittlere Schubspannung: über die Länge L_D gemittelte Schubspannung im ungerissenen Zustand
θ, ϕ	Beanspruchungswinkel zur Lagerfuge im Mauerwerk

Abkürzungen und Indizes

B	Biegung oder B–Bereich
D	Decke oder D–Bereich
E	Eigenspannung
Mö	Mörtel
MW	Mauerwerk
St	Stein
W	Wand
ZD	Zwischendecke
ZG	Zwischengeschoß

a	Außen
b	Beton
f	Frei
i	Innen
p	Platte
s	Scheibe
z	Zwang

Abstract:

Deformations of Masonry Walls due to Restraints

There are no appropriate calculation methods for the deformations (cracks) of masonry walls subjected to the influence of restraint. In particular, there is a lack of experience concerning the statical behaviour of masonry walls and its dimensioning in case of the application to transparent thermal insulation to exterior walls and the resulting high temperatures (passive solar energy systems).

This work aims at reducing respectively avoiding crack damage to masonry walls due to restraints as a result of extreme temperature and shrinkage. Design criteria and statical calculation methods had to be developed.

The deformation behaviour of masonry walls (without openings) is being investigated. The walls are placed inbetween two reinforced concrete slabs obstructing the deformation tendency of the walls. Temperature changes and shrinkage occurring under the normal climatic conditions and with the application of transparent thermal insulation are considered to be influential.

In case of non−stationary temperature influence the restraints are composed of "eigen−stresses" and stresses resulting from bending− and axial forces.

The majority of the thermal stresses are transferred into "eigen−stresses" during the warming−up− and the cooling−down−phase. Depending on the material and the degree of the stresses no cracks at all appear or only dispersed cracks occur in the over−stressed cross−sections. The eigen−stresses result in a more favorable stress−distribution due to restraint. Thus eigen−stresses may be neglected when determining the wall−stress combined with restraint.

With FE−calculations k− and v−factors where established to describe the stress distribution within the wall due to restraints. Using these factors, the stresses can be easily calculated.

The mechanism of crack−development was investigated. Horizontal cracks close to the ceiling occur if the shear resistance of the masonry or the joint are exceeded due to warming up of the wall. Vertical separation cracks occur in a wall after exceeding the masonry horizontal tensile strength. Using Eq. 6.32 and the k- and v-factors listed in the appendix and assuming linear elastic behaviour, the distances between the cracks and the crack-widths can be estimated. The shortest wall-length (L) between separate cracks was determined to range from L = 0,75 H to 1,0 H (H = height of the wall). In shorter walls only incipient cracks and no separation cracks appear. These results were confirmed by non-linear FE-calculations.

Practical examples describe the application of the equations and tables.

The comparison of masonry and thick reinforced concrete elements showed that, with respect to stresses and crack formation, there are many similarities of such reinforced concrete elements and masonry walls "reinforced" with concrete slabs. Just as in the case of reinforced concrete various states or crack development phases were defined: State I: Linear stress-strain-behaviour and no development of separation cracks (only incipient cracks); State II a: development of separation cracks; State II b: no further cracks, only an increase of the crack width (final crack stage).

A wall which surpassed the acceptable shear force during the warming-up-phase and shifted within the horizontal joints evokes opposite shear forces during cooling-down. These forces may be smaller than the friction forces necessary for the wall to slide back, but their sum may be greater than the tension resistance of the wall. In this case, the masonry will crack in the middle of the wall and the crack width may match the wall lengthening during warming-up. With such behaviour wide cracks have to be expected. This was confirmed by FE-calculations.

Kurzfassung

Dieses Buch beschäftigt sich mit den Verformungen und der eventuellen Rißbildung in Wänden infolge Schwinden und Temperaturänderung insbesondere bei der Anwendung der transparenten Wärmedämmung (TWD), die die Dämmwirkung und Nutzung der Sonneneinstrahlung zu Raumheizzwecken kombiniert. Die Wände befinden sich zwischen zwei Stahlbetondecken, die das Verformungsbestreben der Wände behindern. Überschreiten die Zwängungen die Materialfestigkeit, so sind Risse und möglicherweise Bauschäden die Folgen. Ziel dieser Arbeit ist es, Rißschäden in Wänden zu mindern bzw. zu vermeiden.

Repräsentative Werte der täglichen und jahreszeitlichen Temperaturschwankungen wurden sowohl für übliche klimatische Bedingungen als auch bei Anwendung der TWD ermittelt.

Die Zwangbeanspruchungen in Mauerwerkswänden (Dach– und Zwischengeschoß) wurden mit Hilfe von FE–Rechnungen ermittelt. Das Steifigkeitsverhältnis zwischen Stahlbetondecke und Mauerwerkswand wurde von 1 bis 13 variiert. Aus den FE–Rechnungen wurden k– und v–Faktoren ermittelt, welche die Spannungsverteilung in der Wand beschreiben. Mit Hilfe dieser Faktoren, die in Tabellen für praktische Anwendungen dargelegt sind, können die Eigenspannungen und die Spannungsanteile aus Scheiben– und Plattenwirkung berechnet werden.

Das Verformungsverhalten wurde in den Wandsystemen vor und nach der Rißbildung verfolgt. Infolge Zwangbeanspruchung können in Mauerwerkswänden grundsätzlich zwei Rißarten entstehen. Horizontale Risse in der Nähe der Anschlußlinie Wand/Decke entstehen bei Überschreitung des Wandwiderstandes gegen Abscheren durch die Schubspannungen aus dem Lastfall Erwärmung. Die zweite Rißart, eine vertikale Trennrißbildung, tritt auf, wenn die horizontale Wandzugfestigkeit erreicht wird. Es wurden zunächst Überlegungen zum Mechanismus der beiden Rißbildungsarten angestellt. Dann wurde versucht, mit analytischen Ansätzen die Rißbildung nachzuvollziehen. Anschließend wurden FE–Rechnungen durchgeführt, um den Einfluß der physikalischen Nichtlinearität zu erfassen, die Vorüberlegungen zu überprüfen und Vereinfachungen zu treffen. Darauf aufbauend wurde ein einfaches Bemessungsverfahren für Mauerwerkswände unter Zwangbeanspruchung entwickelt.

Mit Hilfe der angegebenen Gleichungen und der im Anhang angegebenen Faktoren können unter Annahme linear elastischen Verhaltens Rißabstände und Rißbreiten in den Wänden abgeschätzt werden. Anhand von praktischen Zahlenbeispielen wurde gezeigt, wie die Formeln und Tabellen angewendet werden können.

Die mechanischen Eigenschaften und Versagenskriterien von Mauerwerkswänden wurden beschrieben.

Die Behinderung der Wandverformungen durch die Stalbetondecken wurde untersucht. Für die mitwirkende Fläche der Decke auf Zwang wurden Beiwerte für verschiedene Seitenverhältnisse und unterschiedliche E_{Decke}/E_{Wand}–Werte errechnet und ausgewertet.

Zur Berücksichtigung der Geschoßzahl wurde die Auflast variiert. Je größer die Auflast ist, desto größer sind die günstig wirkenden Querdruckspannungen aus der Querdehnung. Die Wand wird mit Auflast erst bei stärkerem Temperaturabfall reißen als ohne Auflast.

Durch Vergleiche zwischen Mauerwerk und dicken Stahlbetonbauteilen wurde festgestellt, daß hinsichtlich Beanspruchungen und Rißbildung viele Parallelen zwischen dicken Stahlbetonbauteilen und mit Decken 'bewehrten' Mauerwerkswänden vorhanden sind.

1 Allgemeines

1.1 Problemstellung und Zielsetzung

Die Schäden infolge Rißbildung in Wänden belasten die Volkswirtschaft erheblich. Sanierungskosten und nicht selten gerichtliche Auseinandersetzungen zwischen Bauherr und Planer bzw. Bauunternehmer sind weitere Folgen.

Die wesentliche Ursache der Rißbildung in Hauswänden ist das Überschreiten der geringen Zugfestigkeit der Mauerwerkswände bei Zwangbeanspruchung aus Schwinden und Temperaturänderung. Wie die Erfahrung zeigt, können schon bei üblichen klimatischen Verhältnissen infolge unzweckmäßiger Planung, ungeeigneter Wahl der Baustoffkombinationen oder mangelhafter Detailausbildung Risse entstehen. Die Anwendung der transparenten Wärmedämmung (TWD), die die Dämmwirkung und Nutzung der Sonneneinstrahlung zu Raumheizzwecken kombiniert, liefert besonders hohe Temperaturbeanspruchungen, die diese Gefahr erhöhen.

Diese Beanspruchungen, die gemeinhin in üblichen 'Statischen Berechnungen' gar nicht berücksichtigt werden, spielen oft und besonders bei TWD eine wichtige Rolle und können zu Rissen im Mauerwerk führen. Diese Risse haben zwar im allgemeinen nicht die Zerstörung oder die Beeinträchtigung der Tragfähigkeit des Bauwerks zur Folge, aber sie mindern die Gebrauchsfähigkeit und können zur Durchfeuchtung führen.

Die wesentlichen Ursachen der Rißbildung sind Zug- und Schubbeanspruchungen aus behinderten Verformungen, die aufgrund unterschiedlicher Werkstoffe entstehen. Die Zwänge selbst können wegen der komplexen Einwirkungen (Lasten, Temperatur, Feuchte usw.), wegen des zeitabhängigen Wekstoffverhaltens (Schwinden, Kriechen, Relaxation) und der stets vorhandenen Eigenspannungen rechnerisch nicht genau erfaßt werden. Hinzu kommt, daß das Mauerwerk ein relativ sprödes Material ist und nur verhältnismäßig geringe Zugbeanspruchungen aufnehmen kann. Zugzwang führt also zwangsläufig zu Rissen in Mauerwerksbauten. Es wäre sinnlos, die Zwänge genau zu berechnen, bzw. völlig ungerissene Mauerwerkswände anzustreben.

Für die Berechnung von Zwangbeanspruchungen in Mauerwerkswänden gibt es in der Praxis noch keine brauchbaren Verfahren.

In dieser Arbeit werden zunächst die Zwangbeanspruchungen in geschlossenen Mauerwerkswänden infolge Temperaturänderung und Schwinden ermittelt. Anschließend wird das Verformungsverhalten in den Wandsystemen vor und nach der Rißbildung verfolgt. Danach wird versucht, ein einfaches nachvollziehbares Bemessungsverfahren für die Beurteilung von Mauerwerkswänden unter Zwangbeanspruchung zu entwickeln.

Die Untersuchungen werden hauptsächlich analytisch mit vereinfachten nachvollziehbaren Ansätzen und Ableitungen durchgeführt. FE–Rechnungen werden zur Ermittlung des Verformungsverhaltens und einiger Parameter bzw. zum Vergleich und zur Verallgemeinerung herangezogen.

Auf der Grundlage der erzielten Ergebnisse können mögliche Risse schon bei der Planung anhand von vorgegebenen Kriterien erkannt werden. Durch geeignete Tragwerkskonzeption, Wahl der Baustoffkombinationen und richtige Herstellung können sie in unschädlichen Grenzen gehalten werden.

1.2 Rißarten und Rißursachen in Mauerwerkswänden

Bild 1.1 zeigt exemplarisch einige Beispiele von Rißbildern in Mauerwerksaußenwänden und ihre wahrscheinlichen Ursachen. Die Rißursachen in Mauerwerkswänden sind immer Verformungen, welche lastabhängig oder lastunabhängig sein können.

Man unterscheidet folgende Rißarten (Bild 1.2):
Die Rißarten 1 und 2 entstehen infolge zentrischen Zwangs, aber auch durch Biegung parallel zur Lagerfuge (Abschn. 3.3.1.2). Die Rißarten 3 und 4 haben dieselben Ursachen wie 1 und 2, die Biegespannungen sind jedoch senkrecht zur Lagerfuge gerichtet. Außerdem kann für die Rißart 3 noch Horizontalschub mitverantwortlich sein. Die diagonalen Risse 5 und 6 können durch Schub infolge horizontaler Kräfte kombiniert mit Vertikalkräften entstehen, vor allem durch Verlängerung oder Verkürzung der Stahlbetondecken gegenüber den Wänden. Die Rißart 7 entsteht bei überhöhter Auflast auf einem Teilquerschnitt. Desweiteren treten in Mauerwerkskonstruktionen auch Netzrisse der Rißart 8 auf, die auf Eigenspannungen aus Temperatur und Schwinden zurückzuführen sind. Diese sind aber nur in oberflächennahen Schichten von Steinen oder im Putz zu finden.

Bei mehrschichtigem Wandaufbau kann es durch unterschiedliche Temperaturdehnungen der aneinanderhaftenden Schichten zu Beulenbildung kommen, was oft zu Rissen auch parallel zur Oberfläche führt. In [Franke/Bentrup,1991] sind weitere Schädigungen an Mauerwerkswänden durch Umwelteinflüsse beschrieben.

In dieser Arbeit werden hauptsächlich die **lastunabhängigen Ursachen** (Temperaturunterschiede und Schwinden bzw. Quellen) behandelt.

a) Sandsteinmauerwerk mit Stahlbetondecken, vertikale Risse infolge Schwinden und Temperaturänderung

b) Bimssteinmauerwerk, vertikale Risse durch Schwinden [Aurousseau,1984]

Bild 1.1: Beispiele für Risse in Mauerwerkswänden

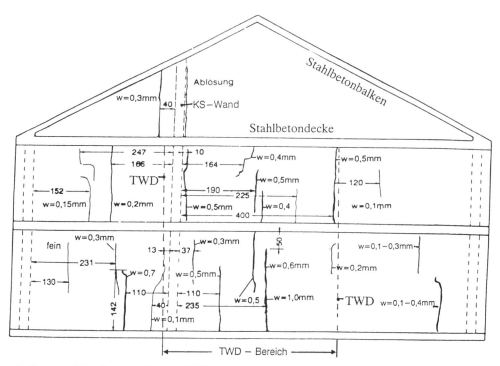

c) *Risse auf der Innenseite von Blähtonsteinmauerwerk eines Versuchshauses der Universität Stuttgart hinter einer mit transparenter Wärmedämmung teilweise bestückten Außenfassade [Al Bosta/Schäfer, 1993]*

d) *Ablösung einer Mauerwerksschale von der Hintermauerung durch unterschiedliche Verformungen [Zimmermann, 1973–1991]*

Bild 1.1: Beispiele für Risse in Mauerwerkswänden (Fortsetzung)

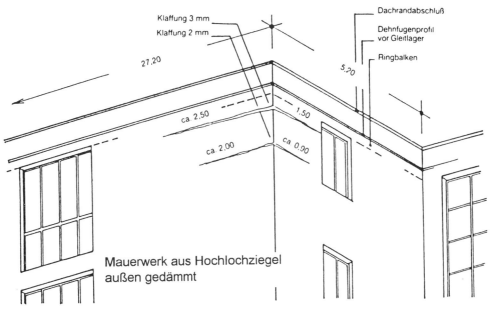

e) Risse infolge Schwinden des Stahlbetonbalkens [Pfefferkorn, 1994]

f) Im Frühjahr gebaut, Rißbildung im Sommer infolge Verlängerung des Stahlbeton-
   Flachdaches [Mitzel, u.a.1981]

Bild 1.1: Beispiele für Risse in Mauerwerkswänden (Fortsetzung)

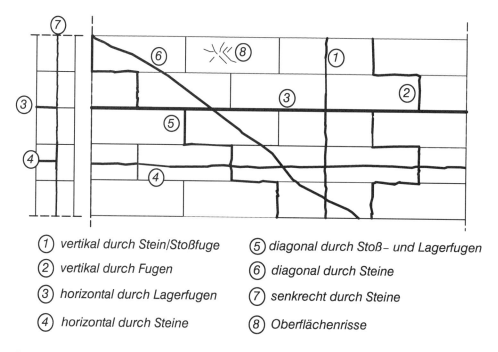

1. vertikal durch Stein/Stoßfuge   5. diagonal durch Stoß- und Lagerfugen
2. vertikal durch Fugen   6. diagonal durch Steine
3. horizontal durch Lagerfugen   7. senkrecht durch Steine
4. horizontal durch Steine   8. Oberflächenrisse

Bild 1.2: Rißarten im Mauerwerk (schematisch)

Grundsätzlich entstehen **Temperatur**zwänge, wenn zwei miteinander fest verbundene Bauteile, die unterschiedliche Temperaturausdehnungskoeffizienten (α_T) besitzen, gleiche Erwärmung oder Abkühlung (ΔT) erfahren. Oder, wenn diese bei gleichen Temperaturausdehnungskoeffizienten (α_T) unterschiedliche Temperaturen erfahren. In einer Mauerwerkswand kann es durch Sonneneinstrahlung, Witterung (plötzliche Temperaturänderung, Schlagregen), Nutzung (Klimaanlagen bzw. Heizung), Anwendung von transparenter Wärmedämmung, unterschiedliche Farben auf einer Wand, unterschiedliche Herstellungstemperaturen beim Bauen oder Brandeinwirkung zu Temperaturunterschieden kommen.

Besonders rißgefährdet sind Wände unter massiven Flachdächern, Garagendächern, Balkon- und Terrassenplatten, vor allem, wenn diese nicht gedämmt sind. Sie sind extremen Oberflächentemperaturdifferenzen von bis zu 100°C ausgesetzt (Abschn. 4.1). Dadurch können sie sich infolge Erwärmung mehr verlängern, als die sich darunter befindliche Wand, was zu Zwängungen und evtl. Rissen in der Wand führt.

Infolge eines Temperaturgradienten in einer Stahlbetondecke ergeben sich Verwölbungen, die zur Auflagerverdrehung und einer Klaffung zwischen Mauerwerk und Decke entlang der Auflagerlinie führen. Im Mauerwerk unter der Decke entsteht im Winter ein Riß auf der Außenseite und im Sommer auf der Innenseite. Den genannten Auflagerverdrehungen überlagern sich noch diejenigen aus den elastischen Verformungen und den Kriechverformungen der Decke. Aus der Klaffung resultiert auch eine exzentrische Auflagerung der Decke auf die Wand. Dadurch kann es zu einer Zermürbung des Steins durch Lastkonzentration, aber auch zu Abplatzungen des Putzes kommen.

Als **Schwinden bzw. Quellen** wird eine Volumenverkleinerung bzw. -vergrößerung durch Austrocknen oder Wasseraufnahme bezeichnet (Abschn. 4.3). Der Baustoff richtet sich in seinem Schwind- und Quellverhalten vor allem nach der umgebenden Feuchte. Zementgebundene Steine schwinden mehr als gebrannte Steine. Bei gebrannten Steinen wird das Schwinden durch das Brennen schon vorweggenommen. Als **Kriechen** bezeichnet man die Verformung eines Bauteils unter andauernder Last über längere Zeit. Bei Mauerwerk ist das Schwinden und Kriechen nach 3 bis 5 Jahren praktisch abgeschlossen. Die Relaxation ist eine zeitabhängige Abnahme der vorhandenen Spannungen unter aufgezwungenen Verformungen. Das Relaxationsvermögen ist direkt nach der Herstellung der Mauerwerkswand (Anfangszeit) viel größer als später (Abschn. 3.1.1).

Die Kombination unterschiedlicher Baustoffe zieht oft Risse nach sich, weil diese unterschiedliches Schwind-, Quell- oder Kriechverhalten besitzen. Ein altbekanntes Beispiel ist die Verwendung von Hochlochziegeln für die Außenwände (Wärmeschutz) und Kalksandstein für die Innenwände (Schallschutz) im Wohnungsbau. Der Kalksandstein schwindet mehr als der Ziegel. Je mehr Geschosse vorhanden sind, um so mehr addieren sich die Verkürzungen aus Schwinden (aber auch aus Kriechen) auf und um so breiter und ausgeprägter werden die Risse in den oberen Geschossen.

Rißschäden durch Quellen können z.B. bei mehrgeschossigen Gebäuden entstehen, wenn die wetterseitige Außenwand durch Schlagregenbeanspruchung so stark durchfeuchtet wird, daß sich diese viel stärker dehnt als die Anschlußwände. Die Risse nehmen dann ebenfalls nach oben hin zu [Pilny, 1981].

Temperaturänderungen, Schwinden/Quellen, Kriechen, Relaxation, aber auch elastische Verformungen treten nie einzeln auf. Ihre Auswirkungen können sich im Einzelfall aufaddieren oder auch teilweise kompensieren. Dadurch wird das Abschätzen von solchen Bauteilverformungen erheblich erschwert und diese können meistens nicht zuverlässig angegeben werden.

Sonstige Verformungen: Schäden an Mauerwerkskonstruktionen treten häufig auch durch Durchbiegungen bzw. Verdrehung angrenzender Decken oder Unterzüge infolge Lasten auf. Eine weitere, häufige Schadensursache sind Verformungen an Bauwerken infolge von Baugrundbewegungen (Setzungen). Diese können Ursache für breite Risse und Beinträchtigung der Gebrauchsfähigkeit und Standsicherheit von Gebäuden sein. Dynamische Beanspruchungen (Erdbeben, Sprengungen, Bauarbeiten, schwerer Straßenverkehr usw.) können ebenfalls zu erheblichen Schäden in Wänden führen.

1.3 Zur Beurteilung von Rissen in Mauerwerksaußenwänden

Risse in Mauerwerksaußenwänden sind hinsichtlich ihrer möglichen Ursachen und Auswirkungen aus vielen Schadensanalysen bekannt [Zimmermann,1973–1991 und Pfefferkorn,1980–1994]. Die Risse und ihre Beurteilung werden hier kurz vorgestellt, weil immer wieder aus der Sicht einiger Architekten und Bauphysiker (z.B. [Grunau,1989 und Rath/König, 1993]) Risse in Mauerwerk allgemein als Makel beschrieben werden. Von Laien werden sie meist als schlimm empfunden und als Beginn einer kompletten Zerstörung des Bauteils angesehen.

Es stellt sich die Frage, wie die Risse im Mauerwerk zu beurteilen sind, ob ein Riß als harmlos oder als schädlich bzw. mit schwerwiegenden Folgeschäden zu bewerten ist. Nur selten haben Risse die Beeinträchtigung der Standsicherheit oder die Zerstörung eines Bauteils zur Folge.

Im allgemeinen Sprachgebrauch werden die Begriffe Baumangel und Bauschaden meistens nach ihrer Größenordnung unterschieden. Baumängel sind demnach kleinere Beschädigungen, Unrichtigkeiten und Unstimmigkeiten, die je nach Ausmaß noch zu tolerieren sind. In [Schild,1978] gibt es hierzu exaktere Definitionen: "Als Baumängel werden Zustände an Bauten bzw. deren Teilen bezeichnet, die den Wert und/oder die Nutzbarkeit (Tauglichkeit) des Gebäudes im Vergleich zu seiner gewöhnlichen Beschaffenheit herabmindern und damit wirtschaftliche Folgen haben." In [Grube u.a., 1990] werden Baumängel als die Abweichungen von den vereinbarten Leistungen, die vor der Abnahme des Bauwerks festgestellt werden. Und "als Bauschäden werden Erscheinungen an Bauten bzw. deren Teilen bezeichnet, die eine Veränderung der technischen (chemischen, physikalischen) Eigenschaften des Gebäudes darstellen, dadurch den Wert und/ oder die Nutzbarkeit im Vergleich zu seiner gewöhnlichen Beschaffenheit herabmindern und damit wirtschaftlich nachteilige Folgen haben" [Schild, 1978]. Bauschäden treten während der Nutzung auf.

Für eine Beurteilung von Rissen ist neben der Rißform auch der Rißverlauf von Bedeutung. Von der Breite, der Tiefe, der Lage von Rissen lassen sich Rückschlüsse auf die Rißursache ziehen. Im Mauerwerksbau genügen die Art, der Verlauf und die Breite eines Risses nicht für eine Aussage, ob dieser als schädlich oder gar kritisch einzustufen ist. Außerdem stellt sich die Frage, ob das vorgefundene Rißbild einen Endzustand darstellt oder ob sich die Risse in progressiver oder degressiver Weise verändern; Risse können auf einmalige (Schwinden, Kriechen, Setzungen) oder auf sich wiederholende Vorgänge (Temperaturänderungen, Lastwechsel) zurückgeführt werden. Ein "arbeitender" Riß erfordert andere Instandsetzungsmaßnahmen als ein sich nicht verändernder Riß.

Risse in bewohnten Räumen, die mit bloßem Auge nicht erkennbar sind, interessieren nicht. Eine Grenze für die Beeinträchtigung des optischen Erscheinungsbildes ist in der Praxis nicht festlegbar. Der Beobachter beurteilt einen erkennbaren Riß abhängig von seinem Standort zum Riß, seinem subjektiven Empfinden sowie von der Bedeutung des Erscheinungsbildes des Bauwerks. Eine mögliche Bewertungsskala ist beispielsweise in Bild 1.3 zu sehen.

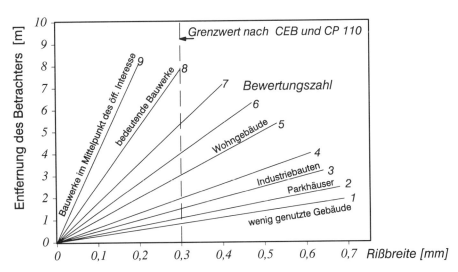

Bild 1.3: Optisch störende Risse [BCS, 1982 aus Henning, 1987]

Auf trockenen, glatten Oberflächen werden, nach einer Umfrage in den USA und Untersuchungen in Deutschland [Padilla/Robles, 1971; Rybicki, 1974; Pfefferkorn, 1980/94 und Oswald, 1991], Rißbreiten w > 0,3 mm als störend empfunden. Bei Wandfliesen ist der Riß trotz kleiner Breite (w < 0,1 mm) sehr deutlich zu sehen. Als obere Grenze zulässiger Rißbreiten wird im Betonbau nach DIN 1045 und Eurocode 2 max w < 0,25 bis 0,40 mm angesehen.

13

Risse mit kleineren Breiten werden allerdings im feuchten Zustand ebenfalls als Schönheitsfehler und oft als störend empfunden. In diesem Fall verdunstet das Wasser zwischen den Rissen sehr langsam, deshalb sind diese sich dunkel abzeichnenden Risse auf abtrocknenden und feuchten Flächen sehr gut zu sehen. Außerdem ziehen Risse Schmutz an und verursachen "Unbehagen". Es können sich dadurch auch Wandbeschichtungen (Anstriche, Fliesen oder Tapeten) lösen.

Ein Riß mit einer Breite von 0,3 mm im Putz kann verspachtelt und neu verputzt werden. Die Wandtapete kann ersetzt werden. Bei gefliesten Wänden ist dagegen das Verpressen des Risses viel komplizierter. Die Fliesen müssen abgetragen und durch neue ersetzt werden. Eine neuerliche sehr kleine Wandbewegung wird wahrscheinlich an derselben Stelle den Riß in den Fliesen wieder sichtbar machen.

Im allgemeinen sollen Risse, die mit bloßem Auge gut sichtbar sind, vermieden werden. Es empfiehlt sich, die rechnerische mittlere Rißbreite unter 0,3 mm (bei Wandfliesen noch geringer) zu begrenzen.

Meist sind durch Risse nur bauphysikalische Eigenschaften einer Wandkonstruktion beeinträchtigt, wie der Feuchte-, Wärme- oder Schallschutz. Bei durchgehenden breiten Trennrissen entsteht Luftzug, der die Gesundheit und das Wohlbefinden der Menschen nachhaltig beeinflussen kann. Außerdem kann die Verminderung der Schalldämmwirkung durch die Trennrisse die Qualität und sogar die Nutzung der Wohnräume beeinträchtigen. Der häufigste durch Risse bewirkte Bauschaden in Außenwänden ist die Durchfeuchtung der Bauteile. Die Durchfeuchtung zieht Ausblühungen, Pilzbefall, Ansiedlung von Bakterien und Insekten sowie Kältebrücken nach sich. Es kommt zum Reißen des Putzes oder der Wandbeläge, vor allem Fliesen und Tapeten. Bei ungedämmten und bei innengedämmten einschaligen Wandkonstruktionen entstehen in den Rissen durch Schlagregenbeanspruchung Kältebrücken. Auf der Wandinnenseite bildet sich dann Tauwasser, und außen kann es im Winter zu Frostabsprengungen des Putzes und des Mauerwerks kommen (vgl. auch [Reyer u.a., 1991]).

Bei Rißbreiten unter 0,3 mm ist nicht mit Luftzug und Kältebrücken zu rechnen. Außerdem wird die Außenwand bei einer gut isolierenden Außendämmung gegen Regenwasser geschützt, damit ist keine Durchfeuchtung von außen möglich. Die Schalldämmung von Bauten in städtischen Gebieten mit tiefen Frequenzen (Geräusch des Straßenverkehrs) [Moll/Szabunia, 1985] wird durch einen 0,3 mm breiten durchgehenden Riß in einer tragenden Außenwand nur geringfügig beeinträchtigt.

Es ist schwierig, eine allgemein zulässige Rißbreite für die Gebrauchsfähigkeit anzugeben, weil auch feine Risse zu Schäden führen können. Dennoch scheint eine zulässige
Rißbreite von 0,3 mm im Hinblick auf die Gebrauchsfähigkeit eine vertretbare Größe für
die Praxis darzustellen.

Die Standsicherheit eines Bauwerkes wird nur in seltenen Fällen durch Rißschäden und
wohl kaum durch Zwangbeanspruchungen beeinträchtigt. Eine Gefährdung der statischen Sicherheit im Mauerwerksbau wird hauptsächlich durch grobe konstruktive Feh-
ler verursacht. Ein Beispiel hierfür ist der geschilderte Fall in [Mitzel u.a., 1981]. Bei einer
schubfesten Verbindung zwischen einer Ziegelwand und dem daraufliegenden Stahlträger entstanden durch die unterschiedlichen Verformungen infolge wechselnder Temperaturbelastung Rißbreiten bis zu 10 cm. Der Stahlträger hatte sich thermisch mehr ge-
dehnt ($\alpha_{TStahl} \approx 2\alpha_{TZiegel}$) als der Ziegel. Dabei zog er die Ziegelwand auseinander. Durch
wiederholtes Gleiten bei Temperaturzyklen entstanden breite Schubspannungsrisse.
Ähnlich grobe Risse werden mitunter durch Bodensetzungen verursacht.

1.4 Wirkungsweise der transparenten Wärmedämmung (TWD)

Seit mehreren Jahren werden in Deutschland vereinzelt Außenwände mit transparenten
Wärmedämmungssystemen (TWD) bedeckt. Die TWD vor Außenwänden kombiniert
Dämmwirkung und Nutzung der solaren Einstrahlung zu Raumheizzwecken. Durch die
Anwendung des passiven Solarenergie–Systems TWD anstatt konventioneller Däm-
mung kann der Energieverbrauch im Wohnungsbau noch weiter reduziert werden.

Transparent gedämmte Außenwände unterliegen einseitig hohen Temperaturen (bis
100°C) und zum Teil raschen Temperaturwechseln (Abschn. 4.1). Je nach Wandaufbau
und mechanischer Halterung entstehen dadurch thermische Verformungen und Zwängungen, die zu Rissen führen können. In diesem Abschnitt wird die transparente Wärmedämmung (TWD) und ihre Wirkungsweise vorgestellt.

Transparente (TWD bzw. lichtdurchlässige energiegewinnende Isoliersysteme) und
konventionelle (opake) Wärmedämmung bewirken an Gebäudeaußenwänden eine
Verringerung der Transmissionswärmeverluste von innen nach außen. Die TWD läßt im
Gegensatz zur Opak–Dämmung die Sonneneinstrahlung aufgrund ihrer Transparenz
weitgehend durch (Bild 1.4). Dies führt zur Erwärmung der Außenoberfläche, die diese
Wärme absorbiert und in die Wandmasse weiterleitet. Dabei dient die massive Wand
für die Wärmeströme von außen ins Gebäudeinnere als Energiespeicher. Um die Absorptionsfähigkeit der Außenwand zu stärken, wird die Oberfläche der Außenwand
schwarz gestrichen [Götzberger u. a., 1987 und Gertis, 1987].

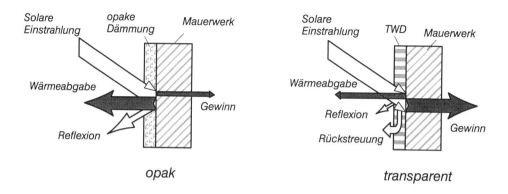

Bild 1.4: Wirkungsweise der TWD im Vergleich mit der Opak-Dämmung
[Götzberger u.a., 1987 und Gertis, 1987]

In dieser Weise ermöglicht die TWD die Nutzung der Solarenergie zum Heizen; außerdem verhindert sie, daß die gewonnene Wärme schnell nach außen abfließt (Dämmung).

Seit einigen Jahren werden Materialien wie Silikatglas, Acrylglas, Polycarbonat, Polyester u.a. zur Verarbeitung als TWD entwickelt. Sie werden beispielsweise zu Schaum-, Waben-, Kapillar- und Stegstrukturen geformt und mit den geforderten Abmessungen gefertigt [Boy, 1989]. Die TWD-Elemente werden dann in Rahmensysteme aus Stahl, Holz oder Kunststoff an der Außenwand montiert. Vor Witterungseinflüssen kann die TWD mit Glasscheiben, Kunststoffolien oder mit transparentem Wärmedämmputz geschützt werden.

Im Sommer kann die TWD Überhitzungserscheinungen im Gebäudeinneren und höhere Material- und Konstruktionsbeanspruchung verursachen. Deshalb wird das TWD-System mit Sonnenschutzmaßnahmen wie Vordach, Rolläden, Jalousien oder laubabwerfenden Pflanzen ausgestattet.

Nach dem Auftreffen der Strahlung auf die Oberfläche wird das Bauteil erwärmt. Die Wandmasse dämpft die Temperaturamplitude und verschiebt sie zeitlich. Der zeitabhängige Verlauf der Temperatur ist damit instationär. Er hängt von den Klimaeinflüssen wie Sonneneinstrahlung, Lufttemperatur (außen und innen) und Niederschlag sowie Material, Farbe und Geometrie des Bauteils ab. Die Temperatureinwirkungen aus TWD werden in Abschnitt 4.1 ausführlich behandelt.

2 Stand der Forschung / Bisherige Arbeiten

2.1 Temperaturbelastungen für die statischen Berechnungen

Für die Ermittlung des Langzeitverhaltens über mehrere Monate hinweg (langsam ab-
laufende Verformungsdifferenzen) wird die Temperaturänderung in einem Bauteil auf
die Herstellungstemperatur bezogen. Dabei wird je nach Bauzeit der maßgebende
Lastfall Abkühlung oder Erwärmung (Herstellung im Sommer-Verformung im Winter
und Herstellung im Winter-Verformung im Sommer) verwendet. Die Temperaturänderung wird über den Wandquerschnitt als gleichmäßig verteilte Temperatur mit dem Gra-
dienten Null angenommen. Die Herstellungstemperatur ist abhängig von der Jahres-
zeit. Für mitteleuropäisches Klima werden folgende Herstellungstemperaturen
angenommen [Pfefferkorn, 1980]:

> im Sommer   15°C
>
> im Frühjahr und im Herbst   10°C   und
>
> im Winter   5°C.

Als maßgebende Temperaturen in Außenwänden werden für die Verformungsberech-
nungen in [Pfefferkorn, 1980 und Simons, 1988] folgende rechnerische Anhaltswerte
angegeben (OWD = opake Wärmedämmung):

> Sommer, Außenwand ohne Dämmschicht : 40°C
>
> Sommer, Außenwand mit OWD-Dämmschicht : 27°C
>
> Winter, Außenwand ohne Dämmschicht : -4°C
>
> Winter, Außenwand mit OWD-Dämmschicht : 8°C

Bild 2.1 zeigt tägliche Temperaturschwankungen von verschieden gefärbten Westwän-
den an einem sonnigen Tag. Die Temperaturerhöhung der schwarzen Außenwandoberfläche ist wegen der großen Absorptionsfähigkeit rund doppelt so groß wie bei der weis-
sen Oberfläche. Oberflächen mit anderen Farbtönen liegen dazwischen. Die nach
Westen orientierte Wand wird wärmer als die Ostwand, weil am Nachmittag meist eine
höhere Lufttemperatur vorhanden ist als in den Vormittagsstunden [Künzel/Gertis,
1969].

Zur Ermittlung der instationären Temperaturverteilung in der Wand sind zahlreiche Verfahren entwickelt worden [Gertis/Häuser, 1976]. Die Berechnungsmethoden laufen im
wesentlichen darauf hinaus, die Fourier'sche Differentialgleichung der Wärmeleitung
mit den zeitlichen und örtlichen Rand- und Anfangsbedingungen zu lösen.

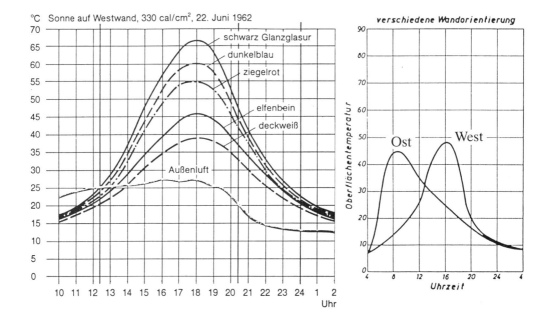

Bild 2.1: Tägliche Temperaturverläufe [Künzel/Gertis, 1969]

Das Temperaturprofil in einem Wandquerschnitt wird in den folgenden Untersuchungen nach dem Differenzenverfahren (Binder–Schmitt–Verfahren) berechnet. Man geht hierbei von eindimensionaler Wärmeströmung (in z-Richtung) senkrecht zur Wandebene aus (Bild 4.3). Die Temperatur zum Zeitpunkt t+1 an der Stelle z ergibt sich aus folgender Formel [Gertis/Mehra, 1991]:

$$T_{z,t+1} = 2a \, \frac{\Delta t}{\Delta z^2} \cdot \left(\frac{T_{z+1,t} - T_{z-1,t}}{2} - T_{z,t} \right) + T_{z,t} \tag{2.1}$$

Darin bedeuten:

a	$= \lambda/(\varrho.c)$
$T_{(z,t)}$	= Temperatur in der Wand an der Stelle z zur Zeit t
λ	= Wärmeleitfähigkeit
ϱ	= Raumgewicht der Wand
c	= spezifische Wärmekapazität

Rand- und Anfangsbedingungen:

$T_{z=0,t}$ = *Temperatur an der Außenwandoberfläche*

$T_{z=d,t}$ = *Temperatur an der Innenwandoberfläche*

$T_{z,t=0}$ = *Temperatur an der Stelle z zur Zeit t_0*

Die Genauigkeit der Ergebnisse hängt vor allem von der Wahl von Δt und der Anzahl der Abschnitte Δz ab.

An TWD-Wandsystemen wurden an sonnigen Tagen in Freiburg, Delft und Langenbruck/Schweiz [Wilke, 1989/90; Sick, 1992; van Dijk, 1989 und Frank, 1990] Temperaturen direkt hinter der TWD an der Außenwandoberfläche von 72°C bis 100°C gemessen. Gertis gibt in [1987] Temperaturbereiche für eine Außenwand hinter einer TWD-Fassade zu +10°C bis +75°C auf der Außenseite und +18°C bis +30°C auf der Innenseite an. Die Aufheizphasen betrugen hierbei etwa 3 bis 4 Stunden. Die Abkühlphasen waren je nach Wetterlage unterschiedlich in ihrer Abklingzeit und Form (Abschn. 4.1).

2.2 Spannungszustände in Wänden

Infolge nichtlinearen Temperaturverlaufs innerhalb eines Wandquerschnitts entstehen durch Verformungsbehinderung Zwangspannungen, die man in Eigenspannungen, Biegespannungen und über die Wanddicke konstante Normalspannungen aufteilen kann.

Eine ausführliche Beschreibung der Eigenspannungen in Außenbauteilen unter der Annahme eines isotropen, homogenen Materials mit elastischem Verhalten bei instationärer Temperatureinwirkung hat Gertis in [1973] gegeben. Die Eigenspannungen können nach der folgenden Gleichung (2.2) berechnet werden:

$$\sigma_{E\,(z,t)} = \frac{E \cdot \alpha_T}{1 - \nu} \cdot \left[- T_{z,t} + \frac{1}{d} \int\limits_{-d/2}^{+d/2} T_{z,t} \cdot dz + \frac{12\,z}{d^3} \int\limits_{-d/2}^{+d/2} T_{z,t} \cdot z \cdot dz \right] \qquad (2.2)$$

Darin bedeutet d die Dicke der Wand, E den Elastizitätsmodul, α_T den Wärmedehnungskoeffizient und ν die Querdehnzahl.

Schleeh hat für einseitig gehaltene Wandscheiben (freistehende Wände auf Fundamenten) in [1962] mit Hilfe von Fourierreihen die Zwangspannungen infolge über den Querschnitt konstante Temperaturänderung und Schwinden ermittelt. Schmidt gibt in [1971] Reihenlösungen der Spannungen für Rechteckscheiben mit tangential unverschieblicher Lagerung unter konstanter Temperaturbeanspruchung an.

Wärmespannungen in Platten infolge eines Temperaturgradienten wurden in [Mauelbetsch, 1935; Melan/Parkus, 1953/59 und Nowacki, 1986] mit Hilfe von Spannungsfunktionen aus den Differentialgleichungen 4.Ordnung ermittelt. In den genannten Arbeiten wurden die Lösungen für die Wärmespannungen in Platten mit frei drehbaren Rändern angegeben. Die Anwendung von Plattentafeln [Stilgat/Wippel,1983 und Olsen/Reinitzhuber,1959] ermöglicht die Ermittlung der Momente infolge Temperaturbeanspruchung durch Überlagerung der (konstanten) Momente bei allseitiger Einspannung mit den Schnittgrößen aus Randmomenten an zweiseitig eingespannten Platten. Diese dienen dazu, die Einspannmomente an nicht eingespannten Rändern zu kompensieren.

2.3 Rechenansätze für Mauerwerkswände unter Zwangbeanspruchung

Die wichtigsten Untersuchungen von Werkstoffeigenschaften und Versagenskriterien für das Mauerwerk, die in dieser Arbeit von Interesse sind, wurden von Kirtschig (TU Hannover), Mann (TH Darmstadt), Schubert (RWTH Aachen) und Thürlimann (ETH Zürich) sowie Page (University of Newcastle, Australia) veröffentlicht. Diese Arbeiten werden in Kapitel 3 zur Beschreibung der mechanischen Eigenschaften und Versagenskriterien von Mauerwerk herangezogen.

2.3.1 Zentrischer Zwang bei kurzzeitiger (täglicher) Temperaturbeanspruchung

Für die Ermittlung des Zwangs im Mauerwerk hatte Copland [1957] anhand von Versuchen an Mauerwerk aus Leichtbetonsteinen Angaben zu Wandlängen gemacht, die bei zentrischer Zwangbeanspruchung aus Temperaturänderung und Schwinden rißfrei bleiben sollen. Er ging davon aus, daß sich ein Riß in einer Mauerwerkswand bildet, wenn die mittlere Zugdehnung ε_m in der Wand die Bruchdehnung ε_u des Mauerwerks erreicht. Die mittlere Dehnung ε_m kann mit dem Faktor $\beta(L/H)$ aus der Dehnung max ε am horizontalen Rand berechnet werden:

$$\beta(L/H) = \frac{\sigma_m}{\max \sigma} = \frac{\varepsilon_m}{\max \varepsilon} \qquad\qquad (2.3)$$

Darin bedeuten:

σ_m, ε_m = mittlere Spannung bzw. Dehnung in der Mitte der Wandlänge

max σ, max ε = horizontale Spannung bzw. Dehnung der Wand am Wandauflager

In Bild 2.2 ist β in Abhängigkeit von L/H aufgetragen. Die Funktion zeigt einen annähernd exponentiellen Verlauf. Die von Copeland ermittelte Wandlänge L, bei der die Bruchdehnung nicht überschritten wird, kann mit der folgenden Gleichung angenähert werden:

$$L \leq 1,8 \; H \cdot ln \; (\frac{R \; max\varepsilon}{R \; max\varepsilon - \varepsilon_u}) \qquad\qquad (2.4)$$

Darin bedeutet:

R= Verhältnis der Spannung am Wandfuß oder –kopf zu der max. Spannung
(Behinderungsgrad = 0,4 bis 0,8 nach [Schubert/Wesche, 1988])

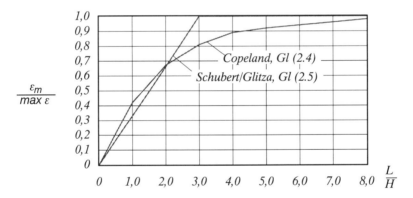

Bild 2.2: Zusammenhang zwischen Dehnungsverhältnis und Wandseiten–
Verhältnis L/H

Schubert und Glitza [1983] linearisierten diesen Verlauf als Näherung (Bild 2.2) und setzten max ε für starre, unverschiebliche Lagerung an. Die Wandlängen werden hier zusätzlich auf L $\leq$ 3H begrenzt. Die Verformung der Wand wird durch die Deckenscheiben behindert. Die sog. "rißfreie Wandlänge" wird zu:

$$L < 3 \; H \cdot \frac{\varepsilon_u}{R \; max\varepsilon} \qquad\qquad (2.5)$$

Die Annahmen von Schubert/Glitza [1983] basieren auf unveröffentlichten Versuchsergebnissen von Wänden aus Bimssteinen von Copeland [1957] und dem Näherungsan-
satz von Hagemann in [Schubert/Glitza, 1983]. Schubert hat die Gleichung (2.5) in Pu-
blikationen mit Wesche [1985 und 88] und mit Kasten [1987] weiter verwendet.

Simons [1988] ermittelte für schnellen Temperaturwechsel im Mauerwerk und in den
Stahlbetondecken die Spannungen aus den elastischen Dehnungen und stellte sie den
aufnehmbaren Spannungen gegenüber. Bei der Berechnung nach Gl. (2.6) geht er wie
Pfefferkorn in [1980] davon aus, daß die Mauerwerkswand die Deckenverformungen
voll mitmacht.

2.3.2 Zentrischer Zwang durch langsam ablaufende Verformungsdifferenzen (Langzeitverhalten)

Pfefferkorn [1980 und 94] gibt in Anlehnung an seine praktischen Erfahrungen eine Ab-
schätzungsformel zur Begrenzung der Dehnungsdifferenz zwischen Stahlbetondecken
und Mauerwerkswänden an. Unter der vereinfachenden Annahme, daß die massiven
Stahlbetondecken im Verhältnis zum Mauerwerk sehr steif sind, werden die Dehnungsdifferenzen beim Langzeitverhalten im Mauerwerk voll wirksam. Die Dehnungsdifferenzen ergeben sich aus:

$$\Delta\varepsilon_{MW} = \frac{1}{2}\left(\varepsilon_{SDo} + \varepsilon_{SDu}\right) - \varepsilon_{SMW} + \alpha_{TD} \cdot \frac{1}{2} \cdot \left(T_{Do} + T_{Du} - 2 \cdot T_0\right)$$

$$- \alpha_{TMW}\left(T_{MW} - T_0\right) \qquad (2.6)$$

wobei:

ε_{SD} , ε_{SMW} = *Schwindmaß der Stahlbetondecke bzw. des Mauerwerks,*
          als Verkürzung negativ

α_{TD}, α_{TMW} = *Wärmedehnungskoeffizient der Stahlbetondecke bzw. des Mauerwerks*

T_{Do}, T_{Du} = *Mittlere Temperatur der oberen bzw. unteren Decke*

T_{MW} = *Mittlere Temperatur des Mauerwerks*

T_0 = *Herstellungstemperatur*

Für horizontale Langzeitverformungen wird die Rißsicherheit im Mauerwerk über Grenzwerte der langsam ablaufenden Dehnungsdifferenzen der zusammenwirkenden Bau-

teile nach [Pfefferkorn, 1980 und 1994] abgeschätzt. Folgende Dehnungsdifferenzen sind für das Mauerwerk als Grenzwerte einzuhalten:

$$- 0,4 \leq max \; \Delta\varepsilon_{MW} \; \leq \; + 0,2 \; mm/m$$

Der Wert –0,4 mm/m gilt für Verkürzungen der Decke gegenüber der Mauerwerkswand (erzwungene Mauerwerksverkürzungen). Bei Einhaltung dieser Grenze sind keine Risse im Mauerwerk zu erwarten, weil im Mauerwerk Druckspannungen entstehen; auch ein Abscheren des Mauerwerks gegenüber den Decken ist nicht zu erwarten. Das Mauerwerk kann sich bei sehr langsamen, horizontalen Zugdehnungen im allgemeinen um 0,2 mm/m rißfrei verlängern (erzwungene Mauerwerksverlängerung). Bei $\Delta\varepsilon_{MW} <$ 0,2 mm/m werden deshalb schädliche Risse im Mauerwerk vermieden.

Schubert unterscheidet in seinen erwähnten Veröffentlichungen zwischen vertikalen und horizontalen Verformungen. Unterschiedliche vertikale Verformungen entstehen in miteinander verbundenen Außen- und Innenwänden durch unterschiedliche Verformungseigenschaften. Die Verformungsdifferenzen führen zu Zwängungen. Schubert und Wesche berechnen in [1985] die Dehnungsdifferenzen zwischen den Außen- und Innenwänden (vgl. auch [Hage, 1971]), indem sie die Verformungsdifferenz über die gesamte Gebäudehöhe durch die oberste Geschoßhöhe teilen. Die so ermittelte Dehnung wird dann einer zulässigen Bruchdehnung von 0,3 mm/m des Mauerwerks gegenübergestellt. Dieses Verfahren liegt auf der sicheren Seite, stellt aber nur eine grobe Abschätzung dar. In diesem Rechenverfahren bleiben das Steifigkeitsverhältnis von Innenwand zu Außenwand und die Innenwandlänge unberücksichtigt.

König und Fischer haben in [1991] mit Hilfe von FE-Rechnungen Rechenverfahren entwickelt, in denen Dehndifferenzen über die Steifigkeiten von elastischen Scheiben (Wände) berechnet werden. Die Verformungsunterschiede aus unterschiedlichem Kriechen sind von untergeordneter Bedeutung und werden vernachlässigt. Maßgebende Verformungsursachen sind hier unterschiedliches Schwinden und Temperaturänderungen. Die Verformungsunterschiede werden für das oberste Geschoß ermittelt. Die Dehndifferenzen werden mit einem zulässigen Wert von 0,2 mm/m begrenzt. Das geschoßweise unterschiedliche Mauerwerk, die Gebäudehöhe und die Innenwandlänge bleiben hier unberücksichtigt. Das Verfahren ermöglicht ebenfalls eine grobe Abschätzung der "Rißsicherheit" und gilt nicht für kurzzeitige Temperaturen.

Um die Verformungsunterschiede bei Mischmauerwerk aus Kalksandstein (Innenwand) und Ziegelmauerwerk (Außenwand) mit der Stumpfstoßtechnik gering zu halten,
schlagen Schneider und Wiegand [1986] eine Papplage zwischen der Unterseite aller
Geschoßdecken und den Innenwänden vor. Bei der Stumpfstoßtechnik werden auszu-
steifende Wände nicht im Verband mit den aussteifenden Wänden hochgemauert, sondern beide Wände werden durch die Verwendung von zug- und druckfesten Ankerein-
lagen miteinander verbunden.

2.4 Verbundverhalten zwischen Mauerwerksaußenwand und Stahlbetondecken

Über das Verbundverhalten zwischen Stahlbetondecken und Mauerwerkswand liegen
nach Kenntnis des Verfassers keine Veröffentlichungen vor.

Für die Ermittlung des Verbundverhaltens zwischen Stahlbetondecken und Mauerwerkswand können ähnliche Verbundgesetze wie im Stahlbeton herangezogen werden. Die Bewehrung in einem dicken Betonbauteil entspricht den Stahlbetondecken
und der Beton dazwischen der Mauerwerkswand. Das Ziel der folgenden Literaturauswertung ist, analoge Rechenansätze für das Verbundverhalten in horizontalen Auflager-
linien einer Außenwand zu finden.

Das Zusammenwirken von Stahlstäben und Beton bei Last und Zwang wird seit vielen
Jahren vor allem hinsichtlich Rißbildung untersucht. Es sind zahlreiche analytische Methoden entwickelt worden, mit denen man Rißbreiten aus Last und Zwang näherungsweise ermitteln kann. Dabei wird der Stahlbetonzugstab als Grundelement zur Beschreibung des inneren Kraftflusses verwendet [Schober, 1984; Noakowski, 1985 und
Pfefferkorn/Steinhilber, 1990].

Der Verbund zwischen Bewehrungsstahl und Beton wird durch Haftung, Reibung und
mechanische Verzahnung der Stahlrippen hergestellt. Die Reibungs- und Adhäsions-
anteile sind bei den gerippten Stählen gering. Bei glatten Stäben dagegen hat die Reibung maßgebenden Einfluß auf den Verbund. Schober leitete in [1984] an einem einfa-
chen Modell ein Verbundgesetz ab, das mit empirisch ermittelten Verbundgesetzen von
anderen Autoren gut übereinstimmte (Bild 2.3). Bei geringer Zugbeanspruchung entstehen im Beton von den Rippen ausgehende innere Querrisse. Die Verschiebungen
δ_x werden als plastische Formänderungen des Betons betrachtet, weil die elastischen
Verformungen vernachlässigbar klein sind. Mit zunehmender Beanspruchung wachsen
die Verschiebungen infolge der ansteigenden Plastifizierung überproportional an. Die

Relativverschiebung wird zwischen dem Stahlstab und dem Bereich außerhalb des Betondruckkegels ermittelt. Der Verbund versagt, wenn bei gerippten Stäben entweder der Zugring oder der Kegel in Rippennähe versagt, bzw. wenn bei glatten Stahlstäben die Festigkeit des den Stahl umgebenden Betons erreicht wird.

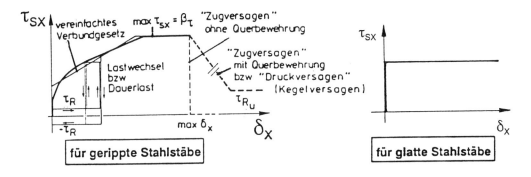

Bild 2.3: Verbundmodell und Verbundgesetz von Stahlbeton [Schober, 1984]

In dicken Bauteilen, wo die Bewehrungsstränge weit auseinanderliegen, herrscht in den Bereichen der Stahlkrafteinleitungen ein ausgeprägter Scheibenspannungszustand.

Die Rißbildung von dicken Bauteilen infolge Zwang wurde in [Fellmann/Menn, 1981; Rostasy/Henning, 1989 und 90; Pfefferkorn/Steinhilber, 1990; Helmus, 1989 und König/Reymendt, 1991] untersucht. Diese Arbeiten wurden überwiegend experimentell an Stahlbetonkörpern mit dem Ziel der Ermittlung der Mindestbewehrung für Betonwände oder für die Beschränkung der Rißbreiten in den Rändern der dicken Bauteile durchgeführt. Solche Stahlbetonbauteile kommen oft als frisch betonierte Wände auf schon vorhandenen Betonfundamenten, als dicke Fundamentplatten oder als Staudammwände in der Praxis vor. Aus den erwähnten Forschungsarbeiten werden die wesentlichen Erkenntnisse der Rißmechanismen von auf Zug beanspruchten dicken Bauteilen im folgenden zusammengefaßt.

Die Zugzonen an den Längsrändern (wirksame oder effektive Betonzugfläche $A_{c,eff}$ [Leonhardt, 1985]) des dicken Bauteils werden als mittig bewehrte Querschnitte aufgefaßt. Die effektive Betonzugfläche befindet sich nur in der Nähe der Bewehrungsstränge und erstreckt sich nicht über den gesamten Bauteilquerschnitt. Die Annahme der mittig bewehrten effektiven Betonzugzone stellt ein einfaches Hilfsmittel dar, um den komplizierten Scheibenspannungszustand in dicken Bauteilen auf ein einfaches Stabproblem zu reduzieren, in dem die Bernoulli-Hypothese vom Ebenbleiben der Querschnitte Gültigkeit hat.

Die mittlere Kraftausstrahlung aus den Bewehrungssträngen, innerhalb der die Betonzugfestigkeit erreicht wird, hat etwa die Steigung 1:2. Aus der geometrischen Betrachtung [Pfefferkorn/Steinhilber, 1990] treffen sich die mittleren Kräfteausstrahlungen aus den oberen und unteren Stahllagen etwa nach einem Abstand, der dem Bewehrungssträngenabstand entspricht. Hier wird die Zugfestigkeit über den gesamten Querschnittt in voller Größe in Anspruch genommen, was zu einem Trennriß über den gesamten Querschnitt führt. Nach der Trennrißbildung reicht die Länge zwischen beiden Rissen nicht mehr aus, um einen gleichmäßigen Spannungszustand herzustellen. Überschreitet nun die Spannung die Zugfestigkeit in der effektiven Betonzugfläche, so bilden sich Anrisse, die nicht bis zur Höhe der Bauteilmitte gehen [Fellmann/Menn, 1981; Helmus, 1989 und Rostasy/Henning, 1989 und 90]. Zwischen den Trennrissen entstehen Anrisse. Beim dünnen Bauteil bilden sich ausschließlich Trennrisse.

Die Rißmechanismen und Rißbilder in den erwähnten Arbeiten werden vor allem durch den Bewehrungsgrad und den Bewehrungsabstand bestimmt. Das Bild 2.4, das aus [Henning, 1987] stammt und repräsentativ für die restlichen genannten Arbeiten ist, zeigt abgeschlossene Rißbilder von zwei unterschiedlich bewehrten Betonkörpern mit gleichen Abmessungen und Versuchsbedingungen unter zentrischer Zugbeanspruchung. An diesen Bildern ist der Einfluß des Bewehrungsgrades auf die Rißverteilung deutlich zu erkennen. Der Versuchskörper W2 besitzt zweimal soviel Anrisse wie M3. Die Rißbreiten der Anrisse sind in der Nähe der Bewehrungsstränge viel geringer als die einzelnen Sammelrisse im unbewehrten Mittelbereich. Die Anrißbreiten betrugen etwa 1/5 bis 1/3 der Trennrißbreiten. Es wurden Anrißbreiten bis zu 0,1 mm gemessen, weshalb im Bereich der Anrisse keine Beschränkung der Rißbreiten durch Mindestbewehrung erforderlich ist. Mit steigender Zwangbeanspruchung können sich die Anrisse bis in Bauteilhöhenmitte verlängern. Bereits vorhandene Anrisse verlängern sich in schräger Richtung entsprechend den ebenfalls schräg verlaufenden Hauptspannungstrajektorien in dem ungerissenen Bauteil [Walthelm, 1990].

Die Trennrisse haben hier (Bild 2.4) einen mittleren Abstand von 0,83 H. Allgemein kann vorausgesagt werden, daß bei den dicken Bauteilen Trennrisse in größeren Abständen als bei dünnen Bauteilen zu erwarten sind, und zwar etwa im Abstand der Bewehrungsstränge [Rostasy/Henning, 1989 und 90 sowie Pfefferkorn/Steinhilber, 1990]. Die Unregelmäßigkeiten in Form und Abstand der Risse sind vor allem auf die Streuung der Zugfestigkeit und auf die Inhomogenität des Werkstoffs zurückzuführen.

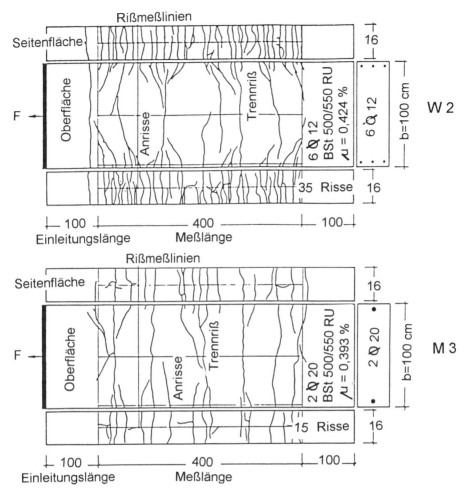

Bild 2.4: Rißbild dicker Stahlbetonbauteile [Henning, 1987]

Bei höheren Bewehrungsgraden werden die Zugkräfte auf kürzeren Strecken eingeleitet. Dadurch bilden sich viel mehr Risse bzw. Anrisse als bei geringeren Bewehrungsgraden. Kurze Einleitungslängen haben kleinere Rißabstände und geringere Rißbreiten zur Folge. Die Trennrißbreiten gehen zu den Bewehrungssträngen hin gegen Null, weil dort der Verbund zwischen geripptem Stahl und Beton die Verformungen auf viele Risse verteilt; die Rißbreiten bleiben dadurch gering. Durch die Bildung von Sekundärrissen an den Bauteilrändern bekommt das Bauteil eine große Verformungskapazität.

Die Rißbreiten sind wichtig für die Gebrauchsfähigkeit, Dauerhaftigkeit und Dichtigkeit. Für die Berechnung der Rißbreiten in Konstruktionsbeton werden in EC2 und Heft 400 des DAfStb [Schießl, 1989] je nach Anforderung Rißbreiten von 0,10 bis 0,40 mm zugrunde gelegt.

3 Beschreibung der mechanischen Eigenschaften und Versagenskriterien von Mauerwerk

3.1 Verformungseigenschaften von Mauerwerk, Allgemeines

In diesem Kapitel werden für die nachfolgenden Berechnungen die Eigenschaften von Mauerwerk, soweit sie aus Versuchen und theoretischen Überlegungen bekannt sind, ausgewertet und dargestellt.

Das mechanische Verhalten des Mauerwerks bei Zwangbeanspruchung ist aufgrund seiner verschiedenen Bestandteile Steine (Art, Form, voll oder gelocht, Maße) und Mörtel (8 Mörtelgruppen), die unterschiedliche mechanische Eigenschaften aufweisen, nicht isotrop. Die Struktur (Läufer-, Blockverband) und die handwerkliche Ausführungsqualität des Mauerwerks sowie die Ausbildung der Stoßfugen (vermörtelt oder unvermörtelt) verstärken die Anisotropie. Außerdem beeinflußt die Richtung der Beanspruchung (parallel oder senkrecht zu den Lagerfugen) und deren Vorzeichen (Druck oder Zug) das mechanische Verhalten des Mauerwerks. Die Einwirkungen selbst (Lasten, Temperatur usw.) sowie die zeitliche Abfolge der Einwirkungen (z.B. Bauen im Sommer und Abkühlung im Winter) spielen dabei auch eine bedeutende Rolle.

Die o.g. Faktoren beeinflussen sich auch gegenseitig. Aufgrund dieser ineinander verwickelten Sachverhalte ist es schwierig, pauschale Verformungskennwerte für das Mauerwerk anzugeben. Dennoch sind einige Kennwerte (Schwinden, Kriechen, E-Modul und Wärmedehnungskoeffzient) für die grobe Abschätzung von Mauerwerksverformungen in der DIN 1053 T2, enthalten (Anhang: A 3.1). In [Schubert, 1992] sind Schwankungsbreiten für die Formänderungswerte angegeben (Anhang: A 3.1).

In Mauerwerkswänden wird bei der Berechnung des Zwangs infolge Schwind- und Temperatureinwirkungen meistens der senkrecht zur Lagerfuge wirkende Elastizitätsmodul angesetzt, da im allgemeinen nur dieser aus Literatur und Normen bekannt ist. Große vertikale Spannungen sind aus Zwang aber nur dann vorhanden, wenn die Verformungen in vertikaler Richtung, z.B. durch Querwände, behindert werden. In horizontaler Richtung dagegen werden die Verformungen durch die Stahlbetondecken viel stärker behindert. Bei solchen Berechnungen müssen deshalb die mechanischen Kennwerte des Mauerwerks in horizontaler Richtung berücksichtigt werden.

Der Elastizitätsmodul von Mauerwerk ist kein konstanter Wert, wie er in den Normen angegeben wird; er ist einerseits von der Art der Beanspruchung (Druck oder Zug), andererseits von der Belastungsrichtung (Richtung zu den Lagerfugen) bzw. der Anisotropie des Mauerwerks abhängig. Außerdem ist er kein reiner Elastizitätsmodul, sondern ein Verformungsmodul und wird oft mit E_v bezeichnet. Der anfängliche E-Modul direkt nach der Herstellung des Mauerwerks unterscheidet sich von dem zu einem späteren Zeitpunkt betrachteten (verfestigten) E-Modul. Dies ist vor allem bei Mauerwerk mit kleinen Steinen und großem Mörtelanteil der Fall.

Die Querdehnzahlen von Ziegel- und Kalksandsteinen sind meistens kleiner als die von Gasbeton- und Leichtbetonsteinen. Die Querdehnzahlen von Mörtel sind je nach Belastung und Mörtelgruppe unterschiedlich. Kurz vor dem Erreichen der maximalen Druckspannungen steigen sie an. Bei Kalkzement- und Zementmörtel überschreiten sie den Wert 0,5 nicht. Bei weichem Kalkmörtel wurde 1,8 erreicht [Hilsdorf, 1965]. Die Querdehnzahlen von Mauerwerk werden von den Verformungseigenschaften und den Abmessungen der beiden Komponenten, Stein und Mörtel, beeinflußt. Weil die Streubreite groß (0,1 bis 0,25) ist, kann keine pauschale Querdehnzahl für Mauerwerk angegeben werden. In [Schubert, 1992] werden für verschiedene Mauerwerksarten die ermittelten Querdehnzahlen aus Versuchen mit Belastung senkrecht zur Lagerfuge angegeben.

3.1.1 Zum Kriechen und zur Relaxation von Mauerwerk bei Zwang

Mauerwerk besitzt unter Zwang bei gleichbleibender Beanspruchung und Systemrandbedingung, ähnlich wie Beton, ein visko-elastisches Materialverhalten [Lenczner, 1990]. Die Formänderungen des Mauerwerks setzen sich aus drei Anteilen zusammen (Bild 3.1):

$$\varepsilon_{ges} = \varepsilon_{el} + \varepsilon_K + \varepsilon_S$$

Der elastische Anteil ε_{el} geht nach der Entlastung vollständig zurück. Der Kriechanteil ε_K ist teils irreversibel (bleibende Kriechverformung) und teils reversibel (verzögert elastisches Kriechen bzw. Kriecherholung). Der dritte Anteil ε_S ist die bleibende Schwindverformung.

In dieser Arbeit sind die Verformungsdifferenzen im Mauerwerk in horizontaler Richtung von Bedeutung. Das Kriechen spielt bei der Ermittlung der Verformungsdifferenzen (Innen-/Außenwand) einer Mauerwerkswand in vertikaler Richtung im Vergleich zum Schwinden und zur Temperaturänderung kaum eine Rolle [König/Fischer, 1991]. Sein Einfluß ist in horizontaler Richtung noch geringer, so daß es hier vernachlässigt werden kann.

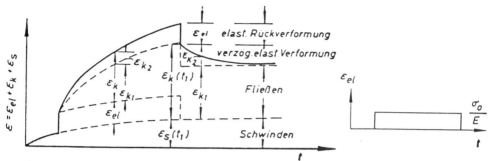

Bild 3.1: *Elastisches Kriech- und Schwindverformungsverhalten von Beton [Trost, 1966]*

Vom Beton her ist bekannt, daß eine Temperatursteigerung eine stetige Zunahme der Kriechverformungen bewirkt. Der Einfluß der Temperatur nimmt allerdings mit zunehmendem Betonalter ab. Dies hängt vor allem mit dem Feuchtegehalt im Beton zusammen [Reinhardt, 1973].

Infolge Schwinden und Abkühlung entstehen bei Verformungsbehinderung Zugspannungen vor allem in horizontaler Richtung. Von Interesse ist hier der im Mauerwerk über die Zeit (vor allem in der Anfangsphase) abgebaute Spannungsanteil bei Aufrechterhaltung einer bestimmten Dehnung (Relaxationsanteil).

Zu diesem Zweck hat Metzemacher [1995] Untersuchungen durchgeführt. Die Ergebnisse der Versuche bestätigen den Spannungsabbau und rechtfertigen die Aussage, daß bereits unmittelbar nach Spannungseinwirkung infolge Relaxation ein in der Anfangsphase starker Spannungsabbau einsetzt. Der Spannungsabbau beträgt etwa 10 bis 30% innerhalb der ersten Stunden. Der Autor gibt allerdings an, daß die dort ermittelten Werte wegen der geringen Versuchsanzahl und der komplexen Einflüsse (Last, Temperatur, Schwinden, Versuchseinrichtung, Mauerwerkseigenschaften usw.) nur sehr eingeschränkt angewandt werden dürfen. In [Brooks/Bingel, 1994] geben die Autoren für Ziegelmauerwerk aus England eine Relaxation von 30% an.

Unter Temperatureinwirkungen wurden Relaxationsversuche an Betonkörpern von Walraven/Shkoukani [1993] durchgeführt. Ein 5 Jahre alter Beton wurde auf eine konstante Temperatur von 60°C erwärmt. Hierbei konnte der Betonkörper sich frei verformen. Anschließend wurde die Last aufgebracht. Danach wurde die Länge des Versuchskörpers konstant gehalten. Es wurde dann ein Spannungsabbau von bis zu 20% gemessen. Bei den nächsten Versuchen wurden Längsverformungen schon bei Temperatureinwirkung behindert. Der Spannungsabbau betrug hier nach 3 Stunden beim alten Beton

10%, bei einem 2 Monate alten Betonkörper 28%. Weiterhin wurde hier festgestellt, daß der alte Beton bei höheren Temperaturen weniger stark als bei niedrigeren Temperaturen relaxiert.

Entsprechende Versuche an Mauerwerk sind dem Autor nicht bekannt. Jedoch ist ein ähnliches Verhalten für Mauerwerk unter Temperatur- und Lasteinwirkung zu erwarten.

3.2 Mauerwerk unter einachsiger Druckbeanspruchung

3.2.1 Druckfestigkeit

Das Tragverhalten unter Druckbeanspruchung senkrecht zur Lagerfuge wurde ausgiebig untersucht [Hilsdorf, 1965; Probst, 1981; Schulenberg, 1982 und Kirtschig, 1994]. Die Druckfestigkeit des Mauerwerks wird empirisch aus dem einaxialen Druckversuch ermittelt. Sie hängt von der Druck- und Zugfestigkeit des Steins und von der Mörteldruckfestigkeit sowie dem Verformungsverhalten beider Komponenten ab (Bild 3.2 a). Die empirischen Gleichungen und theoretischen Grundlagen sind in den Arbeiten von Probst [1981] und Schulenberg [1982] zusammengestellt. Bei der Form der Spannungs-Dehnungskurven ist kein prinzipieller Unterschied zum einachsig druckbeanspruchten Beton vorhanden, das Gesamtverformungsvermögen ist allerdings im allgemeinen geringer (Bild 3.2 b).

Die theoretischen Grundlagen zum Bruchmechanismus druckbeanspruchten Mauerwerks, in dem das Zugversagen des Steins als Ursache des Druckversagens des Mauerwerks betrachtet wird, stammen von Hilsdorf [1967]. Der Stein ist meist fester und steifer als der Mörtel. Durch die Druckbelastung verformen sich beide Komponenten unterschiedlich. Der weichere Mörtel ist in einem dreiaxialen Druckspannungszustand und dehnt sich stärker aus als der Stein. Aus Verträglichkeitsbedingungen entsteht im Stein ein Druck-Zug-Zug-Spannungszustand, was zum Reißen des Steins führt. Bei zentrischer Beanspruchung versagt das Mauerwerk also durch Risse parallel zur Belastungsrichtung, welche meistens durch die Steine und Stoßfugen verlaufen.

Für Mauerwerk im Läuferverband ist die Druckfestigkeit geringer als in einem Prisma aus gleichen Bestandteilen. Das liegt, wie eigene FE-Rechnungen bestätigen, daran, daß die Stoßfugen eine zusätzliche Biegung des Steins (direkt über der Stoßfuge) bewirken, was zu einem früheren Steinreißen führt.

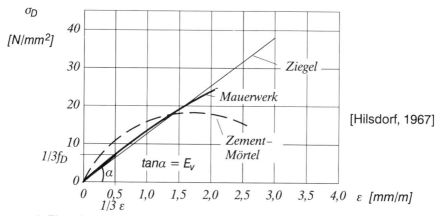

a) Ziegelmauerwerk

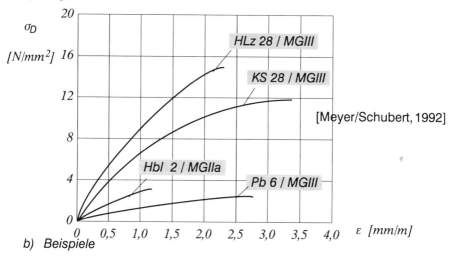

b) Beispiele

Bild 3.2: Spannungs–Dehnungskurven von Mauerwerk

Im Eurocode 6 hat man sich auf folgende empirische Formel für die charakteristische Druckfestigkeit geeinigt [Kirtschig, 1994]:

$$f_k = K \cdot f_b^{0,75} \cdot f_m^{0,25}$$

Darin bedeutet

f_k = charakteristische Mauerwerksdruckfestigkeit
f_b = Steindruckfestigkeit
f_m = Mörteldruckfestigkeit
K = 0,30 bis 0,70, Koeffizient für verschiedene Mauerwerksarten

Das Tragverhalten des parallel zur Lagerfuge druckbeanspruchten Mauerwerks ist grundsätzlich anders als das Tragverhalten senkrecht dazu. In [Schubert/Hoffmann, 1994] wurden Mauerwerksscheiben aus verschiedenen Steinarten parallel zur Lagerfuge auf ihre Druckfestigkeit hin geprüft. Die Druckfestigkeit parallel zur Lagerfuge ist von den Steineigenschaften (voll, Lochungen und Anordnung der Lochungen), von der Druckfestigkeit des Steins in Längsrichtung und von der Ausbildung der Stoßfuge abhängig. Bei unvermörtelten Stoßfugen ist die Druckfestigkeit geringer als bei vermörtelten, und die Spannungs–Dehnungs–Kurve verläuft flacher (geringer E–Modul). Hierbei spielt die Verbandfestigkeit der Steine mit dem Mörtel gegen Abscheren die maßgebende Rolle (vgl. auch Bild 3.3).

Für eine grobe Abschätzung der horizontalen Druckfestigkeit und des E–Moduls schlägt Glitza in [1988] nach seiner Literaturauswertung folgende Abminderung (mit Bezug auf die vertikalen Werte) vor:

Für volle Steine (bis zu 15% Lochanteil der Steingrundfläche):

$$f_x = 0,75 \cdot f_y \qquad und \qquad E_x = 0,75 \cdot E_y$$

Für gelochte Steine (Lochungen in vertikaler Richtung):

$$f_x = 0,5 \cdot f_y \qquad und \qquad E_x = 0,5 \cdot E_y$$

Die Druckbruchdehnung variiert je nach Mauerwerksart von 0,5 bis 4,0 mm/m. Angaben hierzu sind in [Schubert/Hoffmann, 1994] enthalten.

3.2.2 Druck–Elastizitätsmodul

Mauerwerk zeigt unter Druckbeanspruchung senkrecht zur Lagerfuge ein nichtlineares Verhalten (Bild 3.2 a und b).

Der E–Modul senkrecht zur Lagerfuge E_y (auch Verformungsmodul E_v genannt) wird nach DIN 1053 als Sekantenmodul bei 1/3 der Höchstdruckspannung unter einmaliger Belastung ermittelt (Bild 3.2 a). Er ist der am häufigsten ermittelte E–Modul, weil die meisten Versuche für die Bestimmung der Druckfestigkeit des Mauerwerks durchgeführt werden. Dabei wird auch die Querdehnzahl ermittelt. In [Schubert, 1992] wird der E_y–Modul, bezogen auf die aus Versuchen ermittelten Mauerwerksdruckfestigkeiten f_D für verschiedene Stein-Mörtel-Kombinationen (E_y=500 f_D bis 1500 f_D), berechnet. Die angegebenen E-Werte weichen von denen in DIN 1053,T2 zum Teil erheblich ab. Nach DIN 1053,T2 und EC6 ist E_y=1000 f_D. Einige bekannte E_y-Werte und die zugehörigen Querdehnzahlen sind in Anhang A 3.2 zusammengestellt.

Der E-Modul parallel zur Lagerfuge E_x wird ebenfalls als Sekantenmodul bei 1/3 der Höchstdruckspannung unter einmaliger Belastung ermittelt. Einige Versuchsergebnisse für E_x-Werte aus [Schubert/Hoffmann, 1994] sind in Anhang A 3.2 zusammengestellt. Exemplarisch zeigt das Bild 3.3 Spannungs-Dehnungs-Verläufe von einem Ziegelmauerwerk, das senkrecht und parallel zur Lagerfuge abgedrückt wurde. Der E_x-Modul ist deutlich kleiner als der E_y-Modul (vgl. auch Abschn. 3.2.1).

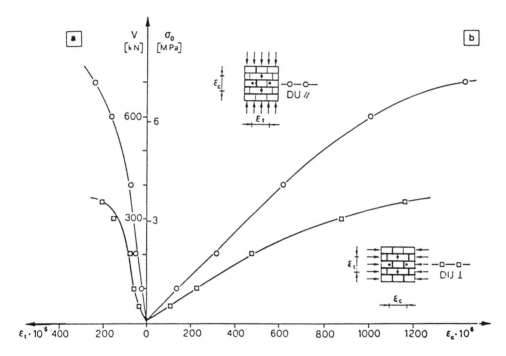

Bild 3.3: Spannungs-Dehnungs-Verläufe von Ziegelmauerwerk
   [Bernardini u.a.,1983]

3.3 Mauerwerk unter einachsiger Zugbeanspruchung

Nachfolgend wird ein Mauerwerk betrachtet, dessen Steine über die ganze Wanddicke durchgehen.

3.3.1 Zugfestigkeit

Die Zugfestigkeit des Mauerwerks ist im Vergleich zur Druckfestigkeit sehr gering. Sie wird für ein Mauerwerkselement (Bild 3.4 unten) durch die Steinzugfestigkeit, die Scherfestigkeit zwischen Stein und Mörtel, die Druckfestigkeit des Mauerwerks, die Art und Abmessungen des Verbands und andere Materialeigenschaften wie Saugvermögen der Steine usw. bestimmt. Außerdem spielt die gleichzeitig wirkende Druckbeanspruchung senkrecht zur Lagerfuge eine Rolle.

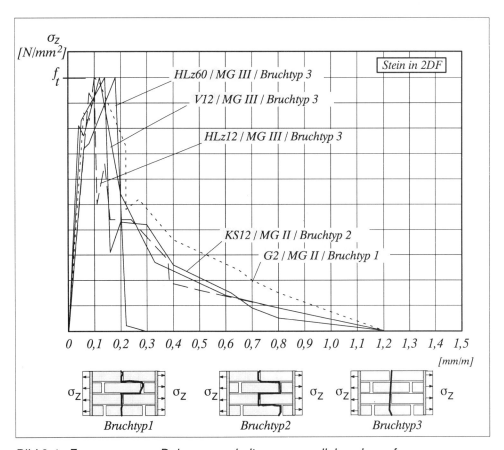

Bild 3.4: *Zugspannungs – Dehnungsverhalten von parallel zur Lagerfuge gezogenem Mauerwerk, Versuchsergebnisse [Backes, 1985]*

Maßgebend für die Rißentstehung ist die Überschreitung der Bruchdehnung bzw. Zugfestigkeit des Mauerwerks. Bei konstanter Temperaturbeanspruchung über den gesamten Wandquerschnitt entsteht ein zentrischer Zwang (bei Abkühlung Zugzwang), der durch die zentrische Zugfestigkeit des Mauerwerks begrenzt wird. Infolge einer linearen antimetrischen Temperaturänderung entsteht Biegezwang, der durch die aufnehmbare Biegezugfestigkeit des Mauerwerks begrenzt wird. In diesem Abschnitt werden die Versagenskriterien des Mauerwerks auf Zug ermittelt.

Mann hat in [1992] die theoretischen Grundlagen für die Ermittlung der Mauerwerksfestigkeiten auf Zug beschrieben. Diese werden in den folgenden Betrachtungen zugrunde gelegt. Backes [1985] untersuchte systematisch Mauerwerkscheiben unterschiedlicher Stein- und Mörtelarten unter Zug parallel zur Lagerfuge (Bild 3.4).

Die Mitwirkung der Stoßfugen in einer Mauerwerkswand zur Übertragung von Zug wird bei den nachfolgenden Betrachtungen vernachlässigt. Durch die senkrechte Vermörtelung der Stoßfugen senkt sich der Mörtel zwischen den Steinen ab. Die feuchte Masse des Mörtels schwindet während ihres Erhärtungsvorgangs so stark, daß in den meisten Fällen eine Ablösung zwischen Steinen und Mörtel stattfindet. Dies wurde ebenfalls bei den durchgeführten Biegeversuchen an Mauerwerkswänden (Abschn. 3.3.1.3) festgestellt. Aus diesen Gründen kann in den Stoßfugen keine vollständige Haftung zwischen den Steinen und dem Mörtel zur Aufnahme von Zugkräften gewährleistet werden.

Selbst wenn die Stoßfugen voll vermörtelt sind, werden sie sich bei steigender Verformung parallel zur Lagerfuge als erstes von den Steinen ablösen. Vermutlich ist dies der Knick (Erstrißlast) des steigenden $\sigma-\varepsilon$ Astes im Bild 3.4. Bei den hier deutlich meßbaren Zugspannungen für HLz60/MG III und V12/MG III beträgt die Erstrißlast des Mauerwerks bei Ziegeln etwa 71% der maximal erreichten Zuglast und bei Vollsteinen aus Leichtbeton etwa 77%. Nach den ersten Rissen in den Stoßfugen verlaufen die Kräfte nur durch die Steine und Lagerfugen. Bei weiterer Steigerung der Zugspannung versagt das von beiden schwächere Glied. Direkt nach dem ersten Riß im Stein und/oder in der Lagerfuge fällt die Spannung plötzlich ab und die Risse pflanzen sich fort (Bild 3.4). Ob das Mauerwerk ein sprödes Verhalten oder eine Restzugfestigkeit besitzt, hängt in erster Linie vom verwendeten Steinmaterial ab. Diese Sachverhalte wurden auch durch die Versuche von Backes [1985] und Schubert/Metzemacher [1991] bestätigt.

Die mittlere Zugbruchdehnung für alle Mauerwerksarten liegt zwischen 0,1 und 0,2 mm/m (Bild 3.4).

3.3.1.1 Zentrische Zugfestigkeit des Mauerwerks

Hinweis: Die nachfolgend zitierten Gleichungen sind in Tabelle 3.1 zusammengefaßt.

Die zentrische Zugfestigkeit senkrecht zur Lagerfuge f_{Zy} ist gleich der Haftzugfestigkeit f_{HZ} in der Lagerfuge des Mörtels (Gl. 3.3, Tab. 3.1).

Die Zugfestigkeit der Wand parallel zur Lagerfuge wird dann überschritten, wenn entweder der Stein reißt (Bild 3.5b) oder die Lagerfuge versagt (Bild 3.5 c). Der ungünstigere Fall bestimmt die Zugfestigkeit des Mauerwerks.

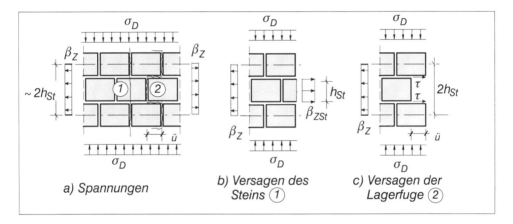

Bild 3.5: Zugspannungen parallel zur Lagerfuge im Mauerwerk und Versagenskriterien

a) Versagen des Steins (Bild 3.5 b)

Aus einer Betrachtung des horizontalen Gleichgewichts folgt, daß die aufnehmbare Zugspannung des Mauerwerks gleich der Hälfte der Steinzugfestigkeit ist (Gl. 3.1, Tab. 3.1).

b) Versagen der Lagerfuge (Bild 3.5 c)

Bei Überschreitung der Festigkeit gegen Verschiebung in der Lagerfuge, der sog. "Scherfestigkeit", löst sich der Verband. Nach dem Coulombschen Reibungsgesetz, als Grenzwert für die Schubspannung, kann durch Gleichgewichtsbetrachtung die maximal aufnehmbare Zugfestigkeit des Mauerwerks mit Gl. 3.2, Tab. 3.1 errechnet werden.

3.3.1.2 Biegezugfestigkeit des Mauerwerks, Allgemeines

Der Begriff 'Biegespannung senkrecht oder parallel zur Lagerfuge' wird in der Mauer-werksliteratur für die Biegung senkrecht oder parallel zur Lagerfuge verwendet (vgl. auch [Mann, 1992]).

Die Biegezugfestigkeit im Mauerwerk senkrecht zur Lagerfuge wird praktisch immer dann erreicht, wenn die Haftzugfestigkeit f_{HZ} zwischen Stein und Mörtel überschritten wird und ein horizontaler Riß in der Lagerfuge entsteht (Gl. 3.3, Tab. 3.1).

In der Tabelle 3.1 bedeutet:

f_z	=	*Zugfestigkeit des Mauerwerks*
f_{ZSt}	=	*Zugfestigkeit des Steins*
f_{HZ}	=	*Haftzugfestigkeit zwischen Stein und Mörtel*
f_{RZ}	=	*Rechenwert der Steinzugfestigkeit nach Tabelle 7 der DIN 1053, T2*
f_{RK}	=	*Rechenwert der abgeminderten Kohäsion nach Tabelle 8 der DIN 1053, T2*
μ	=	*Reibungsbeiwert ($\mu = 0{,}67$)*
$\overline{\mu}$	=	*abgeminderter Reibungsbeiwert für Schub ($\overline{\mu} = 0{,}4$)*
ν_{LF}, ν_{SF}	=	*Querdehnzahl in der Lagerfuge bzw. Stoßfuge*
h_{st}	$\cong$	*($h_{St} + h_{M\ddot{o}}$) Steinhöhe*
$\ddot{u}$	=	*Überbindemaß*
l_{st}	=	*Steinlänge*
c	=	*Kohäsion nach DIN 1053, T2; Tabelle 7*
σ_D	=	*σ_y = vertikale Druckspannungen*
γ	=	*Sicherheitsbeiwert ($\gamma = 2{,}0$ für Wände)*
f_R	=	*Rechenwert der Mauerwerksdruckfestigkeit nach Tabelle 6 der DIN 1053, T2*
$f_{RH,LF}, f_{RH,SF}$	=	*Haftscherfestigkeit in der Lagerfuge bzw. Stoßfuge*

Tabelle 3.1 : Formel für die Berechnung der Mauerwerksfestigkeiten

Beanspruchungsart	Bruchkriterium	Formel	Gl.
Zentrischer Zug	Steinversagen	$f_Z = f_{ZSt}/2$	3.1
	Verbandversagen	$f_Z = (c + \mu \cdot \sigma_D) \cdot \ddot{u}/h_{ST}$	3.2
Biegezug senkrecht zur Lagerfuge (Lagerfuge)		$f_{BZ\perp} = f_{HZ}$	3.3
Biegezug parallel zur Lagerfuge mit offenen Stoßfugen	Steinversagen	$f_{BZ\parallel} = f_{ZSt}/2$	3.4
	Verbandversagen	$f_{BZ\parallel} = 1,26 \cdot (c + \mu \cdot \sigma_D) \cdot \ddot{u}/h_{St}$	3.5
mit vermörtelten Stoßfugen	Steinversagen	$f_{BZ\parallel} = 0,59 \cdot f_{ZSt}$	3.6
	Verbandversagen	$f_{BZ\parallel} = 1,65 \cdot (c + \mu \cdot \sigma_D) \cdot \ddot{u}/h_{St}$	3.7
zweiachsige Beanspruchung ohne Mitwirkung der Stoßfugen	Lagerfugenversagen bei fehlender Auflast	$\gamma \cdot \tau = f_{HZ}$	3.8
	Lagerfugenversagen bei "geringen" Druckspannungen	$\gamma \cdot \tau = f_{Rk} + \bar{\mu} \cdot \sigma$	3.9
	Steinversagen bei "mittleren" Druckspannungen	$\gamma \cdot \tau = 0,45 \cdot f_{RZ} \cdot \sqrt{1 + \dfrac{\sigma}{f_{RZ}}}$	3.10
	Mauerwerksversagen bei "hohen" Druckspannungen	$\gamma \cdot \tau = (f_R - \gamma \cdot \sigma_D) \cdot \dfrac{l_{St}}{2h_{st}}$	3.11
zweiachsige Beanspruchung mit Berücksichtigung der voll vermörtelten Stoßfugen	Verbandversagen	$\tau = \dfrac{f_{HS,LF} - v_{LF} \cdot \sigma_y + v_{LF} \cdot v \cdot (f_{HS,SF} - v_{SF} \cdot \sigma_x)}{1 + v_{LF} \cdot v}$	3.12
	Steinversagen	$\tau = \dfrac{f_{HS,SF} - v_{SF} \cdot \sigma_x}{2} + \dfrac{f_Z}{2,3}\sqrt{1 - \dfrac{\sigma_y + \sigma_x}{f_{ZSt}} + \dfrac{\sigma_x \cdot \sigma_y}{f_{ZSt}^2}}$	3.13
	Mauerwerksversagen auf Druck	$\tau = f_{HS,SF} + \dfrac{f_{D,MW}}{v} + \sigma_y \cdot \left(\dfrac{1}{v} - v_{SF} \cdot \dfrac{\sigma_x}{\sigma_y}\right)$	3.14

$v = \dfrac{2h_{St}}{l_{St}}$

$\dfrac{f_{HS,SF}}{f_{HS,LF}} = \dfrac{v_{SF}}{v_{LF}}$

3.3.1.3 Eigene experimentelle Ermittlung der Biegezugfestigkeit von Mauerwerk

Ziel dieser Untersuchung war die Abschätzung der Tragfähigkeit einiger Mauerwerks-wände bei Biegebeanspruchung. Hier wird kurz von der Versuchsserie Blähtonmauer-werk (haufwerkporige Dreikammer–Blähtonsteine Hbl 2–16 DF mit MG IIa) berichtet (vgl. auch [Al Bosta/Schäfer, 1993]). Die Versuche wurden an der Forschungs– und Ma-terialprüfungsanstalt (FMPA) in Stuttgart durchgeführt. Die für diese Untersuchungen entwickelte Versuchseinrichtung ist im Bild 3.6 dargestellt.

Die Biegezugfestigkeit der Blähtonwände parallel zur Lagerfuge ($f_{BZII} = 0{,}36$ MN/m^2) wurde hauptsächlich von der Steinzugfestigkeit bestimmt. Hier entsteht der Biegebruch durch Steinversagen. Die Bruchlinien der Wände gingen durch die Steine und Stoßfu-gen, ähnlich wie bei Bild 3.5 a.

Die Biegezugfestigkeit der Blähtonwände senkrecht zur Lagerfuge ($f_{BZ\perp} = 0{,}43$ MN/m^2) hängt von der Verbundfestigkeit zwischen Stein und Mörtel ab, da das Versagen immer in der Lagerfuge auftrat. Die Steine blieben fast unversehrt. Unter den Versuchsergeb-nissen der Blähtonwände (Mittelwerte aus 4 Versuchen) waren kaum Streuungen vor-handen.

Die Biegezugfestigkeit senkrecht zur Lagerfuge war bei diesen Blähtonwänden entge-gen den Erwartungen größer als die parallel dazu. Dies liegt daran, daß das Versagen unter Spannungen parallel zur Lagerfuge durch die Biegefestigkeit der Steine bestimmt wird. Diese ist hier aufgrund der Lochungen in horizontaler Richtung geringer als in ver-tikaler Richtung. Folglich versagt hier der Stein vor dem Verband.

Die DIN 1053 ‚T2 gibt für einige Steinarten Rechenformeln für die Zugfestigkeit parallel zur Lagerfuge in Abhängigkeit von den Mörtelgruppen an. Dieselbe Norm erlaubt im Gegensatz zum EC 6 nicht die Anrechnung der Biegezugfestigkeit senkrecht zur Lager-fuge. Aus den eigenen Untersuchungen kann diese Zugfestigkeit je nach Mauerwerks-art quantifiziert und angesetzt werden. Dies wurde auch durch die Untersuchungen von Schubert/Metzemacher [1991], die im Hinblick auf die zukünftige europäische Mauer-werksnorm EC 6 durchgeführt wurden, bestätigt.

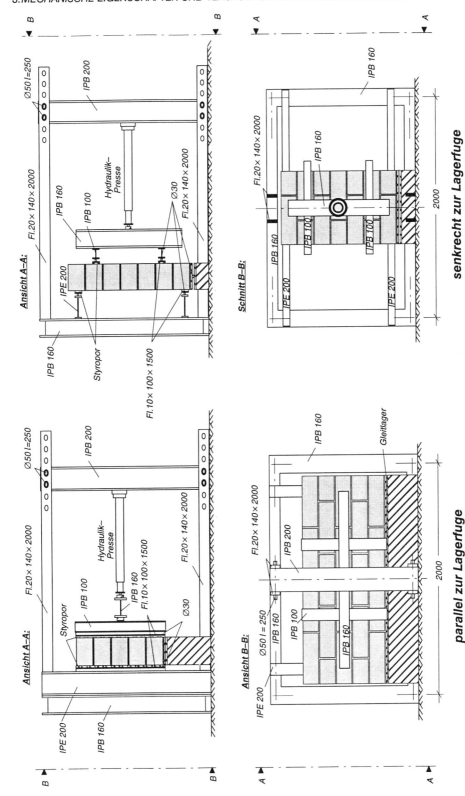

senkrecht zur Lagerfuge

parallel zur Lagerfuge

Bild 3.6: Versuchseinrichtung zur Prüfung der Biegezugfestigkeit von Mauerwerkswänden

41

Für die Ermittlung der Biegezugfestigkeit parallel zur Lagerfuge werden zwei Fälle unterschieden: offene Stoßfugen (Bild 3.7) und vermörtelte Stoßfugen (Bild 3.8 bis 3.10). In jedem Fall können zwei Versagensarten auftreten: a) Versagen der Steine oder b) Versagen des Verbands.

3.3.1.4 Biegezugfestigkeit parallel zur Lagerfuge von Mauerwerk mit offenen Stoßfugen

Unter der Annahme, daß in den offenen Stoßfugen weder Zug– noch Druckkräfte übertragen werden, sind die Biegezugfestigkeiten wie beim zentrischen Zug zu ermitteln.

a) Versagen des Steins :

Nach Bild 3.7 a) kann die Mauerwerk–Zugfestigkeit ermittelt werden:

$$\sigma_z = M/W = 6 * 2m_y / d^2 = 12\, m_y / d^2 \leq f_{zSt}$$

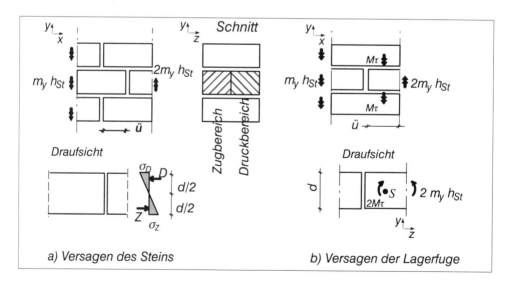

a) Versagen des Steins   b) Versagen der Lagerfuge

Bild 3.7: Mauerwerksausschnitt mit offener Stoßfuge unter Biegebeanspruchung

Mit dem Rißmoment $m_y = f_{BZ} \; d^2/6$ für ein homogen angenommenes Mauerwerk ergibt sich die Biegezugfestigkeit

$$f_{BZ} = f_{ZSt} / 2 \tag{3.4}$$

b) Versagen der Lagerfuge:

Besitzen die Steine eine höhere Zugfestigkeit, so versagen die Lagerfugen (Bild 3.7 b). Die Momente wollen die Steine aus ihrer Lage herausdrehen. Es entstehen Torsionsmomente in der Lagerfuge, gegen die die Scherfestigkeit des Verbands (Mörtel/Stein) Widerstand leistet.

Die vorhandene Spannung in der Lagerfuge wird nach dem Coulombschen Reibungsgesetz begrenzt:

$$\tau = M\tau / W\tau = m_y \; h_{St} / (\; \alpha \; \ddot{u} \; d^2) \leq c + \mu * \sigma_D$$

Darin ist:
$W\tau$ = Torsionswiderstandsmoment in der Lagerfuge
$\ddot{u}$ = Überbindemaß.

Das Rißmoment für einen homogenen Querschnitt lautet:

$$m_y = f_{BZ} \; d^2 / 6$$

also: $f_{BZ} \; d^2 \; h_{St} / (6 \; (\alpha \; \ddot{u} \; d^2)) = c + \mu * \sigma_D$

Die Biegezugfestigkeit des Mauerwerks ist:

$$f_{BZ} = 6 \; (c + \mu * \sigma_D) * \ddot{u} * \alpha / h_{st}$$

Mit $\alpha = 0,21$ für $\ddot{u}/d \approx 1,0$ lautet die Formel:

$$f_{BZ} = 1,26 \; (c + \mu * \sigma_D) * \ddot{u} / h_{st} \tag{3.5}$$

3.3.1.5 Biegezugfestigkeit parallel zur Lagerfuge von Mauerwerk mit vermörtelten Stoßfugen

In der folgenden Betrachtung wird aus den bereits genannten Gründen angenommen, daß die Stoßfugen nur Druckkräfte und keine Zugkräfte übertragen.

Infolge Biegung wird die eine Wandseite gedrückt, die andere Seite gezogen (Bild 3.8 a). Dank der vermörtelten Stoßfuge werden Biegedruckkräfte im gedrückten Bereich ohne Umlenkungen weitergeleitet, und zwar über die gesamte Wandhöhe (Bild 3.8 c und d). Die Biegezugkräfte können dagegen im Querschnitt wegen der Stoßfugen nur in jeder zweiten Schicht von den durchgehenden Steinen übernommen werden und müssen bis zum nächsten Stoßfugen-Querschnitt über die Lagerfugen in die benachbarte Schicht übergeleitet werden (Bild 3.8 a und b). Es entsteht damit eine Plattenbalkentragwirkung (Bild 3.8 c).

Der Kraftfluß in der gezogenen Seite kann auch anhand von Stabwerkmodellen erklärt werden. In den Bildern 3.8 e und f sind zwei Möglichkeiten für die Zugkraftumlenkung dargestellt. Im Prinzip sind beide Modelle möglich. Der wirkliche Kraftfluß wird wahrscheinlich aus einer Kombination dieser beiden Formen bestehen. Sowohl nach Modell 1 als auch nach Modell 2 entstehen durch die Umlenkung der Zugkräfte Schubspannungen in den Lagerfugen. Für das Versagen der Lagerfuge ist das Stabwerkmodell 1 kritischer, weil in diesem Modell Zugkräfte in der Fuge wirken.

Für das Knotengleichgewicht sind die Druckkräfte D^* oder Zugkräfte Z^* erforderlich (Bild 3.8 e und f). In Wirklichkeit bzw. in einem verfeinerten Modell handelt es sich dabei um verteilte Zugkräfte, die sich innerhalb der einzelnen Steine ausgleichen, bzw. Druckkräfte, die über die Lagerfugen hinweg wirken. Für die Tragwirkung nach dem Modell in Bild 3.8 f ist eine senkrechte Druckbelastung der Wand erforderlich, oder es muß in Kombination mit dem Modell nach Bild 3.8 e mit den Zugkräften Z^* auftreten.

Das Versagen des Mauerwerks kann auf zwei Arten, im Stein oder in der Lagerfuge, erfolgen. Die folgenden Gleichungen für das Versagen des Mauerwerks unter Biegebeanspruchung wurden auch von Mann [1992] abgeleitet. Für das Versagen in der Lagerfuge hat Mann allerdings näherungsweise einen vereinfachenden Ansatz verwendet. Der in dieser Arbeit gewählte Ansatz und die ausführlichen Ableitungen der nachfolgenden Biegezugfestigkeiten sind auch in [Al Bosta/Schäfer,1993] erläutert.

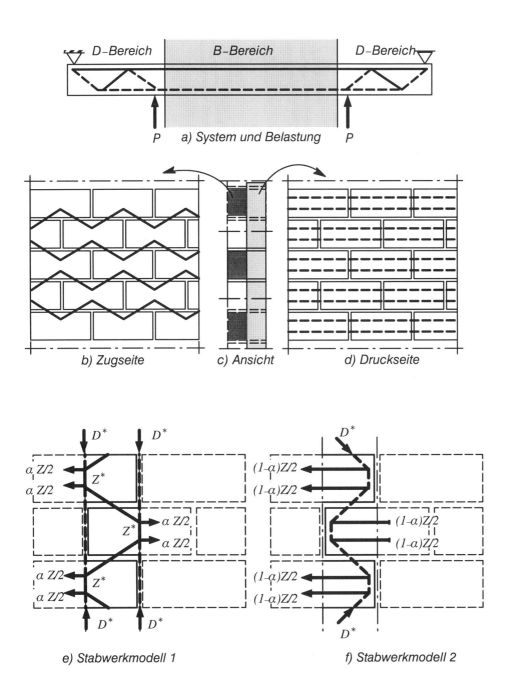

Bild 3.8: Mauerwerkswand unter Biegebeanspruchung und Kraftflußmodell

a) Versagen des Steins:

Im folgenden werden die aufnehmbaren Kräfte beim Steinversagen abgeleitet. Nach Bild 3.9 ergeben sich unter der Annahme einer linearen Spannungsverteilung die Druck- und Zugkräfte zu:

$$D = \frac{1}{2} \cdot (2h_{St}) \cdot x \cdot \sigma_D \qquad \text{und} \qquad Z = \frac{1}{2} \cdot h_{St} \cdot (d - x) \cdot \sigma_Z$$

Aus Z = D folgt:

$$\sigma_D = \frac{d - x}{2x} \cdot \sigma_Z$$

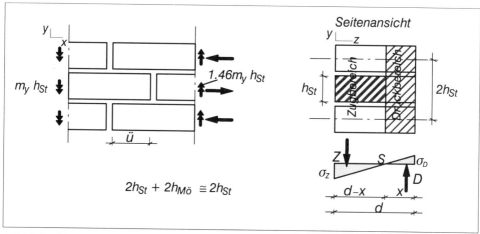

Bild 3.9: *Mauerwerksausschnitt mit vermörtelter Stoßfuge unter Biegebeanspruchung, Versagen des Steins*

Aus der letzten Gleichung und den Dreieckproportionen in Bild 3.9 ($\sigma_z : d-x) = (\sigma_D : x$) sowie mit dem Auflösen nach x folgt:

$$x = 0,414 \, d$$

Für die Ermittlung der Kräfte Z und D wird das Momentengleichgewicht um den Punkt S gebildet. Das Ergebnis lautet:

$$Z = D = \frac{3m_y \cdot h_{St}}{d}$$

Damit ergeben sich die Steinschnittgrößen zu

$$M_{St} = 1,46 \, m_y \cdot h_{St} \qquad \text{und} \qquad N_{St} = \frac{Z}{2}$$

und die Randzugspannung im Stein σ_Z. Diese darf die Steinzugfestigkeit nicht über-schreiten:

$$\sigma_Z = 10,2 \ m_y \cdot \frac{1}{d^2} \leq f_{ZSt}$$

Bei Erreichen der Steinzugfestigkeit wird das Bruchmoment zu:

$$m_y = \frac{1}{10,2} \ f_{ZSt} \ d^2$$

Daraus läßt sich mit der Biegezugfestigkeit für einen homogenen Querschnitt

$$f_{BZ} = 6 \ m_y / \ d^2$$

eine fiktive Biegezugfestigkeit des Mauerwerks

$$f_{BZ} = 0,585 \ f_{ZSt} \tag{3.6}$$

ableiten, die etwa 17% größer ist als bei unvermörtelten Stoßfugen.

b) Versagen des Verbandes:

Dieser Fall tritt auf, wenn die Steine eine relativ hohe Zugfestigkeit besitzen (Bild 3.10). Dann lösen sich die Steine in ihrem ungerissenen Zustand vom Verband. Der Stein wird aus seiner Lage gedreht und erzeugt damit Torsionsmomente in der oberen und un-teren Lagerfuge. Im folgenden wird die fiktive Biegezugfestigkeit für Mauerwerk bei Ver-bandversagen unter konstanter Momentenbelastung nach Bild 3.10 abgeleitet.

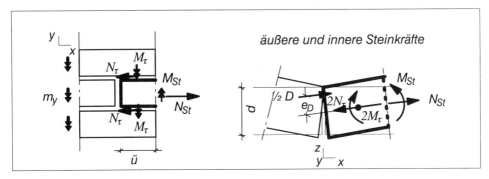

Bild 3.10: Mauerwerksausschnitt mit vermörtelter Stoßfuge unter
Biegebeanspruchung, Versagen des Verbandes

Auf den in Bild 3.10 dargestellten halben Stein wirken die Steinschnittgrößen M_{St} und N_{St} (wie im vorherigen Abschnitt a) berechnet), die Druckkraft $D/2$ in der Stoßfuge und in den Lagerfugen die Torsionsmomente $2M_\tau$ sowie die Schubkräfte $2N_\tau$.

Das Momentengleichgewicht um den Drehpunkt liefert:

$$\Sigma M = 0: \quad 2M_\tau = 1.46 \; m_y \cdot h_{St} - \frac{D}{2} \cdot e_D$$

Mit $\qquad D = 3 \; m_y \cdot \dfrac{h_{St}}{d} \qquad$ bzw. $\qquad m_y = \dfrac{D}{3} \cdot \dfrac{d}{h_{St}}$

und $\qquad e_D = 0.36 \; d$

folgt: $\qquad M_\tau = 0,15 \cdot D \cdot d$

wobei $d =$ Steindicke und $h_{St} =$ Steinhöhe

Die in der Lagerfuge vorhandene Normalkraft ist:

$$N_\tau = \frac{Z}{2} = \frac{D}{2}$$

Die Druck– bzw. Zugkraft kann aus dem Abschnitt a) "Versagen des Steins" ermittelt werden.

Die Biegetragfähigkeit des Mauerwerks ist erreicht, wenn die maximale Schubspannung in der Lagerfuge ihren Grenzwert überschreitet. Die Festigkeit des Verbandes ist um so geringer, je weniger Auflast vorhanden ist. Die Versagensspannung wird in Abhängigkeit vom Coulombschen Reibungsgesetz bestimmt:

$$\tau_{LF} = \frac{N_\tau}{A} \pm \frac{M_\tau}{W_\tau} \quad = \frac{N_\tau}{\ddot{u} \cdot d} \pm \frac{M_\tau}{\alpha \cdot \ddot{u} \cdot d^2} \le c + \mu \cdot \sigma_D$$

Für Wände aus Steinen, die 2d lang sind, ist $\ddot{u}/d \approx 1$ und $\alpha = 0,21$ für W_τ. Die Schubspannung τ_{LF} wird nach Einsetzen von M_τ und N_τ zu:

$$\tau_{LF} = 1,21 \cdot \frac{D}{\ddot{u} \cdot d}$$

Nach Einsetzen von D in die Schubspannungsgleichung kann das aufnehmbare Moment m_y und daraus die fiktive Biegezugfestigkeit f_{BZ} des Mauerwerks beim Verbandversagen ermittelt werden:

$$f_{BZ} = 1,65 \cdot (c + \mu \cdot \sigma_D) \cdot \frac{\ddot{u}}{h_{St}} \tag{3.7}$$

Diese ist etwa 32% größer als bei unvermörtelten Stoßfugen.

3.3.2 Zug-Elastizitätsmodul

Der Zug-E-Modul parallel zur Lagerfuge wird erheblich von dem Verformungsverhalten in den Fugen beeinflußt. Die Verfomungseigenschaften der Steine spielen dabei kaum eine Rolle. Die Spannungs-Dehnungs-Linie eines parallel zur Lagerfuge auf Zug beanspruchten Mauerwerks kann bis zum Bruch als gerade angenommen werden (Bild 3.4). Der Zug-E-Modul senkrecht zur Lagerfuge wird in der zitierten Fachliteratur nicht behandelt oder ermittelt.

Ein zutreffender Vergleich des Zug- und Druck-E-Moduls muß in gleicher Richtung (parallel zur Lagerfuge), und nicht in unterschiedlichen Richtungen erfolgen. Leider liegen nur vereinzelte Versuchergebnisse von verschieden Autoren vor, so daß kein direkter Vergleich der beiden E-Moduln in der Richtung parallel zur Lagerfuge gemacht werden kann.

In [Backes, 1985] wird angegeben, daß der Zug-E-Modul mit Ausnahme von Gasbeton- und Bimssteinmauerwerk kleiner als der senkrecht zur Lagerfuge ermittelte Druck-E-Modul ist. Der E-Modul für Biegung ist annähernd gleich dem Zug-E-Modul für zentrische Beanspruchung. Einige Werte der Zug- und Druck-E-Moduln sind im Anhang A 3.3 zusammengestellt.

3.4 Mauerwerk unter zweiachsiger Beanspruchung

3.4.1 Versagenskriterien für Mauerwerk unter zweiachsiger Beanspruchung

Wie im Abschnitt 5.3.1 gezeigt wird, befinden sich Mauerwerkswände in den Einleitungsbereichen der Zwangkräfte in einem zweiachsigen Druck-Zug-Spannungszustand (Bild 5.6). Der zweiachsige Spannungszustand hat einen wesentlichen Einfluß auf die Versagensarten des Mauerwerks. Nachfolgend werden die Versagenskriterien aus den angegeben Quellen vorgestellt und ein Kriterium für die FE-Berechnungen dieser Arbeit gewählt.

Bei horizontal und vertikal wirkenden Lasten wird die Festigkeit des Mauerwerks gegen Abscheren bestimmt durch die Reibung in der Lagerfuge, durch die Kohäsion, die Form der Steine (Lochungen), die Zugfestigkeit der Steine und durch die Druckspannung im Mauerwerk. Besonders bei fehlender Auflast besitzt das Mauerwerk eine geringe Schubfestigkeit zur Aufnahme von horizontalen Kräften.

Im Zusammenhang mit Erdbebenbeanspruchung wurden zahlreiche Versuche an Mauerwerkswänden unter gleichzeitig horizontalen und vertikalen Lasteinwirkungen untersucht. Ziel dieser Untersuchungen war es, das Mauerwerk als Kontinuum behandeln zu können. Eine Zusammenstellung dieser Untersuchungen findet in [Dialer, 1990 und Vratsanou, 1992] statt. Die wichtigsten Versagenskriterien für Mauerwerk unter zweiachsiger Beanspruchung wurden von Page und Dhanasekar et al. in ihren Arbeiten [1981, 1983 bzw. 1985], Mann/Müller [1978 und 1986] sowie Thürlimann/Ganz in ihren Arbeiten [1982, 1984 bzw. 1985] entwickelt. Alle Versagenskriterien basieren auf der Mohr-Coulombschen Bruchbedingung.

Page [1981 und 83] und Dhanasekar et al. [1985] führten als erste systematische Versuche an Mauerwerksscheiben mit verschieden Lagerfugenneigungen unter zweiachsigen Druck- und Zugbeanspruchungen durch. Die Prüfkörper (n > 100) waren quadratische Scheiben mit 36 cm Länge aus vollen Ziegelsteinen mit dem Maßstab 1:2. Die Hauptnormalspannungen wurden mittels Stahlbürsten in die Scheiben eingeleitet.

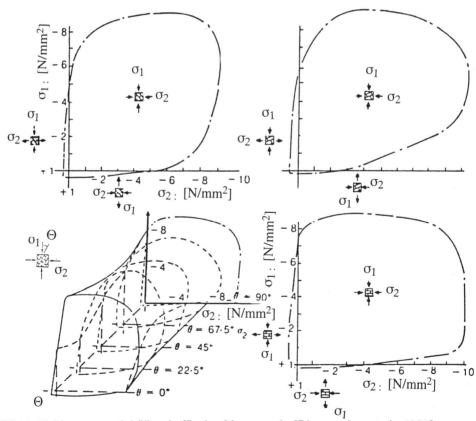

Bild 3.11: Versagenseinhüllende für das Mauerwerk, [Dhanasekar et al., 1985]

Am Beton orientiert entwickelten Page und Dhanasekar et al. aus den Versuchergebnissen ein dreidimensionales Versagenskriterium. In diesem sind auf zwei Achsen die Hauptspannungen σ_1 und σ_2 aufgetragen. Die dritte Richtung gibt den Beanspruchungsneigungswinkel θ zur Lagerfuge an. Das Versagen im Mauerwerk tritt in Abhängigkeit von der Kombination der Hauptspannungen σ_1 und σ_2 und der Lagerfugenorientierung ein. Die Versagenshüllflächen für verschiedene Belastungskombinationen sind im Bild 3.11 für unterschiedliche Neigungswinkel dargestellt [Dhanasekar et al., 1985]. Für den Winkel 45° ist die Versagenseinhüllende symmetrisch, sonst ist diese asymmetrisch (Bild 3.11). Die Verläufe im reinen Zugbereich wurden mit Hilfe von FE-Rechnungen ermittelt. Wie Page und Dhanasekar et al. haben auch Bernardini et al. [1983] Untersuchungen durchgeführt und ähnliche Ergebnisse erzielt.

Im Lastfall Abkühlung oder Erwärmung entstehen in der Wand Zug-Druck-Spannungskombinationen (Bild 6.27). Da in dem Lastfall Abkühlung, der mit FE in Abschnitt 6.6.1 untersucht wird, die Druckspannungen relativ klein bleiben, ist der Bereich nahe der einachsigen Zugfestigkeit maßgebend (Bild 3.11). Für die Untersuchungen in Abschnitt 6.6.1 sind die Versagensarten bei den Winkeln 0° (Zugspannungen in Wandmitte) und 22,5° (im Einleitungsbereich in Wandecke) von besonderem Interesse. Wie aus Bild 3.12 ersichtlich, ergeben sich für die beiden Winkel fast dieselben Versagensarten, und die Zugfestigkeiten weichen nur geringfügig voneinander ab.

Im Druck-Druck-Bereich versagt das Mauerwerk meistens durch Risse in der Ebene parallel zur Scheibenmittelfläche. Im Druck-Zug-Bereich entstehen die Risse senkrecht zur Scheibenebene durch die Steine oder/und die Fugen, meistens senkrecht zu den Hauptzugspannungen und parallel zu den Hauptdruckspannungen. Im Zug-Zug-Bereich versagt das Mauerwerk durch Trennrisse meistens in den Fugen. Der Verlauf der Risse hängt vom Winkel und von der Beanspruchungskombination ab (Bild 3.12). Im gesamten Zugbereich und bei kleinen Druckspannungen verhält sich das Mauerwerk linear-elastisch und isotrop, im Druckbereich bei großen Druckspannungen nichtlinear und orthotrop.

Ganz und Thürlimann geben in ihren Arbeiten [1982, 1985 bzw. 1984] Bruchbedingungen für zweiachsig beanspruchte Mauerwerksscheiben, mit und ohne Zugfestigkeit, an. Grundlage dieser Bedingungen ist die Plastizitätstheorie und das starr-plastische Materialverhalten. Ganz und Thürlimann haben die abgeleiteten Bruchbedingungen durch ihre eigenen Versuche an Mauerwerksscheiben mit L=H=1,20 m aus gelochten Ziegelsteinen bestätigt. Wie bei Page/Dhanasekar wird die Neigung der Lagerfuge variiert. Durch Nachrechnungen werden auch die Ergebnisse von Mann/Müller sowie von Page/

Dhanasekar et al. bestätigt (Bild 3.13).

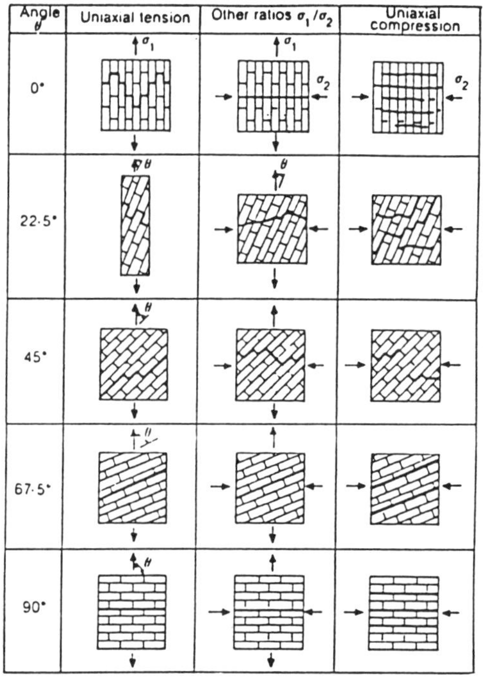

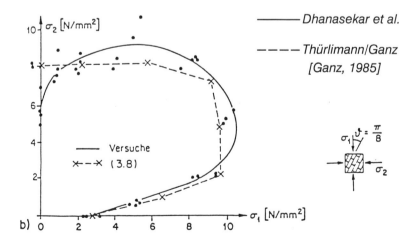

Angle θ
Uniaxial tension
Other ratios σ1/σ2
Uniaxial compression
0°
22.5°
45°
67.5°
90°

Bild 3.12: Verlauf der Risse je nach Beanspruchungswinkel und -kombination, [Dhanasekar et al.,1985]

σ2 [N/mm²]
σ1 [N/mm²]
Versuche
(3.8)
b)
Dhanasekar et al.
Thürlimann/Ganz [Ganz, 1985]
ϑ = π/8

Bild 3.13: Vergleich der Resultate von Dhanasekar und Thürlimann/Ganz für $\vartheta = \pi/8$

Mann und Müller [1978] entwickelten durch Gleichgewichtsbetrachtungen am homogenen Einzelstein Bruch– und Versagenskriterien für horizontal und vertikal beanspruchtes Mauerwerk und erweiterten diese in [1986] so, daß die Schub– und Druckkräfte in den Stoßfugen übertragen werden. Diese Bruchkriterien werden hier wegen der Ableitungen in Abschnitt 3.3 und zum Vergleich mit den erwähnten Theorien kurz vorgestellt.

Auf einen aus dem Wandelement herausgetrennten Einzelstein (Bild 3.14 b) wirkt außer den Normalspannungen ein horizontales Kräftepaar aus den Schubspannungen in der oberen und unteren Lagerfuge. Die vertikalen Schubspannungen τ_{st} gehen durch den zwischen den Stoßfugen liegenden Stein, der dann die vertikalen Schubspannungen von zwei Steinschichten aufnehmen muß. Das horizontale Kräftepaar will nun eine Verdrehung des Steins bewirken. Das Gleichgewicht wird durch die Umlagerung der Normalspannungen in den Lagerfugen hergestellt. Gleichgewichtsbetrachtungen am homogenen Einzelstein und in den Lagerfugen zeigen, daß das Versagen des Mauerwerks auf Schub auf drei verschiedene Arten erfolgen kann [Mann/Müller, 1978 und 86].

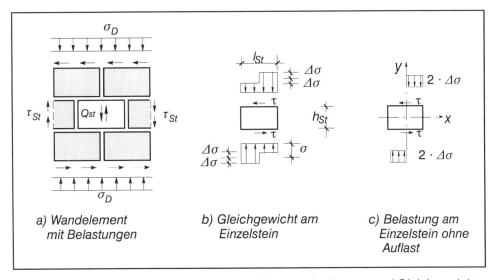

a) Wandelement mit Belastungen

b) Gleichgewicht am Einzelstein

c) Belastung am Einzelstein ohne Auflast

Bild 3.14: *Schubbeanspruchung in einem Mauerwerkselement und Gleichgewicht am Stein*

Bei **sehr geringer bzw. fehlender Auflast** ($\sigma \approx 0$) versagt das Mauerwerk durch Klaffen der Lagerfuge (Gl. 3.8, in Tab. 3.1)

Bei **geringer Auflast** versagt die Lagerfuge durch Abscheren. Hier hängt das Versagen überwiegend von der Kohäsion ab, die von der Mörtelgruppe und der Saugfähigkeit der Steine bestimmt wird. Die Druckspannungen zur Erhaltung des Gleichgewichts für die Schubspannungen werden nach Bild 3.14 b auf der halben Steinlänge angesetzt. Sie erhöhen bzw. vermindern die gleichmäßig über die Steinlänge verteilten vertikalen Spannungen σ_D aus der Auflast. Mann/Müller [1978] und DIN 1053 wählen das Überschreiten der aufnehmbaren Reibungskräfte im Bereich der verminderten Spannungen σ_D als Versagenskriterium, wobei aus rechnerischen Gründen in der Coulombschen Gleichung nicht die Spannungen, sondern die Reibungs- und Kohäsionsbeiwerte reduziert werden (Gl. 3.9, in Tab. 3.1).

Bei **"mittleren" Druckspannungen** reißt der Stein infolge der schiefen Hauptzugspannungen aus der Überlagerung der vertikalen und horizontalen Kräfte (Gl. 3.10, in Tab. 3.1).

Bei **sehr hohen Auflasten** versagt das Mauerwerk auf Druck, wenn die maximale Hauptdruckspannung die Druckfestigkeit des Mauerwerks erreicht (Gl. 3.11, in Tab. 3.1).

Für die Versagensfälle sind die Bruchbedingungen (Gl. 3.9 bis 3.11, in Tab. 3.1) in einem τ-σ-Diagramm als Hüllkurven für die Grenzen des Mauerwerksversagens auf Schub dargestellt (Bild 3.15).

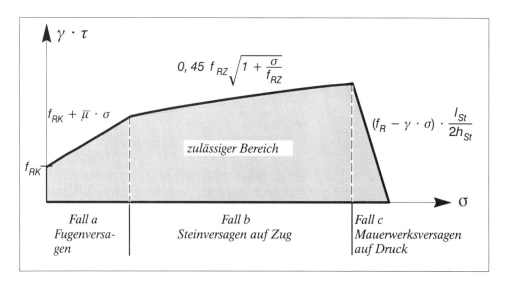

Bild 3.15: Hüllkurve für die Schubtragfähigkeit von Mauerwerk, Bild 6 der DIN 1053, T2

Zur Berücksichtigung der Mitwirkung der Stoßfugen werden horizontale zusätzliche Kräfte und Schubkräfte über Stoßfugen weitergeleitet. Die Grundlage der Herleitung der Versagenskriterien ist auch hier die Gleichgewichtsbetrachtung am Einzelstein (Bild 3.16) [Mann/Müller, 1986 und Dialer, 1990]. Die Versagensbedingungen sind ebenfalls in Tabelle 3.1 angegeben (Gl. 3.12 bei Gleiten in der Lagerfuge, Gl. 3.13 bei Überschreiten der Steinzugfestigkeit und Gl. 3.14 bei Überschreiten der Mauerwerksdruckfestigkeit).

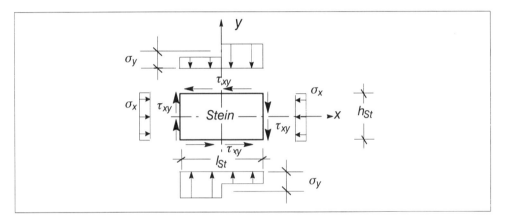

Bild 3.16: Gleichgewicht am Einzelstein unter Berücksichtigung der Mitwirkung der Stoßfugen [Mann/Müller, 1986 und Dialer, 1990]

Dialer [1990] führte zur Ermittlung des Schub- und Bruchverhaltens von schubbeanspruchten Mauerwerksscheiben Versuche mit verkleinertem Modellmauerwerk durch (quadratische, 20 cm lange Scheiben aus kleinen Ziegelsteinen, mit und ohne Vermörtelung der Stoßfugen). Er verglich seine Ergebnisse mit den Werten von Mann/Müller und Thürlimann/Ganz. Der Vergleich zeigt zum Teil gute Übereinstimmung mit Mann/Müller [1978 und 86] und Thürlimann/Ganz [1982/1985] (Bild 3.17). Die anderen Teilbereiche weisen größere Unterschiede auf, die nach [Seim, 1994] in den Annahmen für die Stoßfugenwerte nach [Mann/Müller, 1986] liegen. Die Ergebnisse von Dialer und Thürlimann/Ganz zeigen eine bessere Übereinstimmung.

Durch volle und sorgfältige Vermörtelung der Stoßfugen können auf alle Fälle höhere Lasten aufgenommen werden. Wie groß diese Laststeigerung ausfällt, konnte von den Autoren (vgl. auch [Dialer, 1990]) nicht angegeben werden.

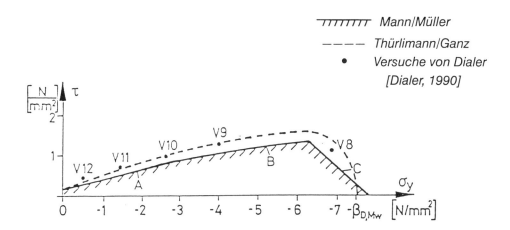

Bild 3.17: Ergebnisse von Dialer, Mann/Müller und Thürlimann/Ganz

Das Versagenskriterium von Dhanasekar et al. wird für die FE-Rechnung im Abschnitt 6.6.1 als Versagenskriterium für den ebenen Spannungszustand gewählt (vgl. auch [Asok et a., 1994 und Ali/Page, 1988]). Das gleiche Modell wurde auch von Vratsanou [1992] in ihren FE-Rechnungen von Mauerwerksscheiben unter Erdbebenbeanspruchung (analog dem Kriterium von [Kupfer/Gerstle, 1973] für den Beton) verwendet. Chen et al. [1991] haben in ihren Erdbeben-Untersuchungen an zweiachsig beanspruchten Mauerwerksscheiben das gleiche Versagenskriterium verwendet. Seibel et al. [1990] verwendeten für ausbetoniertes Hohlblock-Mauerwerk Materialgesetze, die von Vecchio/Collins [1986] für den Beton entwickelt wurden.

3.4.2 Elastizitätsmodul von Mauerwerk bei zweiachsiger Beanspruchung

Das Mauerwerk kann als orthotropes Material mit den Hauptrichtungen senkrecht (y-Richtung) und parallel (x-Richtung) zur Lagerfuge behandelt werden (Bild 3.18). Die Orthotropie des Mauerwerks wurde auch in vielen Versuchen und Arbeiten [Dialer, 1990; Ganz/Thürlimann, 1982; Schmidt, 1993; Vratsanou, 1992; Wolde/Colville, 1991 und Wang, 1993] bestätigt.

Der richtungsabhägige E-Modul wird in den Abschnitten 5.3 und 6.6 für die Zwangberechnung benötigt. Mit dem Ansetzen des vertikalen (größeren) E-Moduls, vor allem bei stark anisotropem Mauerwerk wie z.B. Mauerwerk aus Kalksandstein mit unvermörtelten Stoßfugen, werden die Zwangbeanspruchungen überschätzt.

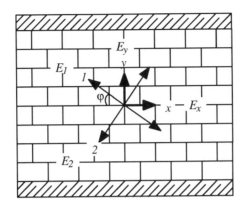

Bild 3.18: Definition der Wandkoordinatenachsen und Spannungsrichtungen

Die Beanspruchungen in Wandscheiben mit orthotropem und elastischem Materialverhalten sind in Abschnitt 5.2 behandelt. Um die Hauptspannungen σ_1 und σ_2 wie bei isotropem Material ermitteln zu können, werden die zugehörigen äquivalenten Elastizitätsmoduln und Querdehnzahlen benötigt. Durch Transformation der orthotropen
Mauerwerkseigenschaften (E_x, E_y, G_{xy}, ν_x und ν_y) mit dem Winkel ϕ in Richtung der
Hauptspannungen können E_1, E_2 sowie ν_1 und ν_2 ermittelt werden. Nachfolgend wird
der E_1 bzw. E_2 –Modul nach Wang [1993], Hull [1981] und Johnson/Marchant [1990]
angegeben.

Wang [1993] leitet für einen Stahlbetonrahmen mit Mauerwerksausfachung, bei dem
durch eine horizontale Rahmenverschiebung eine diagonale Druckstrebe im Mauerwerk entsteht, einen äquivalenten E–Modul ab. Dieser gilt für den die Mauerwerksausfachung ersetzenden Diagonaldruckstab. Ähnliche Formeln sind auch in [Hull, 1981 und
Johnson/Marchant, 1990] für 'orthotropic lamina' angegeben (Anhang A 3.4). Im Bild
3.18 ist die Definition der Wandkoordinatenachsen und Spannungsrichtungen dargestellt. Nach [Wang, 1993] ist der äquivalente $E_ä$-Modul gleich dem E-Modul in der
Hauptspannungsrichtung 1, d.h. $E_ä = E_1$. Es gilt:

$$\frac{1}{E_1} = \frac{\sin^2\phi}{E_y} + \frac{\cos^2\phi}{E_x} + \eta \cdot \frac{\cos^2\phi \sin^2\phi}{G_{xy}} \qquad (3.15)$$

und

$$\frac{1}{E_2} = \frac{\cos^2\phi}{E_y} + \frac{\sin^2\phi}{E_x} + \eta \cdot \frac{\cos^2\phi \sin^2\phi}{G_{xy}} \qquad (3.16)$$

darin ist:

$$\eta = 1 - G_{xy} \cdot (\frac{1 + \nu_y}{Ey} + \frac{1 + \nu_x}{E_x}) \qquad (3.17)$$

ν_x und ν_y = Querdehnzahl in x- und y-Richtung

Für den ebenen Spannungszustand eines orthotropen, elastischen Materials gilt die Beziehung:

$$\frac{\nu_y}{E_y} = \frac{\nu_x}{E_x} \qquad (3.18)$$

Der Schubmodul G_{xy} ist abhängig von der Stein- und Mörtelart, dem Steinformat sowie der Lochfläche. G_{xy} kann bei bekannten Elastizitätsmoduln E_x und E_y sowie ν_x wie folgt ermittelt werden [Hull, 1981]:

$$G_{xy} = \frac{1}{2} \cdot [\frac{E_x}{(1 - \nu_x \nu_y)} - \frac{\nu_x E_y}{(1 - \nu_x \nu_y)}] \qquad (3.19)$$

In der schweizerischen Norm SIA 177/2 und [Ganz, 1985] werden für das Mauerwerk Werte für G_{xy} in Abhängigkeit vom vertikalen E_y-Modul angegeben (Tabelle 3.2):

Tabelle 3.2: G_{xy}/E_y -Verhältnis nach [SIA 177/2 und Ganz, 1985]

Mauerwerk	G_{xy}/E_y
Backstein	0,20 bis 0,45
Kalksandstein	0,45
Zementstein	0,39
Porenbeton	0,43

In dieser Arbeit wird versucht, für gängige Mauerwerksarten die E-Moduln in beiden Hauptrichtungen aus der Literatur zusammenzustellen und einen Zusammenhang zwischen E_x- und E_y-Modul zu ermitteln. Ziel ist es, aus den orthotropen Eigenschaften einen für die Untersuchung im Abschnitt 5.3 für den Zwang repräsentativen (äquivalenten) E-Modul zu ermitteln.

Basierend auf Versuchsergebnissen von Ziegelmauerwerk, das parallel und senkrecht zur Lagerfuge beansprucht wurde, wird in [Wolde/Colville, 1991] für Ziegelmauerwerk aus Nordamerika eine Beziehung $E_x = 3/4 \, E_y$ angegeben. Walthhelm [1991] und Pfefferkorn [1994] setzen für die Ermittlung des horizontalen Zwangs im Mauerwerk den E-Modul parallel zur Lagerfuge näherungsweise mit der Hälfte des E-Moduls in vertikaler Richtung an (Pfefferkorn verwendet E-Werte aus Versuchen von Mauerwerk unter statischer und dynamischer Druckbeanspruchung in [Franz, u.a., 1969]). Ähnliche Werte schlägt Glitza in [1988] vor (Abschn. 3.2).

Die E-Moduln auf Druck und Zug, senkrecht und parallel zur Lagerfuge, wurden in den Abschnitten 3.2.2 und 3.3.2 behandelt. In Anhang A 3.2 sind einige Versuchsergebnisse für E_x und E_y (Verformungsmoduln) zusammengestellt. Diese Angaben sind wegen der sehr geringen Versuchsanzahl an gleichem Mauerwerk parallel und senkrecht zur Lagerfuge mit größter Vorsicht zu behandeln. Hinzu kommt, daß das Personal und die Laborbedingungen bei den durchgeführten Versuchsserien unterschiedlich waren. Außerdem geben die Autoren selbst Abweichungen bis zu 50% an.

Anhand der vorhandenen Versuchsergebnisse für E_x und E_y aus Deutschland kann kein allgemeingültiges Verhältnis der E-Moduln für eine bestimmte Mauerwerksart, z.B. Ziegel- oder Kalksandstein-Mauerwerk, angegeben werden. Dennoch kann folgendes behauptet werden: Bei unvermörtelten Stoßfugen und besonders bei Kalksandsteinmauerwerk unterscheiden sich die E-Moduln sehr stark voneinander (bis zum Faktor 9,5). Bei isotropen Steinen (volle Steine) mit entsprechender Mörtelgruppe und sorgfältig voll vermörtelten Fugen (Stoß- und Lagerfugen) weichen die E-Moduln nicht so stark (bis zum Faktor 2,7) voneinander ab. Bei haufwerksporigen, gelochten und großformatigen Betonsteinen sind die E-Moduln fast gleich.

Auswertungen der E-Moduln in Anhang A 3.2 für den Winkel 30° (der Winkel 30° ist der maximal mögliche Winkel, mit dem die Zwangkräfte in die Wand eingeleitet werden) haben ergeben, daß die $E_ä$-Werte fast denen des E_x-Modul entsprechen. Die E_2-Werte waren dagegen von den orthotropen Eigenschaften stärker abhängig (vgl. Abschn. 5.3.2).

3.5 Verbundverhalten von Mauerwerk, Schubspannungs-Schlupf-Beziehung

Im Hochbau ist die gebräuchlichste Lagerungsart einer Betondecke das direkte Betonieren auf die Mauerwerkswände. Sie stellt einen vollständigen Verbund zwischen dem Beton und dem Mauerwerk dar. Hier in der Anschlußlinie entstehen die maximalen Zwängungen beim Verformungsbestreben der Mauerwerkswand.

Sind die Beanspruchungen so groß, daß die Schubtragfähigkeit τ_R (Gl. 3.20) der Wand überschritten wird, dann geht die Kohäsion c verloren (Gl. 3.21), und es bildet sich ein Riß. Die aufnehmbare Schubspannung ist also von dem Vorhandensein eines Risses in der Kontaktfläche Mauerwerk/Betondecke oder Stein/Mörtel abhängig (Bild 3.19).

$$\tau_R = c + \mu \, \sigma_D \qquad \longrightarrow \qquad \delta_x \leq \delta_{xu} \tag{3.20}$$

$$\tau'_R = \mu \cdot \sigma_D \qquad \longrightarrow \qquad \delta_x > \delta_{xu} \tag{3.21}$$

Die Gleichung (3.21) gilt grundsätzlich für die horizontale Beanspruchung einer auf Mauerwerk verschiebbar gelagerten Decke. Die Verschieblichkeit ist dann vorhanden, wenn vor dem Betonieren der Decke eine Trennschicht, wie z.B. eine Bitumenpappe, auf das Mauerwerk aufgebracht wird. Beim starren Verbund bzw. ungerissenen Bereich gilt die Gl. 3.20.

Der Riß entsteht durch Fugenversagen überwiegend in horizontaler Richtung (Riß Nr. 3 und 5 im Bild 1.3). Bei schlechtem Verbund in der Lagerfuge ensteht er jedoch direkt an der Anschlußstelle zur Decke oder in der Lagerfuge eine Steinschicht darunter. Die Wand verschiebt sich dann gegenüber der Decke. Die Rißlänge kann sich bei weiterer Temperaturerhöhung vergrößern.

Bild 3.19 zeigt den Zusammenhang zwischen Schubspannung und Relativverschiebung von Mauerwerk. Die Schubspannung τ steigt bei minimaler Verschiebung δ_x bis zu einem Maximum an. Beim Überschreiten der Bruchfestigkeit fällt die Schubspannung mit zunehmender Verschiebung allmählich durch den Abbau der Kohäsion auf die Restfestigkeit ab, welche nur durch die Reibung und Auflast bestimmt wird. Der Reibungsbeiwert selbst wird über längere Zeit bei wiederholter Belastung durch Hin- und Her-Rutschen aufgrund von Erwärmung und Abkühlung kleiner. Der Verlauf der Schubspannungs-Schlupf-Beziehung wird von der Auflast, Materialeigenschaften, Kontaktflächenbeschaffenheit und der Verarbeitungsqualität bestimmt.

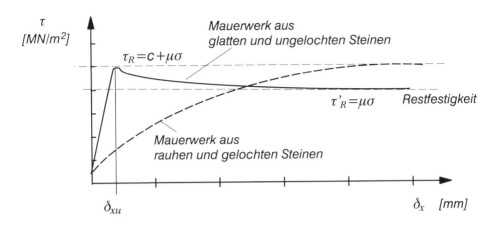

Bild 3.19: Verbundverhalten von Mauerwerk

Versuche haben gezeigt, daß der Verlauf der Schubspannungs–Schlupf–Beziehung (durchgezogene Linie im Bild 3.19) sich eher für Mauerwerk aus glatten und ungelochten Steinen eignet. Bei rauhen und gelochten Steinen stellt sich ein anderer Verlauf ein (gestrichelte Linie im Bild 3.19, s. auch Bild 3.20). Die Kohäsion spielt dabei kaum eine Rolle. Ähnliches Verhalten gibt es beim Stahlbeton mit glatten bzw. gerippten Stäben (Bild 2.3).

Mauerwerk mit Steinen, die eine rauhe Oberfläche und Lochungen besitzen (z.B. Ziegel, haufwerksporige Betonsteine), hat eine größere Verformungskapazität als Mauerwerk mit glatten und ungelochten Steinen (Gasbetonsteine, ungelochte Kalksandsteine). Bis zum Bruch werden die Schubkräfte bei rauhen Steinen über eine mechanische Verzahnung übertragen, während sie bei ungelochten glatten Steinen durch die Mörtelhaftung der Oberflächen weitergeleitet werden.

Von Stöckl/Hoffmann [1988] wurde das Verbundverhalten für Ziegel- und Kalksandsteinmauerwerk experimentell untersucht. Obwohl das im Bild 3.20 dargestellte Ziegelmauerwerk höhere Bruchlasten als das Kalksandsteinmauerwerk aufweist, besitzt letzteres am Anfang des τ–δ–Verlaufs eine höhere Steifigkeit als das Ziegelmauerwerk. Ziegelsteine mit höherer Festigkeit haben auch eine höhere Verbundsteifigkeit. Bei den Kalksandsteinen untereinander sind keine Steifigkeitsunterschiede des Mauerwerks vorhanden.

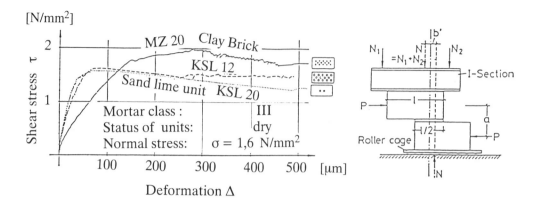

Bild 3.20 : Einfluß der Steinart auf das Verbundverhalten von Mauerwerk
[Stöckl/Hoffmann, 1988]

Die Steigerung der Mörtelfestigkeit bringt steiferes Verformungsverhalten, aber keine größere Bruchlast. Der positive Einfluß des Vornässens der Steine auf die Steifigkeit und Festigkeit des Mauerwerks gegen Abscheren wirkt sich nur bei Steinen mit großem Saugvermögen aus. Bei schwach saugenden Steinen wie hochfesten Ziegeln (Klinker) tritt der umgekehrte Fall ein [Al Bosta/Schäfer, 1993]. Bei Kalksandsteinmauerwerk entstehen durch unterschiedliches Vornässen der Steine keine Unterschiede im Verbundverhalten [Stöckl/Hoffmann, 1988].

Es stellt sich die Frage, ob bei Untersuchungen an kleinen Prüfkörpern die Ergebnisse ohne weiteres auf große Wandscheiben übertragbar sind. Außerdem sei hier noch erwähnt, daß das Prüfverfahren zur Ermittlung des Verbundverhaltens einen maßgebenden Einfluß auf den Verlauf der Schubspannungs-Schlupf-Beziehung hat. Bis Ende 1993 hatte man sich im Eurocode 6 nicht auf einheitliche Prüfverfahren zur Bestimmung der Verbundfestigkeit von Mauerwerk einigen können. Weitere Angaben zum Fugenversagen von Mauerwerk sind in [Dialer, 1990] zusammengestellt.

4 Einwirkungen

4.1 Tägliche und jahreszeitliche Temperaturschwankungen

Für die Ermittlung der maximalen statischen Beanspruchung eines Bauteils sollen die ständigen und wechselnden Lasten durch vereinfachte Lastannahmen möglichst gut repräsentiert werden. Die gewählten Lastannahmen sollen auf der sicheren Seite liegen. Die Wahl einer repräsentativen Temperaturbelastung zur Ermittlung der Wärmebeanspruchungen soll in Abhängigkeit von der täglichen und jahreszeitlichen (Sommer/Winter) Beanspruchungszeit möglichst die auftretenden extremen Temperaturen beinhalten.

Der zeitliche Verlauf der Oberflächentemperatur einer Außenwand an Tagen mit permanenter Sonneneinstrahlung ist annähernd glockenförmig (Bild 4.2). Zunächst sind die Oberflächentemperaturen fast konstant, bis die Sonneneinstrahlung auftrifft, dann steigen sie je nach Strahlungsintensität, Absorptionsfähigkeit, Lage, Rohdichte des Materials, Farbe und Neigung der Wand an. Die extremen täglichen und jahreszeitlichen Temperaturänderungen für Außenwände wurden im Abschnitt 2.1 dargestellt. Auch ein plötzlicher Temperatursprung an der Wandoberfläche (bei freien Außenwandoberflächen) aufgrund plötzlicher Wetteränderung, z.B. durch wechselnde Bewölkung oder mechanische Verschattung, ist zu berücksichtigen.

Eine schnelle Temperaturänderung kann sich außerdem einstellen, wenn die TWD-Fassade z.B. bis Mai (nach der Winterperiode) der Sonnenstrahlung ausgesetzt war, und anschließend innerhalb von kurzer Zeit wegen Überhitzung verschattet wird.

Unterschiedliche Materialien mit verschiedenen Rohdichten nehmen verschiedene Oberflächentemperaturen an. Bei besonders leichtem Mauerwerk ($\varrho_{MW} < 800$ kg/m^3) können sehr hohe Oberflächentemperaturen auftreten. Die rechnerisch maximal zu erwartenden Temperaturen einer schwarz gefärbten Wandoberfläche hinter einer TWD-Fassade (hier 10 cm dicke Wabenstruktur) sind in Abhängigkeit von Materialien und deren Rohdichten im Bild 4.1 dargestellt. Die Wanddicke zusammen mit der Wärmeleitfähigkeit ist bestimmend für den Temperaturverlauf im Wandquerschnitt und die Phasenverschiebung, aber kaum für die maximalen Absorbertemperaturen [Rath, 1993]. Die maximalen Absorbertemperaturen können in Abhängigkeit von den Materialrohdichten mit der folgenden exponentiellen Funktion beschrieben werden:

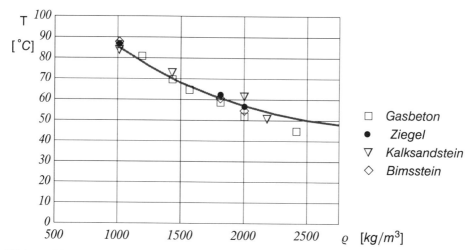

Bild 4.1: Maximale Oberflächentemperaturen hinter einer TWD–Fassade

$$T(\varrho) = 40 + 125 \cdot e^{(-\varrho \cdot 10^{-3})} \qquad\qquad (4.1)$$

ϱ in $[kg/m^3]$

Die täglichen Oberflächentemperaturen für einschichtige Wandkonstruktionen sind im Abschnitt 2.1 (Bild 2.1) dargestellt. Diejenigen für TWD–Wandsysteme hängen außer von den Einflußparametern für freie Außenwände auch von der Dichtigkeit der TWD–Rahmenkonstruktion, Art und Dicke der TWD ab. Ein typischer Temperaturverlauf (Tageszyklus) hinter einer TWD–Fassade (hier: gemessene Oberflächentemperaturen an der Südwandoberfläche aus Bimsstein mit $\varrho = 1000\,kg/m^3$ an einem Versuchshaus der Universität Stuttgart in Vaihingen) ist in Bild 4.2 dargestellt.

Die Aufheizphase, bis die Temperatur ihren maximalen Wert erreicht hat, dauert etwa 3 bis 4 Stunden. Die maximalen Temperaturen treten bei einer Südwand im Oktober und März um 12.00 bis 14.00 Uhr auf. Auf der Ost– und Westseite sind sie im August und Juli vorhanden. Die extreme thermische Belastung einer Süd–, Westwand und Ostwand ist etwa gleich, jedoch um 2 bis 4 bzw. 6 bis 8 Stunden zeitversetzt. Die Dauer hoher Temperatur beträgt etwa 1 bis 3 Stunden. Die Aufheiz– und Abkühlzeiten der Wände in verschiedenen Himmelsrichtungen sind etwa gleich.

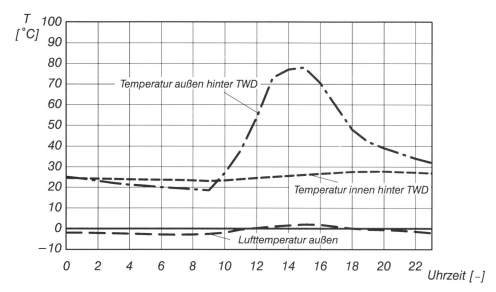

Bild 4.2: Verlauf von gemessenen Temperaturen im Januar an den Oberflächen einer Südwand (Bimsstein)

Für den zeitlichen Temperaturverlauf in der Abkühlphase sind dieselben Einflußparameter wie bei der Aufheizphase verantwortlich. Maßgebend für das Abklingen der Oberflächentemperatur sind vor allem die Dämmwirkung der TWD und die Weiterleitung der Wärme in die Wand. Ein plötzlicher Temperatursprung an der Wandoberfläche aufgrund wechselnder Bewölkung oder Verschattung, wie bei freien Außenwandoberfläche kann bei TWD-Systemen nicht stattfinden. Die Abkühlzeit an kalten Tagen beträgt etwa 4 Stunden, an mittelwarmen Tagen etwa das Doppelte.

Für die Ermittlung der Wärmespannungen infolge täglicher Temperatureinwirkung aus TWD-Systemen in bewohnten Bauten kann die Durchschnittstemperatur der Wand mit 20°C angenommen werden. Für die Ermittlung des Langzeitverhaltens in Außenwänden ist als Durchschnittstemperatur der Wand die Herstellungstemperatur anzusetzen.

Im folgenden wird ein Temperaturbelastungsmodell nach Bild 4.4 für die Berechnung der Eigen- und Zwangspannungen für eine einschichtige, homogene Außenwand hinter einer TWD zugrunde gelegt. Mit diesem Belastungsmodell werden dann die maximalen Wärmespannungen für verschiedene Wände aus herkömmlichen Materialien berechnet und miteinander verglichen. Dieses Temperaturbelastungsmodell kann als genau genug für Mauerwerksarten mit Rohdichten $\varrho_{MW} > 800$ kg/m^3 betrachtet werden und gilt für die Süd-, Ost- und Westseite.

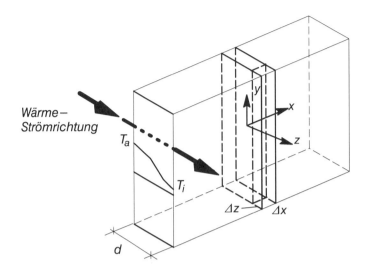

Bild 4.3: Wandausschnitt, Koordinatensystem und Definitionen

Die Temperaturprofile im Wandquerschnitt wurden für typische Temperaturverläufe an den Innen- und Außenoberflächen von transparent gedämmten Wänden rechnerisch ermittelt. Auf der Grundlage dieser Berechnung und unter Berücksichtigung eigener Messungen sowie anderer Quellen [Wilke, 1989/90; Sick, 1989; v. Dijk/Arkestijn, 1989 und Frank, 1990] wird das in Bild 4.4 dargestellte Temperatur-Belastungsmodell festgelegt. Es gilt für die Ermittlung des statischen Verhaltens von transparent gedämmten Wänden bei täglicher Temperatureinwirkung für mitteleuropäische Verhältnisse (Klima- und Sonnenstand) und hat folgende Charakteristika:

– Die Temperaturen wirken direkt an den Wandoberflächen
– Die Aufheiz- und Abkühlphase beträgt jeweils 4 Stunden
– Die Ausgangstemperatur der gesamten Wand beträgt 20°C
– Die max. Temperatur wird mit 85°C angenommen und hält 2 Stunden an
– Die Innentemperatur beträgt 20°C

Im Langzeitverhalten bei TWD-Anwendung muß die Auswirkung der Temperaturänderungsfolge berücksichtigt werden. Die TWD wird z.B. im Sommer an der Außenwand angebracht. Erst im Winter wird sie der Sonnenstrahlung ausgesetzt. Im anschließenden Sommer ist dann die TWD-Fassade verschattet oder unverschattet zu untersuchen.

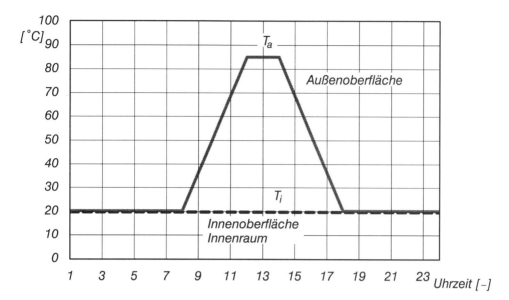

Bild 4.4: Temperaturbelastungsmodell für ein TWD-Wandsystem auf der Ostwand

4.2 Ermittlung der Temperaturverteilung im Wandquerschnitt

Eine Temperaturverteilung entsprechend der geradlinigen Verbindung der beiden Oberflächentemperaturen entspricht dem stationären Zustand, auf dessen Auswirkungen in der Wand in den Abschnitten 5 und 6 eingegangen wird. Der Temperaturverlauf in einer einschichtigen Wand bei täglicher Sonneneinstrahlung (ohne Wärmedämmung und mit TWD) ist jedoch nicht stationär, da die Temperaturverteilung über die Wanddicke, die durch relativ schnelle Temperaturschwankungen verursacht wird, nichtlinear ist und deshalb zu erheblichen Eigenspannungen führt (Abschn. 5.2).

Der Verlauf der Temperaturen innerhalb des Querschnittes wird außer durch die Temperaturbedingungen durch die thermischen Materialkennwerte λ, ϱ und c beeinflußt. Mit wachsendem λ und abnehmendem c und ϱ, bei Festhaltung der Randbedingungen, bewegt sich das Temperaturprofil auf einen linearen Verlauf zu.

Als Beispiele für instationäre Zustände infolge der Temperaturbelastung von Bild 4.4 werden für verschiedene Baustoffe (Gasbeton: GB, Vormauerziegel: VMz, Blähton und Kalksandsteine: KS) unter der Annahme isotropen und homogenen Materials die Temperaturprofile errechnet (Bild 4.5). Die kritischen Temperaturprofile, die maßgebend für die maximalen Eigenspannungen sind, sind in der Aufheiz– und Abkühlphase zu verzeichnen (Bild 4.5). Die Eigenspannungen werden im Abschnitt 5.2 behandelt.

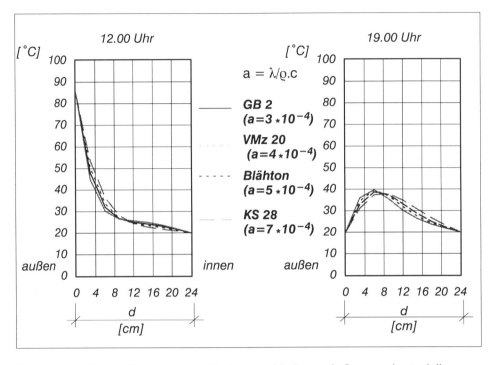

Bild 4.5: Instationäre Temperaturprofile in verschiedenen Außenwandmaterialien

4.3 Schwinden

Die Feuchtegehaltsänderung in der Wand führt zu Volumenänderungen bzw. Dehnungen (Schwinden und Quellen). Dem Schwinden muß größere Bedeutung beigemessen werden, weil dadurch gewöhnlich Zugspannungen entstehen. Vor allem bei Mauerwerk aus bindemittelgebundenen Steinen spielt das Schwinden in der Regel infolge der meist höheren Einbaufeuchte und größeren Schwindmaße die größere Rolle. Bei gebrannten Steinen (Ziegeln) ist eher mit Quellen zu rechnen. Daraus ist abzuleiten, daß beim Aufeinandertreffen von Mauerwerk aus Ziegeln und bindemittelgebundenen Steinen besonders große Schwinddifferenzen zu erwarten sind.

Die Art des Mauerwerks und die Anfangsfeuchte (Einbau–Feuchtegehalt) bestimmen in erster Linie die Größe des Endschwindwertes. Der zeitliche Schwindverlauf wird durch die relative Luftfeuchtigkeit und die Luftbewegung bestimmt. Mit zunehmender Wanddicke verläuft das Schwinden langsamer. Durch das schnellere Austrocknen der Randbereiche des Wandquerschnittes entstehen zusätzlich Eigenspannungen, die zu Oberflächenrissen führen können. Ein langsamer Schwindverlauf wirkt sich günstig

aus, weil dabei infolge der Relaxation eine geringere Beanspruchung als bei schnellerem Schwindverlauf entsteht. Bild 4.6 zeigt das Schwindverhalten von verschiedenen
Mauerwerksarten in Abhängigkeit von der Zeit.

In den meisten Außenwänden von Wohnbauten wird der Schwindendwert etwa nach 3
bis 5 Jahren oder nach drei Heizperioden erreicht (Bild 4.6).

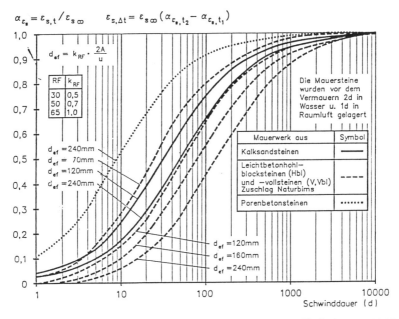

Bild 4.6: Schwinddehnungsverlauf einiger Mauerwerksarten [Schubert, 1992]

Gesicherte Schwindwerte können aufgrund der vielen, zum Teil schwer erfaßbaren Einflüsse nicht angegeben werden. Nach DIN 1053, T2 (Anhang A 3.1) kann man die
Schwindwerte abschätzen. Die Wahl dieser Werte soll für die statische Berechnung auf
der sicheren Seite liegen. Günstige Wirkungen aus Schwinden (wie die Schwindverkürzung der Decken, die Druck in den Wänden erzeugt), aber auch günstige Temperaturdehnungen werden von Pfefferkorn [1980] bei der Ermittlung des Langzeitverhaltens
(Abschn. 2.3.2) nur zur Hälfte angesetzt.

Nach Untersuchungen von Schubert [1992] soll die Beurteilung des Schwindendwertes
von Mauerwerk nach der Steinart erfolgen. Mauerwerk aus Kalksandsteinen (Schwindendwert $\approx$ 0,4 mm/m) kann seine Schwinddehnungen nahezu vollständig umkehren,
falls diese Dehnungen nicht durch die angrenzenden Bauteile behindert werden. Beim
Ziegelmauerwerk ist, wie bereits erwähnt, wegen der Porenstruktur und dem Brennen

der Steine eher mit Quellen zu rechnen, dennoch kann auch hier Schwinden bis 0,1 mm/m auftreten. Bei Mauerwerk aus Leichtbetonsteinen hängt der Schwindendwert vor allem von Steinalter, Steinherstellfeuchte und Einbaufeuchte sowie rel. Luftfeuchte ab, wobei diese Parameter sich gegenseitig beeinflussen (Schwindendwert ≈ 0,6 mm/m). Porenbetonsteine (Gasbetonsteine) zeigen ähnliche Schwind- und Quelldehnungen wie LB-Steine.

Bild 4.7 zeigt den Zusammenhang zwischen Feuchtigkeitsgehalt des Mauerwerks h_v und Schwinden. Der Feuchtetransport hängt vor allem vom Gleichgewicht der Feuchten in den Steinen und in der Umgebungsluft ab. Dabei spielen die Einbau- und Umgebungstemperaturen die wesentliche Rolle (Abschn. 4.3). Bei feucht vermauerten Steinen und einer relativen Luftfeuchte von etwa 30% ergaben sich nach Schubert [1992] Schwindwerte, die doppelt so groß waren wie die bei einer relativen Luftfeuchte von 60%. Wird die Feuchte durch Erwärmung oder stärkere Luftbewegungen sehr schnell transportiert, so nimmt die Schwinddehnung sehr stark zu.

Durch die Anbringung der TWD an der Außenwandoberfläche und gleichzeitiges Heizen im Innenraum (Inbetriebnahme der Zentralheizung in Neubauten) entstehen hohe Temperaturen, die zu schnellerer Austrocknung bzw. stärkerem Schwinden der Wand führen. Der Schwindendwert wird dadurch schneller erreicht, und es kann sich sogar ein höherer Wert als bei üblichen Austrocknungsbedingungen ergeben. Hierbei setzen sich die Schwindverkürzungen bei Verformungsbehinderung sofort in spannungswirksame Zugdehnungen um, die vor allem im Neubau zu Rissen führen können.

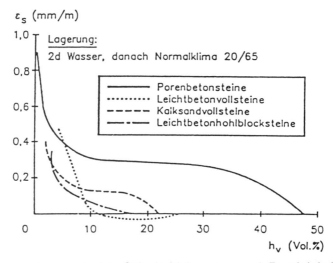

Bild 4.7: Zusammenhang zwischen Schwinddehnung ε_s und Feuchtigkeitsgehalt h_v, Beispielkurven [Schubert, 1992]

Bei TWD-Anwendung im Altbau ist die noch in der Wand vorhandene Feuchte, die Rest-schwinden verursacht, nicht bekannt. Für die Berechnung des Zwangs ist für jeden Ein-zelfall getrennt zu untersuchen, wie groß der Feuchtegehalt ist und welche Auswirkun-gen das Schwinden in Kombination mit der Temperaturerhöhung haben kann; denn durch die TWD können je nach Material und Wandsystem auch Risse entstehen. Sind Wände trocken, so ist hauptsächlich mit Temperaturdehnungen durch die TWD-An-wendung zu rechnen.

4.4 Zusammenwirken von Temperatur- und Feuchtedehnung

Für die Ermittlung der Temperaturverformungen von Mauerwerkswänden wurden expe-rimentelle Untersuchungen durchgeführt [Al Bosta/Schäfer, 1993]. Es wurden drei fast geschoßhohe Versuchswände (H/L/d = 2,0/2,0/0,24 m) aus Blähtonsteinen (gebrannte Steine; Hbl 2, 16 DF, Bild 4.8) hergestellt und unter vorgegebenen, reproduzierbaren Randbedingungen, etwa fünf Wochen nach ihrer Herstellung, in einem Zweikammer-Klimasimulator des Fraunhofer-Instituts für Bauphysik in Stuttgart auf ihr Verformungs-verhalten bei unterschiedlichen Temperaturen geprüft. Die Wände wurden hierzu am Rand thermisch abgedichtet.

In einer Versuchsreihe wurden in der Klimakammer 1 natürliche Tagestemperaturver-läufe und in der Klimakammer 2 konstante Temperaturen (22°C) nachgestellt. In ande-ren Versuchen wurden Temperaturen von -30°C bis +80°C durchfahren. Die Kammern 1 und 2 wurden unabhängig voneinander gesteuert. Die Abkühlgeschwindigkeit lag bei 50 K/h und die Aufheizgeschwindigkeit bei 85 K/h. Die rel. Luftfeuchte in der Klimakam-mer 1 bzw. 2 wurde mit Hilfe eines Thermographen während der Versuche aufgenom-men. Bei unterschiedlichen Temperaturen auf beiden Wandseiten wurden Temperatur-profile in den Wandquerschnitten zu unterschiedlichen Zeiten gemessen.

Überraschend war die unterschiedliche Geschwindigkeit der Wärmeaufnahme und -abgabe beim Aufheizen und Abkühlen. Die Wand erwärmte sich trotz gleichen Tempe-raturgefälles zur Kammerluft langsamer als sie sich abkühlte. Dies kann ebenso wie das nachfolgend beschriebene Phänomen mit der Feuchteaufnahme und -abgabe, erklärt werden.

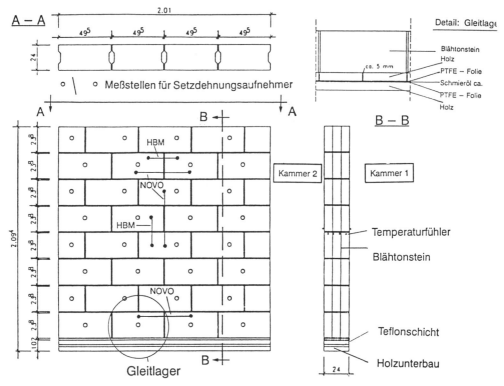

Bild 4.8: Versuchswand aus Blähtonsteinen (Hbl 2,16 DF) auf Gleitlager

In einer Meßphase, bei der in Kammer 1 der Temperaturverlauf dem eines sonnigen Tages entsprach, und in Kammer 2 fast konstant 22°C (Innenraum-Temperatur) herrschten, waren die Dehnungen der Wandoberfläche in der kälteren Kammer 2 erstaunlicherweise stets größer als die in Kammer 1 (Bild 4.9). Das lag daran, daß der kühleren Wandseite ständig Wärme und Feuchte von Kammer 1 zugeführt wurde, während die wärmere Wandseite austrocknete. Dabei stieg die relative Luftfeuchte in Kammer 2 auf über 90%. Die Wandoberfläche in der Kammer 1 reagierte zwar auf Erwärmung und anschließende Abkühlung mit Dehnungen und Verkürzungen, diesen Verformungen überlagerten sich aber erhebliche Verkürzungen aus Schwinden bzw. Quellen infolge der Feuchtewanderung. Diese verminderten offensichtlich die eigentlichen Temperaturverformungen aus dem Wärmedehnungskoeffizienten α_T.

Ein weiteres Beispiel für den Einfluß der Feuchte auf die Temperaturverformung wurde auch in den nachfolgenden Versuchen festgestellt, bei denen die Temperaturen in beiden Kammern gleich waren. Die Wandoberfläche in Kammer 2 dehnte sich während der Erwärmungsphasen insgesamt weniger als die Oberfläche in Kammer 1, weil die Wandoberflächenbereiche in Kammer 2 aus den Vorversuchen größere Feuchte aufwiesen.

Während der Abkühlphasen verkürzte sich die Wandoberfläche in Kammer 2 mehr.

Die Temperaturverformung einer Wand hängt also nicht nur von der Temperaturänderung, sondern ganz wesentlich von der durch Temperaturänderung hervorgerufenen
Feuchtewanderung im Mauerwerk ab. Die Feuchte wurde durch die einseitige Temperaturbeanspruchung in kältere Wandzonen getrieben, so daß keine gleichmäßige Austrocknung des Wandquerschnittes stattfinden konnte. Die ausführliche Beschreibung
dieser Versuche ist in [Al Bosta/Schäfer, 1993] enthalten.

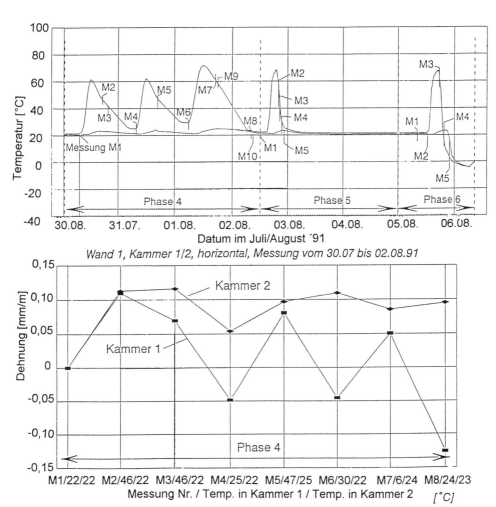

Bild 4.9: *Temperatur und Dehnungsverläufe der Wandoberflächen in Kammer 1
/ Kammer 2*

4.5 Zusammenfassung der Einwirkungen für die Berechnungen

Der maßgebende Lastfall muß eigentlich für die Gegebenheiten immer neu bestimmt werden. Denn während in der Anfangsphase eines Neubaues das Schwinden die maßgebende Rolle spielt, bestimmt die Temperatur nach dem Austrocknen die weiteren Verformungen. Im Abschnitt 6 werden in den FE-Rechnungen die Einwirkungen aus Temperaturänderung und Schwinden über ΔT eingegeben.

Für die statischen Berechnungen werden folgende Parameter vorgeschlagen:

Die über den Wandquerschnitt gemittelte extreme Temperaturänderung stellt sich nach Abschn. 2.1 wie folgt ein:
Herstellung im Winter (5˚C) und Verformung im Sommer (40˚C):
$\Delta T = 40 - 5 = 35$ K Erwärmung
Herstellung im Sommer (15˚C) und Verformung im Winter (-5˚C):
$\Delta T = -5 - 15 = -20$ K Abkühlung

Die durchschnittliche Temperaturänderung einer TWD-Wand in Wohnbauten bezogen auf die Herstellungstemperatur beträgt nach Abschnitt 2.1:
Herstellung im Winter (5˚C) und Verformung im Sommer (40˚C):
$\Delta T = 40 - 5 = 35$ K Erwärmung
Herstellung im Sommer (15˚C) und Verformung im Winter (12˚C):
$\Delta T = 12 - 15 = -3$ K Abkühlung

Aus der täglichen TWD-Temperatureinwirkung (ohne Temperaturanteil, der Eigenspannung erzeugt, Abschn. 5.3) ergeben sich nach Vergleichsrechnungen folgende Extremwerte:
Druckzwang erzeugende Temperatur $\Delta T = 20$ K
Biegezwang erzeugende Temperatur $\Delta T = \pm 30$ K

Das Schwinden wird konstant über den Wandquerschnitt betrachtet. Für die Berechnung werden die extremen Endschwindwerte von Mauerwerk aus folgenden Steinen angenommen (vgl. Anhang A 3.1):
Ziegelsteine: $\varepsilon_s = -0{,}2$ mm/m
Kalksandsteine: $\varepsilon_s = -0{,}4$ mm/m
Betonsteine: $\varepsilon_s = -0{,}6$ mm/m
und Porenbetonsteine: $\varepsilon_s = -0{,}4$ mm/m.

5 Beanspruchungen in Mauerwerkswänden infolge Temperatur und Schwinden

5.1 Wandsysteme

Die gewählten Wand-Decken-Systeme und Systemlagerungen für Mauerwerkswände zwischen Stahlbetondecken sind in Bild 5.1 dargestellt. Die Abmessungen entsprechen den im Wohnungsbau vorkommenden Verhältnissen. Die Seitenverhältnisse der Wandsysteme werden von L/H = 1 bis 5 variiert (Tabelle 5.1). An diesen Systemen werden die Beanspruchungen aus Temperatureinwirkungen und Schwinden mit Hilfe des FE-Programms ABAQUS [1994], das auf dem Parallelrechner CRAY 94 der Universität Stuttgart installiert ist, ermittelt.

Es wird zwischen einem Dachgeschoß und einem Zwischengeschoß unterschieden. Die Decke eines Dachgeschosses unterliegt anderen Randbedingungen als die eines Zwischengeschosses. Außerdem fehlen im Dachgeschoß im Gegensatz zu den Zwischengeschossen die Auflasten, was zu einem anderen Tragverhalten bzw. Rißmechanismus führt.

Die Verformungen werden im allgemeinen bei Mauerwerkswänden in den Lagerflächen der oberen und unteren Betonbauteile durch Haftung und/oder Reibung sowie gegebenenfalls durch seitliche Einbindung in die Querwände oder Stützen behindert. Die Querwände beeinflussen allerdings die horizontalen Verformungen kaum. Die Auswirkungen auf die Querwände werden im Abschnitt 5.4.2 behandelt. Eine totale Verformungs-behinderung entlang der Lagerung an horizontalen Wandrändern ist allerdings in den Bauwerken nicht gegeben. Durch die elastische Nachgiebigkeit der Decken werden die Temperaturverformungen der Wand nicht ganz unterdrückt, sondern nur zum größten Teil (Abschn. 5.3.5).

Ein starrer Verbund (unverschiebbare Lagerung) ist dann vorhanden, wenn die Decken direkt auf das Mauerwerk betoniert werden. Es entsteht ein sehr guter Haftverbund zwischen Beton und Mauerwerk. Die Materialfestigkeit in diesen Anschlußbereichen ist normalerweise höher als in der Mörtelfuge darunter. Wird vor dem Betonieren eine Trennschicht, zum Beispiel eine Bitumenpappe oder Baufolie, auf das Mauerwerk gelegt, so wird die Lagerung verschieblich. Es können hierbei nur in begrenztem Umfang Schubkräfte durch Reibung übertragen werden.

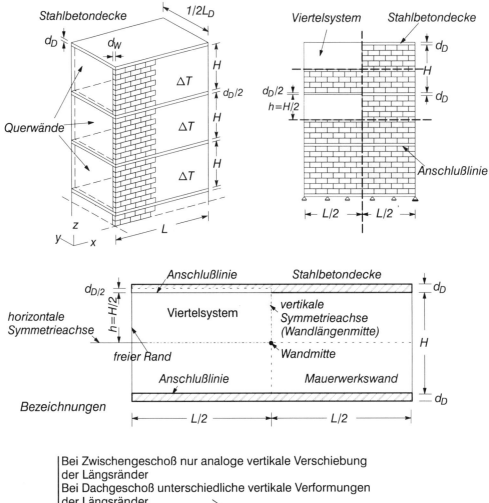

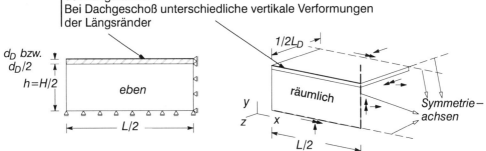

Lagerungsbedingungen des Viertelsystems (FE-Modell)

Bild 5.1: Wandsystem, Definition und FE-Ausschnitt

Das Steifigkeitsverhältnis zwischen Stahlbetondecke und Mauerwerkswand wird variiert. Dies wird durch die Veränderung des Elastizitätsmodulverhältnisses von Decke und Wand $E_{Decke}/E_{Wand} = 1$ bis 13 erreicht (Tabelle 5.1). Diese Werte gelten für Wände mit gängigen Mauerwerksarten bis zur Betonwand. Die Querdehnzahl wird mit 0,2 für alle Bauteile gewählt. In der nachfolgenden Tabelle sind die untersuchten Fälle und Materialien dargestellt.

Tabelle 5.1 : Gewählte Seitenverhältnisse und Materialkennwerte, Wandhöhe

Wand-länge L [m]	L/H [−]	E_{Decke}/E_{Wand} $[MN/m^2]$ Decken-länge L_D [m]	E_{Decke}/E_{Wand} $[MN/m^2]$ Decken-länge L_D [m]	E_{Decke}/E_{Wand} $[MN/m^2]$ Decken-länge L_D [m]	E_{Decke}/E_{Wand} $[MN/m^2]$ Decken-länge L_D [m]	E_{Decke}/E_{Wand} $[MN/m^2]$ Decken-länge L_D [m]	E_{Decke}/E_{Wand} $[MN/m^2]$ Decken-länge L_D [m]
Wandhöhe $H = 2,50$ / Wanddicke $d_W = 24$ cm / Deckendicke $d_D = 20$ cm							
2,50	1	26000/ 2000	30000/ 5000	34000/ 5000	30000/ 8000	34000/ 17000	34000/ 34000
3,75	1,5						
5,00	2						
7,50	3						
10,00	4	4,0	6,0	6,0	6,0	6,0	6,0
12,50	5						

Für einen Temperaturbereich von −30°C bis 100°C können der Elastizitätsmodul und der Wärmedehnungskoeffizient annähernd konstant angenommen werden.

Temperaturschwankungen (Erwärmung und Abkühlung), Schwinden und Auflasten (Abschn. 4) wirken auf den Mauerwerkskörper ein. Ein im Wandquerschnitt vorhandenes Temperaturprofil (Bild 4.6) kann, wie in Bild 5.2 dargestellt, in drei Teile zerlegt werden. Der konstante Temperaturanteil bewirkt Dehnungen der Wandmittelfläche, der lineare Temperaturanteil bewirkt Krümmungen und der nichtlineare Temperaturanteil „Eigendehnungen". Der Begriff „Eigendehnung" wird hier für *eigenspannungswirksame Dehnungen* eingeführt.

Wenn die Dehnungen der Wandmittelfläche oder die Krümmungen durch die Lagerungsbedingungen (Decken) behindert werden, entstehen Zwangkräfte bzw. Zwangmomente (Abschn. 5.3.1 und 5.3.3). Beide Spannungsanteile werden dann überlagert

(Abschn. 5.3.4). Vorher werden die Eigenspannungen als Folge der Eigendehnungen untersucht. Diese sind ab einer Entfernung d vom freien Rand einer Wand immer völlig behindert.

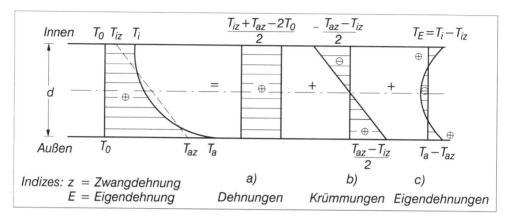

Bild 5.2: *Temperaturprofile in einem Wandquerschnitt*

5.2 Eigenspannungen

Im allgemeinen ist es in der Praxis nicht möglich, eine zwangfreie Lagerung einer Außenwand zu verwirklichen. Aber selbst wenn eine Außenwand zwangfrei gelagert wäre, ist bei schneller Temperaturschwankung immer auch mit "innerem Zwang" zu rechnen. Die kälteren Körperzonen behindern das Dehnungsbestreben der wärmeren Schichten (Eigendehnung). Dies erzeugt im Wandquerschnitt Eigenspannungen. Beispielsweise führt das stärkere Abkühlen und Schwinden der oberflächennahen Wandschichten zu Eigenzugspannungen in den Randfasern und zu Eigendruckspannungen im Wandinnern. Durch Erwärmung der Wandoberfläche entstehen an den Oberflächen Eigendruckspannungen und im Innern Eigenzugspannungen.

Das gilt auch bei einseitiger Wärmeeinwirkung infolge Sonneneinstrahlung, wie am Bild 5.3 gezeigt wird. Somit bewirken die instationären Temperaturverläufe im Wandquerschnitt einen hohen, kurzzeitigen Zwang bzw. Eigenspannungen.

Die Eigenspannungen werden vom Temperaturverlauf und den mechanischen Materialeigenschaften E, α_T und v beeinflußt. Die Eigenspannungen sind vom statischen System unabhängig und erzeugen keine Auflager- oder Schnittkräfte. Die Summe der Eigenspannungen über den Wandquerschnitt und ihr Moment ist gleich Null. Durch Eigenspannungen kommt es häufig in Wandoberflächen zur Rißbildung, auf die im Abschnitt 6.4 eingegangen wird. Die Rißbildung baut die Eigenspannungen ab.

Für die instationären Temperaturzustände aus Bild 4.5 wurden die zugehörigen Eigenspannungen errechnet. Sie sind in Bild 5.3 für die Aufheizphase um 12.00 Uhr und für die Abkühlphase um 19.00 Uhr dargestellt.

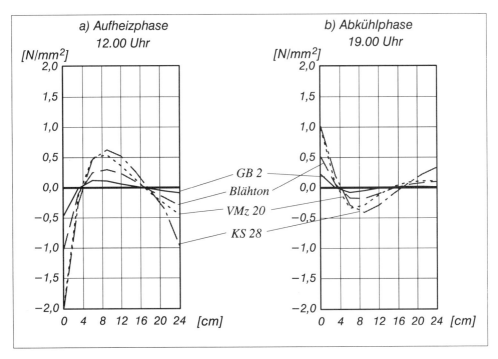

Bild 5.3: Eigenspannungen in verschiedenen Wandmaterialien

Für das Temperaturmodell von Bild 4.4 wurden die eigenspannungserzeugenden Temperaturen für verschiedene Materialien ($a = \lambda/\varrho.c$) und Wanddicken berechnet und in einer Tabelle in Anhang 5.5 dargelegt. Bei elastischem Materialverhalten erhält man daraus die Eigenspannungen bzw. –dehnungen nach der Formel (5.1):

$$\sigma_E = \Delta T_E \cdot \alpha_T \cdot E \quad bzw. \quad \varepsilon_E = \Delta T_E \cdot \alpha_T \tag{5.1}$$

Darin bedeuten:

ΔT_E = Eigenspannungstemperaturanteil

α_T = Wärmedehnungskoeffizient

E = Elastizitätsmodul

5.3 Zwangspannungen

5.3.1 Zwangspannungen aus Scheibenwirkung

In einem Zwischengeschoß liegt bezüglich der Wandhöhenmitte ein weitgehend symmetrischer und im Dachgeschoß ein asymmetrischer Spannungszustand vor. Infolge Auflast ändern sich die vertikalen Normalspannungen. Die horizontalen Normalspannungen ändern sich durch die Querdehnung. Diese Beanspruchungen werden nachfolgend für isotropes und anisotropes Materialverhalten untersucht.

Im Bild 5.4 wird das prinzipielle Tragverhalten der Wandscheibe bei Zwangbeanspruchung veranschaulicht. Der Fall a entsteht, wenn sich die Wände gegenüber der Decke infolge Erwärmung verlängern, oder wenn sich die Decken gegenüber den Wänden z.B. infolge Schwinden verkürzen. Im Fall b verkürzen sich die Wände z.B. infolge Abkühlung oder Schwinden gegenüber den Decken, oder die Decken verlängern sich gegenüber den Wänden.

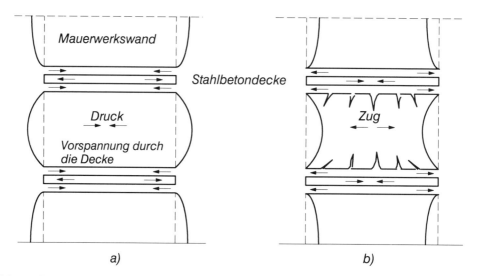

Bild 5.4: Zusammenwirken von Wänden und Decken bei Zwang

Die Wand in Bild 5.5 ist in i Abschnitte unterteilt. Im obersten und untersten Wandstreifen (n_1 und n_i) sind dann maximale horizontale Zwangspannungen (σ_1 und σ_i) zu erwarten. Für ein konstantes Temperaturprofil (Bild 5.2 a) sind die mittleren Wandstreifen in horizontaler Richtung weniger behindert und besitzen damit die kleinsten Spannungen σ_m in dieser Richtung.

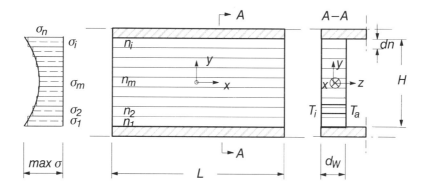

Bild 5.5: Wandsystem unter Temperaturbelastung, Scheibentragwirkung

Die Beanspruchungen für Scheiben mit verschiedenen Seitenverhältnissen wurden hier durch FE-Berechnungen, bis auf das System im Beispiel von Bild 5.6, an den räumlichen Wand-Decken-Systemen (Bild 5.1 unten rechts) ermittelt. Die gewählten Systemmaße und Materialkennwerte sind in der Tabelle 5.1 zusammengestellt.

Anhand von Bild 5.6 können die Verformungen und Spannungen in einer Scheibe mit L/H = 5 veranschaulicht werden. In diesem Beispiel sind die Längsränder vertikal frei verformbar und horizontal unverschieblich gehalten. Die horizontalen Verformungen sind am äußeren freien Rand am größten und klingen nach Einleitung der horizontalen Schubkräfte an den Längsrändern ab. Dabei entstehen bei Erwärmung der Wand vertikale Zugspannungen in der Nähe der Wandenden (s. Hauptspannung und Verlauf der Spannungen in Bild 5.6). Diese gehen im Abstand x = H/2 in vertikale Druckspannungen über.

In Bild 5.6, unten sind die Längsspannungen σ_x, σ_y in Wandhöhenmitte und die Schubspannung τ_{xy} am oberen Wandrand im Verhältnis zu $max\ \sigma = \Delta T \cdot \alpha_T \cdot E$ dargestellt. Nach der Einleitungslänge sind die horizontalen Spannungen σ_x über die Wandhöhe konstant; sie entsprechen denen bei voller Verformungsbehinderung. Die vertikale Zugspannung σ_y erreicht am freien Rand dieselbe Größe max σ_x. Die horizontalen Randspannungen in der Anschlußlinie sind mit Ausnahme des Bereiches am Rand etwa konstant.

Die Spannungen σ_x in der Wand sind ortsabhängig. In den Wandendbereichen sind **Einleitungszonen L_E** vorhanden (Bild 5.6). Innerhalb dieser Zonen werden Schubkräfte entlang dem oberen und unteren Wandrand in die Wand eingeleitet. Hier existie-

ren Diskontinuitäts (D)–Bereiche. Im D–Bereich herrscht ein ungleichmäßiger Scheibenspannungszustand [Schlaich/Schäfer, 1993]. Nach dem D–Bereich ist ein
B–Bereich (B entsprechend Bernoulli oder Biegelehre) vorhanden, in dem die Spannung über die Wandhöhe konstant ist. Die maximal beanspruchten Wandstellen liegen
im B–Bereich innerhalb der Länge L_B.

Die Einleitungslänge L_E reicht bis zu der Stelle, an der die Spannungsverteilung über
den Bauteilquerschnitt einen linearen Verlauf annimmt (Bild 5.6 und 5.9). In den numerisch untersuchten Fällen wird das Kriterium eines konstanten Normalspannungsver-
laufs bei Wänden mit Seitenverhältnissen L/H = 3/1 in der vertikalen Symmetrieachse
nicht erreicht. D. h. Wände mit Abmessungen $L \leq 3H$ stellen einen einzigen D–Bereich
mit nicht linear verteilten Spannungen dar. Der Verlauf der Normalspannungen in der
vertikalen Symmetrieachse der Wände mit L = 4H und 5H kann dagegen schon eher
als konstant betrachtet werden (Bild 5.9). Die Spannungsunterschiede zwischen dem
oberen Wandrand und der Wandmitte betragen nicht mehr als 6%. Die Einleitungslänge
für die üblichen Mauerwerksarten liegt für ein Zwischengeschoß bei etwa 1,5 H (unter
einer Dachdecke 1,65H).

Nach der Definition von Schlaich/Weischede [1982] wäre hier der D–Bereich $L_E =$
H + 1/3H = 1,33H, wobei 1/3H die Länge bis zum Schwerpunkt der Schubspannungen
vom freien Rand aus ist. Der D–Bereich wird in [Schlaich/Weischede, 1982] für zweidi-
mensionale und homogene Bauteile mit ermittelt. Hier wird er aber für ein dreidimensionales Tragwerk (Wand–Decke–System) mit unterschiedlichen Elastizitätsmoduln (Dek-
ke/Wand) infolge Zwang ermittelt.

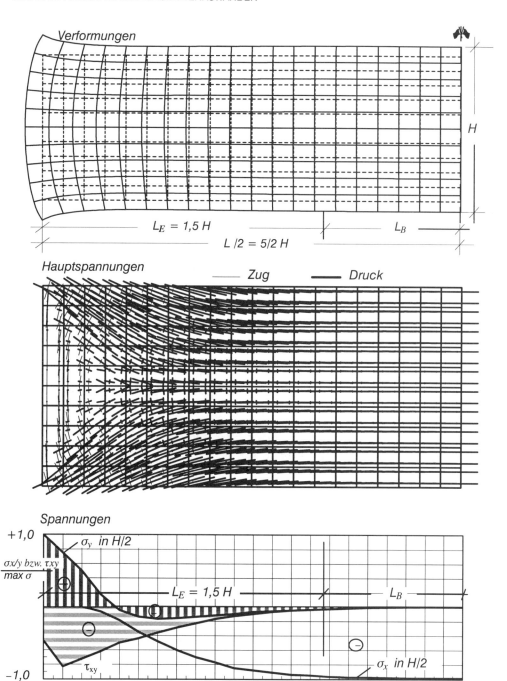

Bild 5.6: Verformungen und Spannungen infolge Wärmebeanspruchungen in einer
Scheibe mit L/H = 5/1 (Längsränder vertikal frei verformbar, horizontal
unverschieblich gehalten)

Normalspannungen

Wie oben dargestellt, ändert sich die Verteilung der Horizontalspannung σ_x über die Wandhöhe mit dem Seitenverhältnis L/H. Die Spannungsverteilung wird hier mit k_s-Faktoren beschrieben, welche das Verhältnis der Spannung σ_x zu der maximalen Spannung $max\ \sigma = \Delta T\ \alpha_T \cdot E$ angeben:

$$\sigma_x = \alpha_T \cdot \Delta T \cdot E \cdot k_s \qquad\qquad (5.2)$$

Die Scheibenfaktoren k_s der Zwangspannungsverteilung in der Wand sind im Anhang A 5.1 zusammengestellt. Bild 5.7 zeigt die horizontalen Spannungen in Wandmitte für verschiedene E_{Decke}/E_{Wand}-Verhältnisse in Abhängigkeit von den Seitenverhältnissen. Exemplarisch sind auch die Spannungsverläufe in halber Wandhöhe für ein Verhältnis $E_{Decke}/E_{Wand} = 26000/2000$ MN/m² und für verschiedene Seitenverhältnisse im Bild 5.8 dargestellt.

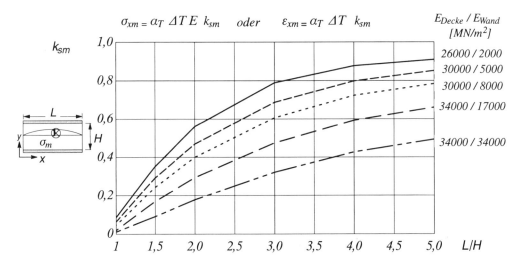

Bild 5.7: *Verhältniswerte k_{sm} der Horizontalspannungen in Wandmitte m in Abhängig-keit vom Seitenverhältnis und Materialkombination*

Bild 5.9 zeigt die Verläufe der horizontalen Spannungen in x = L/2 für zwei verschiedene Steifigkeitsverhältnisse und unterschiedliche L/H. Je größer der Abstand vom freien Rand wird, desto weniger bauchig ist der Spannungsverlauf.

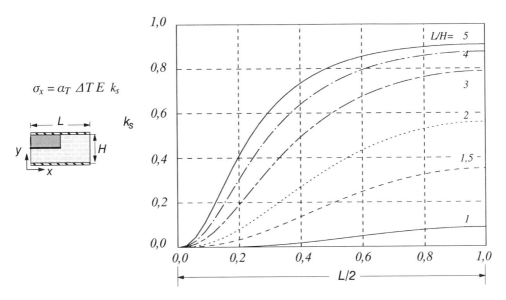

Bild 5.8: Verlauf der horizontalen Spannungen für ein $E_{Decke}/E_{Wand} = 26000/2000$

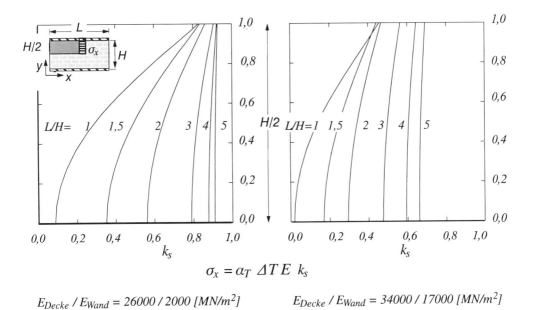

$$\sigma_x = \alpha_T \, \Delta T \, E \, k_s$$

$E_{Decke} / E_{Wand} = 26000 / 2000 \ [MN/m^2]$ $E_{Decke} / E_{Wand} = 34000 / 17000 \ [MN/m^2]$

Bild 5.9: Verläufe der horizontalen Spannungen in x = L/2 im Zwischengeschoß

Der Verlauf der vertikalen Normalspannungen in Wandhöhenmitte ist in Bild 5.13 dargestellt. Am freien Rand der Wände ergeben sich bei Erwärmung Zugspannungen und bei Abkühlung Druckspannungen. In der Anschlußlinie verlaufen die vertikalen Spannungen ähnlich wie in Wandhöhenmitte, allerdings mit umgekehrten Vorzeichen.

Während die oberste Decke im Dachgeschoß nur die darunterliegende Wand gegen horizontale Verformungen festhält, behindert die Zwischendecke das Verformungsbestreben von der darüber– und der darunterstehenden Wand. Die horizontalen Normalspannungen im Dachgeschoß sind deshalb in der oberen Wandhälfte um etwa 14% größer als an den Zwischendecken. In der Anschlußlinie des Dachgeschosses sind die Vertikalspannungen infolge der sich biegenden Dachdecke geringer als im Zwischengeschoß.

Schubspannungen

Die Schubkräfte werden entlang des gesamten Diskontinuitätsbereiches eingeleitet. An der Zwischendecke stellt sich ein Schubspannungsverlauf ein, der am freien Rand sein Maximum hat und dann mit leichter Krümmung zur Wandmitte stetig auf Null abfällt (Bild 5.6 und 5.10). Die Krafteinleitungslänge ist bei verschieblicher Lagerung (Abschn. 6.3.1) länger als die Einleitungsbereiche in ungerissenem Zustand. Der Schubspannungsverlauf an der Dachdecke weicht deutlich von dem der Zwischendecke ab.

Die Schubspannungsverläufe τ_{xy} in den Anschlußlinien Wand/Decke sind in Bild 5.10 für ein Verhältnis $E_{Decke}/E_{Wand} = 26\,000/2000$ MN/m^2 und für verschiedene L/H–Verhältnisse dargestellt. In diesem Bild sind die Schubspannungen τ_{xy} auf die maximale Spannung $max\,\sigma = \Delta T \cdot \alpha_T \cdot E$ bezogen. Die Mittelwerte der Schubspannungen τ_{xym} (über die Einleitungslänge gemittelt) werden ebenfalls auf die maximale Horizontalspannung bezogen.

$$\tau_{xym} = k_\tau \cdot \alpha_T \cdot \Delta T \cdot E \qquad (5.3)$$

Die Faktoren k_τ für die mittlere Schubspannung in der Einleitungslänge 1,5 H an der Zwischendecke sind für verschiedene E_{Decke}/E_{Wand}–Verhältnisse im Anhang A 5.2 zusammengestellt.

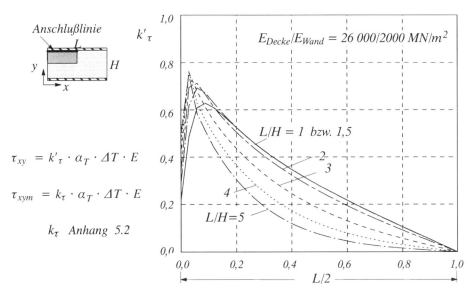

Bild 5.10: Verlauf der Schubspannungen entlang der tangentialen Ränder für
verschiedene Seitenverhältnisse (Zwischengeschoß)

In die Dachdecke werden die Schubkräfte über etwas größere Längen eingeleitet. Die mittleren Schubspannungen an der Dachdecke sind bis auf die Seitenverhältnisse L = H und 1,5 H etwa gleich den Werten aus dem Zwischengeschoß.

Im Lastfall Temperaturänderung hat die Querdehnzahl in den B-Bereichen keinen Einfluß auf die horizontale Spannung in Wandmitte. Im D-Bereich beeinflussen sich die vertikalen und horizontalen Spannungen gegenseitig. Dieser Einfluß ist aber vernachlässigbar klein. Infolge der Auflast entstehen horizontale Querdruckspannungen, die identisch zu denen aus Temperatur sind.

5.3.2 Einfluß der Anisotropie des Mauerwerks auf die Zwangbeanspruchungen

Um den Einfluß der Anisotropie des Mauerwerks auf die Zwangbeanspruchungen zu zeigen, werden FE-Untersuchungen durchgeführt. Hierbei wird versucht, das Mauerwerk realitätsnah abzubilden. Die Mauersteine werden als orthotropes und der Mörtel in den Lager- und Stoßfugen wird als isotropes Material modelliert. Ziel dieser Untersuchung ist es, aus dem anisotropen Mauerwerkssystem orthotrope Mauerwerkseigenschaften und daraus einen äquivalenten E-Modul ($E_{\text{ä}}$, Abschn. 3.4.2) für die Zwangberechnung zu ermitteln.

Das anisotrope Mauerwerkssystem mit den Stein- und Mörteleigenschaften, die aus den Versuchen von Guggisberg/Thürlimann [1987] stammen, ist in Bild 5.11 dargestellt. Die orthotropen Mauerwerkseigenschaften werden mit Hilfe der Elastizitätsgleichungen für orthotropes Material und der FE–Ergebnisse aus den Systemen mit verschiedenen Auflagerbedingungen bei Temperaturänderung ermittelt (Bild 5.11). Daraus wurde mit den Gleichungen (Gl. 3.15 bis 3.19, Abschn. 3.4.2) ein $E_{ä}$ errechnet.

Für die Ermittlung eines äquivalenten E–Moduls andersartiger Mauerwerke müssen umfangreiche Untersuchungen mit FE–Rechnungen durchgeführt und mit praktischen Versuchen belegt werden. An dieser Stelle sei jedoch erwähnt, daß die Ausbildung der Interaktion zwischen Stein und Mörtel in den FE–Rechnungen ein sehr schwieriges Problem darstellt. Für die Ermittlung der Mauerwerkseigenschaften unter Berücksichtigung der Eigenschaften von Stein und Mörtel wird auf numerische Untersuchungen von Pande u.a. [1989] verwiesen.

In den nachfolgenden FE–Untersuchungen wird ein Wand–Decken–System (Bild 5.1, unten) mit L/H = 2 und den folgenden vier verschiedenen Materialeigenschaften, d.h. anisotropen Materialeigenschaften aus Bild 5.11, orthotropem E–Modul (E_x und E_y), äquivalentem E–Modul ($E_{ä}$) und mit einem aus E_x und E_y gemittelten E–Modul, für eine Erwärmung um ΔT = 40K berechnet und miteinander verglichen (Bild 5.12).

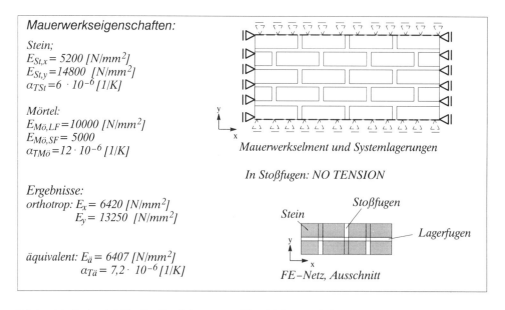

Mauerwerkseigenschaften:

Stein;
$E_{St,x} = 5200\ [N/mm^2]$
$E_{St,y} = 14800\ [N/mm^2]$
$\alpha_{TSt} = 6 \cdot 10^{-6}\ [1/K]$

Mörtel:
$E_{Mö,LF} = 10000\ [N/mm^2]$
$E_{Mö,SF} = 5000$
$\alpha_{TMö} = 12 \cdot 10^{-6}\ [1/K]$

Ergebnisse:
orthotrop: $E_x = 6420\ [N/mm^2]$
$E_y = 13250\ [N/mm^2]$

äquivalent: $E_{ä} = 6407\ [N/mm^2]$
$\alpha_{Tä} = 7,2 \cdot 10^{-6}\ [1/K]$

Mauerwerkselment und Systemlagerungen

In Stoßfugen: NO TENSION

Stoßfugen
Stein
Lagerfugen
FE–Netz, Ausschnitt

Bild 5.11: Beispiel für die Ermittlung der Elastizitätsmoduln von Mauerwerk

Die Rechenergebnisse der horizontalen Spannungen sind in drei vertikalen Schnitten in Bild 5.12 dargestellt. An allen drei Stellen ist zu erkennen, daß die Spannungen aus der orthotropen Rechnung mit den Spannungen der äquivalenten E-Modul-Rechnung gut übereinstimmen. Dagegen weichen die Werte aus der Rechnung mit dem gemittelten E-Modul erheblich (bis zu 35%) ab. Etwa doppelt so groß wie für orthotrope Materialien ergeben sich die Spannungen aus der Rechnung (isotrop) mit dem vertikalen E_y-Modul. Die FE-Rechnungen mit den anisotropen Materialeigenschaften können wegen der Spannungssprünge an den Grenzen Stein/Mörtel mit der Spannung aus den anderen Rechnungen nicht verglichen werden. Die Verformungen der anisotropen Rechnung weichen nur geringfügig (bis max. 6%) von den Verformungen der orthotropen bzw. äquivalenten Rechnung ab.

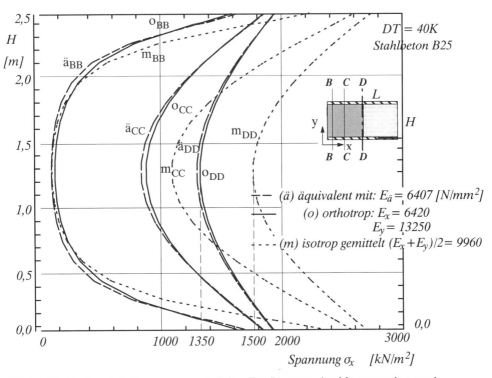

Bild 5.12: Horizontale Spannungen infolge Erwärmung der Mauerwerkswand

Weitere FE-Vergleichsrechnungen für die Ermittlung des Einflusses der Orthotropie auf die Zwangbeanspruchung wurden an Systemen (Bild 5.1, unten) mit den Seitenverhältnissen (L/H = 2, 3 und 5) bei Temperauränderung durchgeführt. Dabei wird der E-Modul in horizontaler Richtung (E_x) konstant gehalten und der vertikale Modul (E_y) variiert. Zunächst werden die Hauptspannungen in der Wand betrachtet: in der vertikalen Symmetrieachse sind nur horizontale Hauptspannungen σ_1 vorhanden (vgl. Bild 5.6). Die σ_1 sind bis auf den Bereich am freien Rand größer als σ_2 und werden mit einem Winkel von unter 30° in die Wand eingeleitet. Die Spannungen σ_2 sind am freien Rand am größten. Bei Erwärmung entsteht dort Zug und bei Abkühlung Druck. Bei langen Wänden (L > 3H) herrscht im B–Bereich (ohne Berücksichtigung der Auflasten) ein einachsiger horizontaler Spannungszustand, auf den der vertikale E-Modul keinen Einfluß hat. Die Länge des B–Bereichs wird von der Orthotropie nicht gestört.

In Bild 5.13 sind die Normalspannungen exemplarisch für die Wand mit dem Seitenverhältnis L/H = 3 dargestellt. Die horizontalen Spannungen und Schubspannungen ändern sich bei einem konstant gehaltenen horizontalen E_x-Modul und einem veränderlichen vertikalen E_y-Modul nur geringfügig. Die vertikalen Spannungen dagegen ändern sich zum Wandrand hin wie in Bild 5.13 beispielhaft dargestellt. Ein höheres E_y/E_x-Verhältnis liefert im wesentlichen höhere vertikale Spannungen am freien Wandrand.

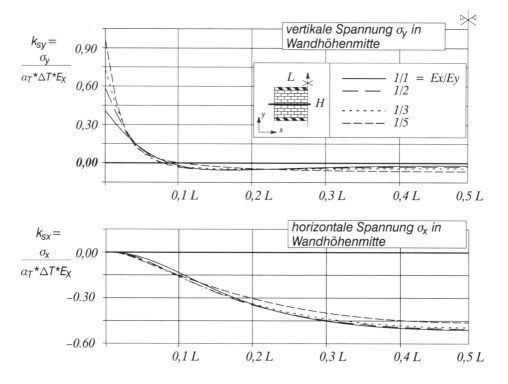

Bild 5.13: Einfluß des E_y/E_x-Verhältnisses auf die Spannungen für L/H = 3/1

Maßgebend für die Rißbildung in einer Mauerwerkswand sind die horizontale Spannung und die Schubspannung. Die numerischen Untersuchungen und die Auswertungen im Anhang A 3.2 (vgl. Abschn. 3.4.2) haben gezeigt, daß die horizontalen Spannungen nur unwesentlich von dem vertikalen E-Modul abhängen und mit dem horizontalen E-Modul unter Vernachlässigung der Orthotropie berechnet werden können.

Im Dachgeschoß bilden sich bei Erwärmung waagrechte Risse am freien Wandrand infolge der Zugspannungen (Bild 6.8, Riß Nr. 5). Bei höheren Auflasten (mehrere Geschosse) ist diese Rißbildungsgefahr praktisch nicht mehr vorhanden.

5.3.3 Zwangspannungen aus Plattenwirkung (Biegung)

Im allgemeinen werden die Schnittkräfte eines statischen Systems infolge ständiger Lasten und Nutzlasten ausgehend von einem unverformten System ermittelt. Infolge des ungleichmäßigen linearen Temperaturanteils verformt sich das spannungslose System wie in Bild 5.14 a dargestellt. Wird dieses System an der Verformung behindert (Bild 5.14 b), so entstehen an der kälteren Seite Zugbeanspruchungen, die zu Rissen führen können.

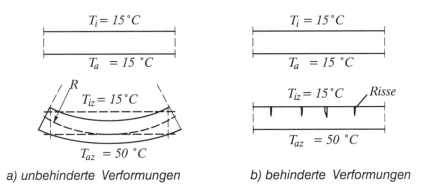

a) unbehinderte Verformungen   *b) behinderte Verformungen*

Bild 5.14: Wandquerschnitt unter Temperatureinwirkung

Ist ein Balken an seinen Enden eingespannt (Bild 5.15 a), so entstehen infolge einer linearen antimetrischen Temperaturänderung über den Querschnitt Momente, die konstant über die Stablänge verlaufen. Bei einseitig frei drehbarer Lagerung ergibt sich an der Einspannstelle (Bild 5.15 b) ein um 50% größeres Moment. In einem beidseitig frei drehbar gelagerten System (Bild 5.15 c) entstehen lediglich Verformungen, keine Zwangmomente. Beim Übergang vom Balken (Wandstreifen) zur Wand wird das Sy-

stem mit zunehmendem Seitenverhältnis L/H auf Biegung nicht nur in der eingespannten Richtung, sondern als Platte auch quer dazu beansprucht. Für eine allseitig einge-
spannte Rechteckplatte können die Biegemomente in allen Richtungen wie beim eingespannten Balken ermittelt werden (Bild 5.15 a).

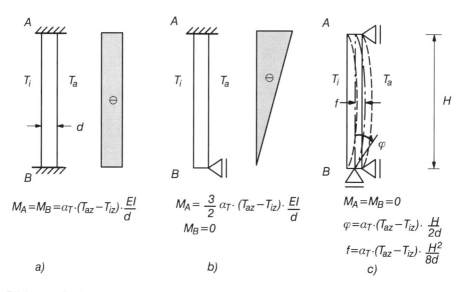

$$M_A = M_B = \alpha_T \cdot (T_{az} - T_{iz}) \cdot \frac{EI}{d}$$

$$M_A = \frac{3}{2} \alpha_T \cdot (T_{az} - T_{iz}) \cdot \frac{EI}{d}$$
$$M_B = 0$$

$$M_A = M_B = 0$$
$$\varphi = \alpha_T \cdot (T_{az} - T_{iz}) \cdot \frac{H}{2d}$$
$$f = \alpha_T \cdot (T_{az} - T_{iz}) \cdot \frac{H^2}{8d}$$

a)   b)   c)

Bild 5.15: Balken unter linearer Temperaturbeanspruchung

Für die Ermittlung der Biegebeanspruchung durch ein lineares Temperaturprofil (Bild
5.2 b) wird die Außenwand bezüglich Plattentragwirkung untersucht. In Bild 5.16 sind
die Durchbiegungen in der Nähe des freien Randes (Schnitt A–A) und in halber Höhe
(Schnitt II–II) dargestellt. Die Verformung am Wandkopf bzw. –fuß ist vor allem bei großem E_{Decke}/E_{Wand}–Verhältnis (>12) fast gleich Null (Schnitt I–I). An diesen Stellen entstehen wie bei der Wandscheibe die maximalen Zwangspannungen σ_x in horizontaler
Richtung. Bei Platten mit einem Verhältnis L/H > 2 ist σ_x ab etwa x $\approx$ 0,6 H vom freien
Rand aus über die gesamte Wandhöhe konstant und entspricht fast der Randspannung
am behinderten Rand.

Die vertikale Spannung σ_y ist am freien Rand größer als im Wandinnern. Die Spannungen σ_y in Vertikalschnitten, die weiter als die Wandhöhe H vom seitlichen Rand entfernt
sind, sind über die gesamte Wandhöhe annähernd konstant.

Die Beanspruchungen in zweiseitig gelagerten Platten sind wie bei Scheiben zum freien
Rand hin kleiner als in Wandmitte. Der D–Bereich ist bei Platten kürzer als bei Scheiben.

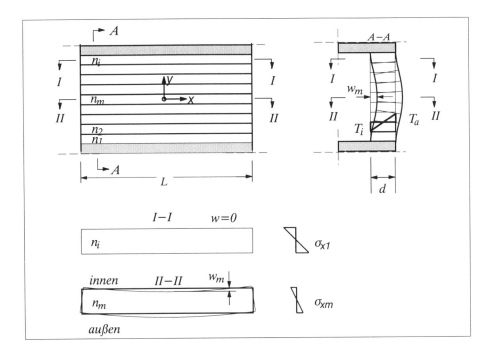

Bild 5.16: Wandsystem unter Temperaturbelastung, Plattentragwirkung

Für die Ermittlung der Biegespannungsverteilung in Wänden wurden FE–Berechnungen mit dem räumlichen FE–Modell aus Bild 5.1 für verschiedene Seitenverhältnisse durchgeführt. Die Wärmespannungsverteilung wird mit Plattenfaktoren k_{px} und k_{py} beschrieben, welche das Verhältnis der Spannung zu der maximalen Spannung ($\alpha_T \, \Delta T \, E_{Wand}$) darstellen:

$$\sigma_{px} = \alpha_T \cdot \Delta T \cdot E \cdot k_{px} \qquad (5.4)$$

$$\sigma_{py} = \alpha_T \cdot \Delta T \cdot E \cdot k_{py} \qquad (5.5)$$

Die k_{px}– und k_{py}–Faktoren sind im Anhang A 5.3 zusammengestellt. Bild 5.17 zeigt die horizontalen Spannungen in Wandmitte (a) und in der Anschlußlinienmitte (b) für verschiedene E_{Decke}/E_{Wand}–Verhältnisse und Seitenverhältnisse.

Die Spannungen in horizontaler Richtung in Wandhöhenmitte und in der Anschlußlinie sind exemplarisch für $E_{Decke}/E_{Wand} = 26000/2000$ MN/m^2 im Bild 5.18 a und b dargestellt. In vertikaler Richtung sind die Spannungen wesentlich kleiner als in horizontaler Richtung (hier nicht dargestellt).

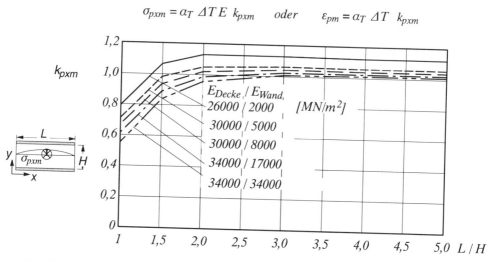

a) Verhältniswerte k_{pxm} der horizontalen Plattenspannung in Wandhöhenmitte

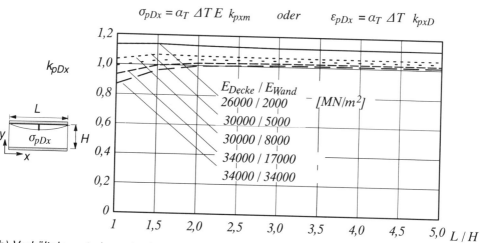

b) Verhältniswerte k_{pDx} der horizontalen Plattenspannung in der Anschlußlinie

Bild 5.17: Verhältniswerte für horizontale Plattenspannung

Zur Ermittlung des Einflusses der orthotropen Eigenschaften auf die Zwangbeanspruchung in der Platte werden ebenfalls wie bei den Scheiben im Abschnitt 5.3.2 Vergleichsrechnungen durchgeführt. Die horizontalen Plattenspannungen, die hier von Interesse sind, ändern sich bei einem konstant gehaltenen horizontalen E_x–Modul und einem veränderlichen vertikalen E_y-Modul nur geringfügig. Die vertikalen Plattenspannungen dagegen ändern sich erheblich, und zwar hauptsächlich in Wandhöhenmitte. Je höher das E_y/E_x-Verhältnis ist, desto höher wird die vertikale Spannung zum freien Wandrand hin. In der Anschlußlinie ist der Einfluß des E_y/E_x-Verhältnisses kleiner.

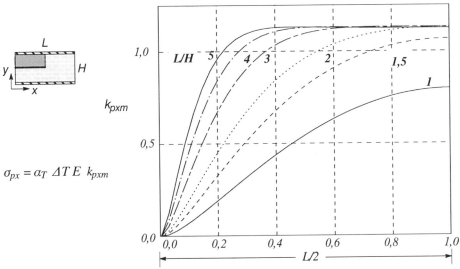

a) Plattenspannungsverhältnisse in Wandhöhenmitte für $E_{Decke}/E_{Wand} = 26\,000/2000\ MN/m^2$

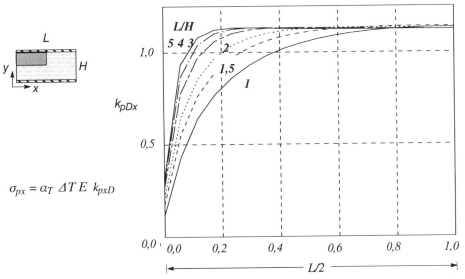

b) Plattenspannungsverhältnisse in der Anschlußlinie für $E_{Decke}/E_{Wand} = 26000/2000\ MN/m^2$

Bild 5.18: Verläufe der horizontalen Plattenspannungen

5.3.4 Zusammenfassung der Spannungsanteile in zweiseitig gelagerten Wänden

Die Spannungsanteile aus Scheibenwirkung, Plattenwirkung und Eigenspannung werden in folgender Formel (5.6) zusammengefaßt:

$$\sigma_{a/i} = - E \cdot \alpha_T \left[\left(\frac{1}{2} \left(T_{az} + T_{iz} - 2T_0 \right) \cdot k_s \pm \frac{1}{2} \left(T_{az} - T_{iz} \right) \cdot k_{px/y} + \Delta T_E \right] \right. \qquad (5.6)$$

Darin bedeuten:

$T_{az} = T_a - \Delta T_E$: Zwangtemperatur an der Außenoberfläche

$T_{iz} = T_i - \Delta T_E$: Zwangtemperatur an der Innenoberfläche

k_s und $k_{px/y}$: Scheiben– bzw. Plattenfaktoren der Spannungsverteilung

Der Einfluß der Querdehnung ($\nu = 0,2$) ist in k_s und $k_{px/y}$ berücksichtigt.

Die Spannungsformel gilt für die horizontale und die vertikale Richtung sowie für Außen– und Innenseite der Wand. Der erste Spannungsanteil bezeichnet die Normalspannung (k_s–Term) in der Wand, der zweite die Biegespannung (k_{px}– und k_{py}–Term). Dieser gilt für die Wandoberflächen. Die Verteilung der Schnittgrößen in einer solchen Wand ist von den Wandabmessungen und Lagerungsbedingungen abhängig. Der dritte Anteil enthält die Eigenspannung; er kann nach Abschnitt 5.2 ermittelt werden.

Die behinderten Dehnungen an der Außen– und Innenoberfläche entsprechen den Spannungen in Gleichung (5.6):

$$\varepsilon_{a/i} = - \alpha_T \cdot \left[\left(\frac{1}{2} \left(T_{az} + T_{iz} - 2T_0 \right) \cdot k_s \pm \frac{1}{2} \left(T_{az} - T_{iz} \right) \cdot k_{px/y} + \Delta T_E \right] \right. \qquad (5.7)$$

Der erste Term in dieser Gleichung (5.7) ist die durch Zwangkräfte verhinderte Dehnung der Wandmittelfläche. Der zweite Term entsteht aus der Behinderung der Krümmung, und der dritte Term ist die Eigendehnung.

In Wänden mit z.B. einem Seitenverhältnis L/H = 1/1 und horizontal starrer Lagerung beträgt die horizontale Spannung in Wandmitte 83% der maximalen Plattenspannung und 13% der maximalen Scheibenspannung. Dabei sind die maximalen Plattenspannungen aufgrund der höheren Temperaturen größer als die maximalen Scheibenspannungen. Bei gängigen Mauerwerksarten beträgt die Temperatur, welche infolge täglicher Sonneneinstrahlung und TWD–Anwendung Plattenspannungen erzeugt, etwa das 1,6 fache der Temperatur, welche Scheibenspannungen hervorruft.

Durch einseitige Erwärmung einer Außenwand entstehen Scheibendruck- und Platten-zugspannungsanteile. Diese wirken sich besonders in der Mitte langer Wände günstig aus. In Wänden mit kleinen Abmessungen können sich die Spannungen aus Scheiben- und Plattenwirkung wie in freien Randbereichen längerer Wände ungünstig aufaddie-ren. Hier gilt also nicht, wie bei alleiniger Scheibenwirkung, daß kurze Wände gegen-über Zwang ungefährdet sind. Für den Einzelfall muß also der Zwang aus Scheiben- und Plattenwirkung ermittelt werden. Die Berücksichtigung der Eigenspannungen wird in Abschnitt 6.5.7 behandelt.

Die Durchbiegung von auf Druck beanspruchten Bauteilen kann zu zusätzlichen Schnittgrößen nach der Theorie II.Ordnung führen. Die Auswirkung der Durchbiegung von Wänden infolge der Wärmebeanspruchung auf die Schnittgrößen wird anhand des folgenden Beispiels gezeigt: Eine Außenwand mit einer Höhe von 3,0 m, einer Dicke von 24 cm und einem Wärmedehnungskoeffizienten von $8 \cdot 10^{-6}$ [1/K] wird einseitig um $\Delta T = 50$ K erwärmt. Bei beidseitiger Einspannung biegt sich der Mittelbereich einer langen Wand ebenso wie ein beidseits eingespannter Stab überhaupt nicht durch. Lediglich die Randbereiche der Wand erfahren Durchbiegungen bis zu 0,4 mm. Im Grenzfall ge-lenkiger Lagerung ergibt sich eine maximale Exzentrizität von e = 1,88 mm. Diese Werte sind viel kleiner als die Kernweite 240/6 = 40 mm.

Da generell die Exzentrizitäten infolge solcher Temperaturbelastung relativ klein sind, werden in Wänden dadurch keine nennenswerten zusätzlichen Schnittgrößen hervor-gerufen.

5.3.5 Behinderung der Scheiben- und Plattenverformungen durch die Decken

Das Verhältnis der spannungswirksamen Dehnung einer Wand, d.h. der Temperatur-dehnung, die durch die Behinderung der Stahlbetondecke unterdrückt wird, zur ge-samten freien Dehnung wird mit dem Behinderungsgrad k_{sD} erfaßt (Index s für Schei-bentragwirkung und D für Decke). Mit k_{sD} soll die Nachgiebigkeit des Wandauflagers bei der Zwangbeanspruchung berücksichtigt werden. Die Größe des Behinderungs-grades liegt zwischen 1 (starre Lagerung) und 0 (frei, unbehindert).

Die Behinderung der Scheibenverformungen wird durch verschiedene Parameter wie die Oberflächenbeschaffenheit in der Auflagerfläche (Rauhigkeit und Haftung; Wand auf Mörtelbett oder Gleitfolie), Größe der Wandauflast und durch die Dehnsteifigkeiten der Decken und Wände bestimmt. Diese Parameter beeinflussen sich auch gegenseitig. Außerdem hängt der Behinderungsgrad von der Lage des Punktes ab, für den die Spannung ermittelt wird.

Hier wird zunächst eine unverschiebliche Verbindung der Wand mit den Decken angenommen, was meistens zutrifft. Dazu muß die Auflagerung der Wand schubfest sein. Die Schubkraft in der Auflagerfuge infolge der behinderten Relativdehnung zwischen Mauerwerk und Decke muß sowohl vom Mauerwerk als auch in der Lagerfuge aufgenommen werden, da sich sonst das Mauerwerk selbst in der Auflagerfuge verschiebt.

Die Temperaturbeanspruchungen der elastisch gelagerten Wand ergeben sich aus denen der unverschieblich gelagerten Wand durch Multiplikation mit dem Behinderungsgrad k_{sD} (Abschn. 5.3.1). Dieser Wert hängt hauptsächlich von den Dehnsteifigkeiten der Wand und der Decken ab. Er wurde mit FE–Rechnungen an räumlichen Systemen für typische Fälle mit verschiedenen Seitenverhältnissen und unterschiedlichen Materialien ermittelt (Bild 5.19). Der Behinderungsgrad ist bis auf den freien Randbereich fast konstant. Er hat einen Völligkeitsgrad für alle Seitenverhältnisse von 0,94%.

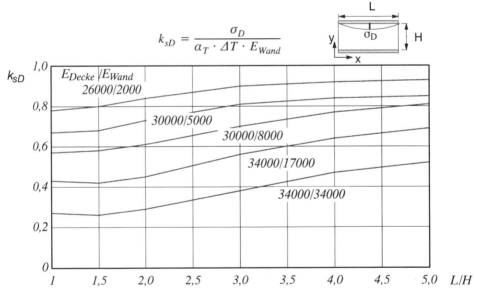

Bild 5.19: Verformungsbehinderungsgrade von Wänden bei Zwang

Für gängige Mauerwerksarten mit einer Wärmeleitfähigkeit unter 0,5 W/mK liegt der Elastizitätsmodul zwischen 2 000 und 6 000 MN/m². Derjenige von Stahlbetondecken liegt bei 30 000 MN/m². Das ergibt bei üblichen Wandhöhen und mitwirkenden Flächen der Decken einen Behinderungsgrad von 72 bis 87%.

Die Zwangdehnung in der Anschlußlinie der Wand ε_W und der Decke ε_D bei Zwangbeanspruchung in der Anschlußlinie kann durch Gleichgewichts- und Verträglichkeits-
betrachtung ermittelt werden (Bild 5.20).

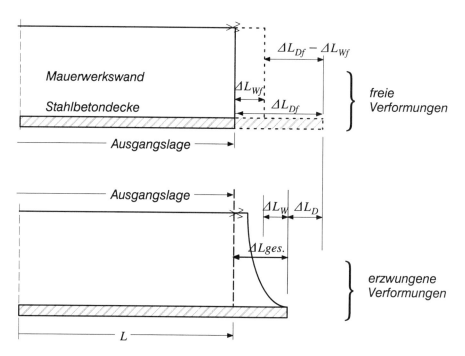

Bild 5.20: Zusammenwirken der Wand und der Decke in der Anschlußlinie bei Zwang

Für beide Schichten gilt das Hookesche Werkstoffgesetz :

$$\sigma_D = -\varepsilon_D \cdot E_D \qquad und \qquad \sigma_W = \varepsilon_W \cdot E_W \tag{5.8}$$

ε_D bei Verlängerung bzw. bei Druck positiv

Aus der Gleichgewichtsbetrachtung (Bild 5.20) folgt:

$$\int \sigma_D \cdot dA_D + \int \sigma_W \cdot dA_W = 0 \tag{5.9}$$

Annahme: Die Spannungsverteilung über die Wandhöhe und Deckentiefe ist konstant:

$$\varepsilon_D \cdot E_D \cdot A_D = \varepsilon_W \cdot E_W \cdot A_W \tag{5.9 a}$$

Die elastischen Verformungen aus den Zwangspannungen betragen

$$\Delta L_D = \varepsilon_D \cdot L \quad und \quad \Delta L_W = \varepsilon_W \cdot L \tag{5.10}$$

wobei $\varepsilon = \alpha_T \cdot \Delta T$ und ΔT bei Erwärmung positiv und bei Abkühlung negativ ist

Die Verträglichkeit erfordert (Bild 5.20):

$$\Delta L_W - \Delta L_D = \Delta L_{Df} - \Delta L_{Wf} \tag{5.11}$$

Aus Gl. (5.11 eingesetzt in 5.9 a), folgt die Ist-Dehnung der Decke und des Mauerwerks in der Anschlußlinie zu:

$$\varepsilon_D = \frac{\alpha_{TD} \cdot \Delta T_D - \alpha_{TW} \cdot \Delta T_W}{1 + \dfrac{E_D \cdot A_D}{E_W \cdot A_W}} \quad und \quad \varepsilon_W = \frac{\alpha_{TD} \cdot \Delta T_D - \alpha_{TW} \cdot \Delta T_W}{1 + \dfrac{E_W \cdot A_W}{E_D \cdot A_D}} \tag{5.12}$$

Aus Gl. (5.12) und Bild 5.20 folgt die gesamte Längenänderung zu:

$$\Delta L_{ges.} = \Delta L_{Wf} + \Delta L_W = \left[\alpha_{TW} \cdot \Delta T_W + \frac{\alpha_{TD} \cdot \Delta T_D - \alpha_{TW} \cdot \Delta T_W}{1 + \dfrac{E_W \cdot A_W}{E_D \cdot A_D}} \right] \cdot L \tag{5.13}$$

Darin bedeuten:

$$A_W = d_W \cdot h \quad und \quad A_D = d_D \cdot b_m = d_D \cdot b_D \cdot \alpha_{PB} \quad (\alpha_{PB} \ nach \ Bild \ 5.22)$$

Die in der Wand und Decke vorhande Kraft nach Gl. 5.9 a ist:

$$F_W = F_D = \frac{\alpha_{TD} \cdot \Delta T_D - \alpha_{TW} \cdot \Delta T_W}{\dfrac{1}{E_W \cdot A_W} + \dfrac{1}{E_D \cdot A_D}} \tag{5.14}$$

Die Gleichungen 5.12 sind im Bild 5.21 für $\alpha_{TW} \cdot \Delta T_W = -0,2; -0,3$ und $-0,4$ mm/m ausgerechnet. Hierbei wurde $\alpha_{TD} \cdot \Delta T_D$ gleich Null gesetzt. Je größer das Dehnsteifigkeitsverhältnis $(E_D A_D)/(E_W A_W)$ wird, desto höher wird der Zwang im Mauerwerk.

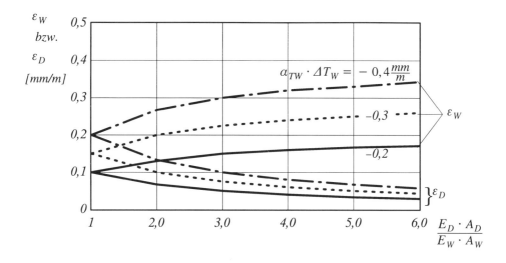

Bild 5.21: Zwang in der Anschlußlinie Wand/Decke bei Wandtemperaturänderung

Die mitwirkende Fläche $A_D = \alpha_{PB}\, L_D\, d_D$ der Decke auf Zwang ist diejenige Fläche, die das Verformungsbestreben der Wand bei Zwang behindert. Die Deckenbreite b_m = $\alpha_{PB}\, L_D$ entspricht der mittragenden Plattenbreite bei Plattenbalken. Mit FE-Rechnungen an räumlichen Systemen (Bild 5.1 unten) wurden α_{PB}-Beiwerte für verschiedene Seitenverhältnisse und unterschiedliche E_{Decke}/E_{Wand}-Werte errechnet und ausgewertet (Bild 5.22). Durch die FE-Rechnungen wurde auch festgestellt, daß die wirksame Deckenfläche hauptsächlich von der Geometrie abhängig ist.

Die horizontalen Plattenverformungen ε_x sind am oberen und unteren Wandrand von den Stahlbetondecken vollständig behindert. Die vertikalen Plattenverformungen ε_y werden dagegen nur geringfügig behindert. Die Nachgiebigkeit der Einspannung wird mit dem Einspanngrad k_{pDy} berücksichtigt. Dieser wird sowohl von den Steifigkeiten als auch von der Geometrie, der Systemlänge L und der Deckenstützweite L_D bestimmt. In Bild 5.23 sind k_{pDy}-Werte in der Anschlußlinie für zwei E_{Decke}/E_{Wand}-Verhältnisse für das System in Bild 5.1 unten dargestellt.

Da die eigenspannungswirksamen Dehnungen ohnehin völlig behindert sind und auch die Behinderungsgrade für die Platten- und Scheibenwirkung für gängiges Mauerwerk meist relativ hoch sind, wirkt sich die Nachgiebigkeit der Behinderung nur dann wesentlich aus, wenn die Scheibenanteile und die anderen Anteile der Spannungen entgegengesetzte Vorzeichen haben (Scheibendruck und Plattenzug).

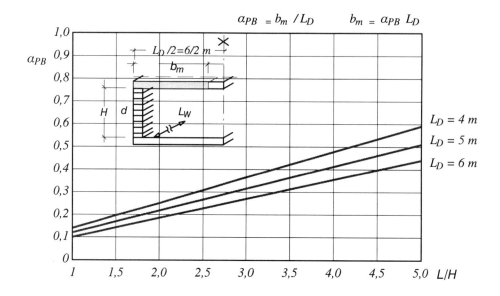

Bild 5.22: Beiwerte zur Berechnung der mittragenden Deckenfläche bei Zwang

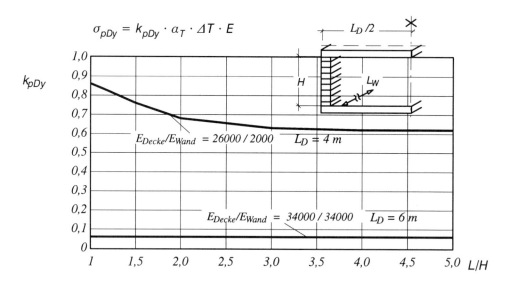

Bild 5.23: Behinderungsgrade für Platten

5.4 Auswirkung der Zwangbeanspruchung aus Außenwänden auf die anschließenden Bauteile

5.4.1 Auswirkung auf Stahlbetondecken

Aus der konstanten und der linearen Temperaturänderung entstehen in den Außenwänden horizontale Spannungen und in der Stahlbetondecke Spannungen mit entgegengesetzten Vorzeichen. Die Deckenzugspannungen wurden ebenfalls mit der FE-Rechnung ermittelt. Dabei wurde die ungünstige Annahme getroffen, daß die Decke überhaupt keine Erwärmung erfährt, und daß eine unverschiebliche Verbindung zwischen der Stahlbetondecke und der Wand besteht. Die maximalen Spannungen in den Decken bei Erwärmung der Wandscheibe können mit $\sigma_{Decke} = k_D \, \sigma_{Wand}$ nach Anhang A 5.4 berechnet werden, wobei der Faktor k_D das Dehnsteifigkeitsverhälnis Wand zu Decke darstellt.

Um festzustellen, ob infolge der Wanderwärmung Risse in den Decken entstehen, werden die Deckenspannungen den Betonzugfestigkeiten gegenübergestellt. Normalerweise werden in einachsig gespannten Decken mindestens 20% der Hauptbewehrung in der Querrichtung eingelegt. Außerdem sind hier für die Randeinfassung am freien Deckenrand Steckbügel mit konstruktiven Randlängsstäben vorgesehen, die die Rißbreiten im Beton klein halten und auf mehrere Risse über die Deckenlänge verteilen.

Um eine Größenordnung der Deckenspannungen zu ermitteln, seien folgende Beispiele genannt: für eine Decke aus B15 mit $E_{Decke} = 26000 \, MN/m^2$ und eine Wand (L = 3H) mit $E_{Wand} = 2000 \, MN/m^2$ ist bei einer Wanddehnung von 0,4 mm/m die maximal errechnete Deckenspannung (σ_D) mit 1,27 MN/m^2 kleiner als die Betonzugfestigkeit von 1,52 MN/m^2. Für $E_{Decke}/E_{Wand} =30000/5000 \, MN/m^2$ ist bei einer Wanddehnung von 0,4 mm/m $\sigma_D = 2,86 \, MN/m^2$. Die Betonzugfestigkeit für B25 (2,14 MN/m^2) wird hier überschritten, so daß in diesem Fall mit Anrissen zu rechnen ist. Bei dieser Betrachtung sind die anderen Beanspruchungen aus Schwinden und Belastungen der Decke nicht berücksichtigt.

Je nach Materialkombination (Wand/Decke) sind die Zwangspannungen in den Decken unterschiedlich. Es ist im Einzelfall zu überprüfen, ob die in der Decke vorhandene Bewehrung als Mindestbewehrung für den Zwang ausreichend ist. Im allgemeinen sind die entstehenden Zwängungskräfte für Stahlbetondecken ohne besondere Bedeutung.

5.4.2 Beanspruchungen in den Querwänden

Schubert u. a. [1976 bis 92] und König/Fischer [1991] haben vertikale Verformungsunterschiede in Mauerwerkswänden untersucht und geben Verfahren zur quantitativen Beurteilung der Risse in Wänden an (vgl. Abschn. 2.3). Praktische Beispiele schildert Pfefferkorn in [1980 und 94]. In den erwähnten Arbeiten werden die Auswirkungen der von Außenwänden ausgehenden horizontalen Zwangbeanspruchung auf die Querwände und umgekehrt nicht behandelt.

Die horizontale Verformung der Außenwand wird auch durch die Querwand, die aus demselben Material besteht und sich am Rand befindet, gegenüber einer Wand mit einem freien Rand bis zu 10% stärker behindert. Die Horizontalspannung σ_x in Außenwandmitte ist je nach Seitenverhältnis unterschiedlich. Bei einem Seitenverhältnis von L=3H ist σ_x in der mit einer Querwand verbundenen Außenwand bis zu 3,5% größer als ohne Querwand (Bild 5.24, rechts). Bei Abmessungen L = H ist σ_x um 60% größer als ohne Querwand. Allerdings sind die Spannungen bei L = H insgesamt sehr klein. Die Horizontalspannungen in der Anschlußlinie der Decke sind in einer Außenwand mit und ohne Querwand fast gleich groß. Diese Angaben wurden mit FE-Rechnungen ermittelt und gelten näherungsweise für alle Materialien in Tabelle 5.1.

Die Querwand selbst wird durch die Querkräfte aus der Außenwand auf Biegung beansprucht. Die Spannung ist an der Verbindungsstelle mit der Außenwand am größten, die Spannungen sind aber relativ klein und deshalb vernachlässigbar (Bild 5.24, links).

Die Schubspannungen τ_{xy} in der Anschlußlinie einer Außenwand weichen im Falle mit und ohne Querwand nur im Mittelwert (τ_{xym}) wesentlich voneinander ab. Während τ_{xym} für L = 3H ohne Querwand etwa 20% mehr beträgt als mit einer Querwand am Rand, ist τ_{xym} für das Seitenverhältnis L = H in beiden Fällen fast gleich.

Die Spannungen in der Querwand infolge der Beanspruchungen aus der Außenwand sind relativ klein. Auch die jeweiligen Unterschiede der Horizontalspannungen in der Anschlußlinie bzw. in der Mitte der Außenwand, die für die vertikale Rißbildung maßgebend ist, sind vernachlässigbar klein. Bei Betrachtung der Schubspannung in der Anschlußlinie liegt die Systemannahme der Außenwand mit einem freien Rand auf der sicheren Seite, weil die mittlere Schubspannung größer ist.

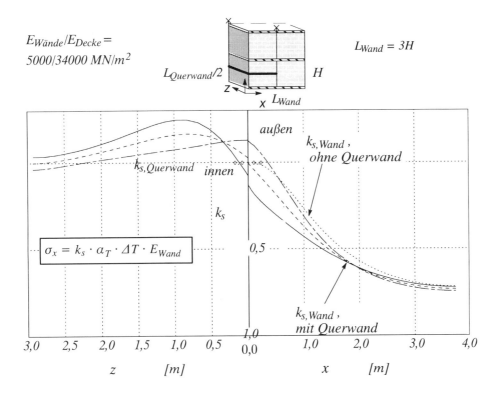

Bild 5.24: Verlauf der Horizontalspannung in der Außen– und Querwand an den Oberflächen bei Erwärmung der Außenwand

Bei einer Temperaturverteilung, die Biegung in der Außenwand erzeugt, beeinflußt die Querwand die Spannungen in den Wänden maßgeblich. Bild 5.25 zeigt die horizontale Biegespannung σ_x in der Außenwand mit und ohne Querwand sowie in der Querwand selbst. Die Spannung in der Verbindungsstelle erreicht fast den gleichen Wert wie in Außenwandmitte. Die Biegespannungen σ_y der Außenwand in vertikaler Richtung vergrößern sich durch die Querwand auf mehr als das Doppelte.

Risse in Querwänden entstehen durch die Formänderungsunterschiede zwischen der Außen– und der Innenwand vor allem in vertikaler Richtung und durch die Durchbiegung der sich darunter befindlichen Stahlbetondecken. Durch Dehnung der Außenwand werden Zwängungen in den angrenzenden mit der Außenwand verzahnten Wänden hervorgerufen. Hier kann es an den Verbindungsstellen zu sehr feinen Rissen kommen, die sich in einiger Entfernung davon zu größeren, sichtbaren Sammelrissen vereinigen.

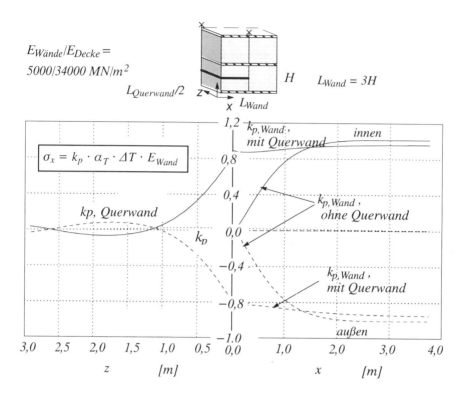

Bild 5.25: Biegespannung in Außen- und Querwand

5.5 Zwangspannungen und Rißbildung in Wänden mit Öffnungen

Der Schwerpunkt dieser Arbeit liegt in der Untersuchung geschlossener Wände unter Zwangbeanspruchungen. Für noch kompliziertere Fälle der Zwangbeanspruchung und der Rißbildung in Wänden mit Öffnungen werden einige Hinweise gegeben.

Die Öffnungen sind geometrische Diskontinuitäten, die den Kraftfluß in der Wand stören. Die Öffnungen wirken wie freie Wandränder, die an diesen Stellen Verformungen der Wand zulassen. Das Stabwerkmodell in Bild 5.26 veranschaulicht den Kraftfluß infolge der Beanspruchungen aus Abkühlung und Schwinden in einer Wandscheibe mit einer Öffnung. In Bild 5.26 a befindet sich die Fensteröffnung hinter einem B-Bereich und in Bild 5.26 b in einem D-Bereich (Abschn. 5.3).

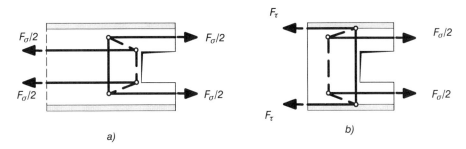

Bild 5.26: Kraftfluß in der Wand mit Öffnung bei Zugzwang

In den Ecken der Öffnungen entstehen durch Kerbwirkung Spannungsspitzen. Nach Überschreitung der Zugfestigkeit sind Diagonalrisse zu erwarten (Bild 5.27), die von diesen Ecken ausgehen. In geringerem Maße gilt dies auch für Wandquerschnitts-schwächungen bei Heizungsnischen und an Wandschlitzen für Installationsleitungen.

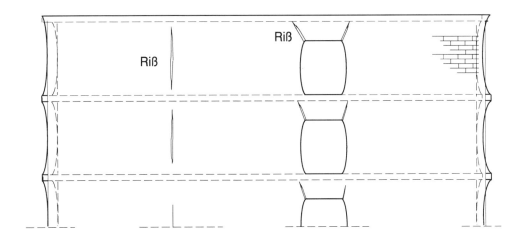

Bild 5.27: Verkürzung der Wände gegenüber den Stahlbetondecken
bei Temperaturabnahme

Die Spannungen für Außenwände mit Öffnungen müssen wie die für "Scheiben und Platten mit Aussparungen" ermittelt werden. Näherungsweise können solche Systeme, unter Vernachlässigung der Kerbwirkung, auch als Streifen mit den passenden System-lagerungen berechnet werden.

In den geschwächten Brüstungsflächen entstehen infolge Temperatur und schnellerem Schwinden, das meistens durch die dahinter vorhandene Heizung entsteht, höhere Spannungen als in der Wand ohne Öffnungen. Die Hauptursachen für die Rißbildung in Fensterbrüstungen sind aber in erster Linie die unterschiedlichen Spannungen aus Auflasten in und neben der Brüstungsfläche. Diese Rißbildung wird durch die horizon-talen Verformungen aus Temperatur und Schwinden verstärkt.

Pfefferkorn hat in [1994] die Rißbildung in Brüstungsflächen ausführlich beschrieben. Mann/Zahn und Walthelm geben in [1992 und 1994] Konstruktionsregeln für die Beweh-rung von solchen Schwachstellen im Mauerwerk an (vgl. auch Abschn. 7.3).

6 Verformungsverhalten von Außenwänden bei Zwang

6.1 Allgemeines

In dieser Arbeit werden geschlossene Wände auf ihr Verformungsverhalten hin untersucht. Wandbereiche mit Öffnungen sind wesentlich rißgefährdeter als geschlossene Wandabschnitte (Abschn. 5.5). Das Verformungsverhalten und die Rißbildung von Wänden mit Öffnungen bei Zwang sind Gegenstand weiterer Forschungen.

Für eine Wand aus Mauerwerk interessiert in erster Linie, ob bei Zwangbeanspruchung Risse zu erwarten sind und welche Rißabstände und Rißbreiten dabei entstehen. Zunächst werden Überlegungen zum Mechanismus der Rißbildungen infolge Zwang angestellt. Danach werden FE-Rechnungen durchgeführt, um den Einfluß der physikalischen Nichtlinearität zu erfassen und Vereinfachungen zu treffen.

In Mauerwerkswänden sind die zwangwirksamen Dehnungen infolge Temperaturänderung in vertikaler Richtung kleiner als in horizontaler Richtung, da die gesamte Außenwand sich nach oben verformen kann. Die vertikalen thermischen Verformungen können jedoch im Zusammenhang mit den angrenzenden Bauteilen, vor allem Querwänden, zu Zwängungen führen (Abschn. 5.4.2).

Infolge Zwangbeanspruchung können in Mauerwerkswänden grundsätzlich zwei Rißarten entstehen. Horizontale Risse in der Nähe der Anschlußlinie Wand/Decke entstehen vor allem infolge der Überschreitung des Wandwiderstandes gegen Abscheren durch die Schubspannungen aus dem Lastfall Erwärmung. Vertikale Rißbildung tritt ein, wenn die horizontale Wandzugfestigkeit erreicht wird (Abschn. 6.5).

Es sei hier vorbemerkt, daß die Mauerwerkstruktur bei der Rißbildung und Rißentwicklung eine wesentliche Rolle spielt. Bei unregelmäßigen Materialeigenschaften und Wandstrukturen von Mauerwerk ist die Rißbildung und vor allem der Rißverlauf willkürlich und deshalb schwerlich voraussagbar.

Im folgenden werden zwängungswirksame horizontale Dehnungen in Außenwänden in die Anteile aufgeteilt, die aus Eigenspannungen bzw. Zwangspannungen resultieren, und dann deren Kombinationen untersucht; doch zuvor wird diskutiert, ob die Rißgesetze von dicken Stahlbetonbauteilen (Abschn. 2.4) auf das Mauerwerk zwischen Massivdecken übertragbar sind.

6.2 Zur Übertragbarkeit des Rißverhaltens dicker Stahlbetonbauteile auf Mauerwerkswände zwischen Massivdecken

Durch das Schwinden (zentrischer Zwang) des Betons in dicken Bauteilen entsteht im Beton Zug und in den Stahleinlagen Druck. Ähnlich verhält sich eine durch die Stahlbetondecken 'bewehrte' Mauerwerkswand. Bei gleicher Einwirkung entsteht in der Wand Zug und in den Decken Druck. Die Zugbruchdehnung ist für Beton und Mauerwerk fast gleich $\varepsilon_u = 0,1$ bis $0,2$ mm/m.

Beim Vergleich der Dehnsteifigkeitsverhältnisse von Beton und Stahl bzw. Stahlbetondecken und 'Mauerwerk mit mittlerer Festigkeitsklasse' stellt man fest, daß das E-Modulverhältnis fast den gleichen Wert besitzt:

$$n = \frac{E_{Stahl}}{E_{Beton}} \approx \frac{210000}{34000} = 7 \qquad und \qquad n = \frac{E_{Betondecke}}{E_{Mauerwerk}} \approx \frac{34000}{4300} = 7$$

Im folgenden werden die Querschnittsverhältnisse verglichen: Damit ein Betonstab infolge Schwinden (zentrischer Zwang) aufreißt und damit die Bruchdehnung von $0,2$ mm/m überschritten wird, ist ein Bewehrungsgrad von ca. 13% erforderlich [Pfefferkorn/ Steinhilber, 1990]. Ein solcher Bewehrungsgrad (Stahlfläche/Betonfläche) wäre aber in der Praxis sehr ungewöhnlich. In Wand-Decken-Systemen z.B. mit L = 3 H beträgt das Flächenverhältnis Betondeckenfläche/Wandfläche etwa 50%. Die Behinderung der Wandverformungen durch die Decken ist also viel stärker als die Behinderung von Betonverformungen durch die Bewehrung.

Der Verbund zwischen Beton und den Stahleinlagen basiert vor allem auf der Verzahnung der Stahlrippen mit dem Beton. Er wird im Betonbau als verschieblich bezeichnet, wenn im Bereich außerhalb der inneren Querrisse relative Verschiebungen zwischen Stahl und Beton auftreten. Direkt an der Verzahnungsstelle des Betons mit den Stahlrippen ist keine Relativverschiebung möglich. Bei glattem Bewehrungsstahl ist dagegen eine Relativverschiebung zwischen Stahl und Beton möglich.

In der Anschlußlinie sind im Mauerwerk Anrisse bereits durch die Stoßfugen vorhanden. Bei Überschreitung der Zugfestigkeit der Steine entstehen zusätzliche Anrisse mit sehr kleinen Rißbreiten (Abschn. 6.6.1.3). Wie im Stahlbetonbau ist der Verbund in der Anschlußlinie zwischen Mauerwerk und Stahlbetondecken unverschieblich, solange hier keine Relativverschiebungen auftreten. An einer von der Anschlußlinie entfernteren Stelle verschiebt sich die Wand gegenüber der Decke. Hier können also Parallelen zu der Bezeichnung des verschieblichen Verbundes zum Stahlbetonbau gezogen werden.

Ein Schlupf zwischen Mauerwerk und Stahlbetondecke ist nur dann möglich, wenn die Festigkeit gegen Abscheren, die nach dem Coulombschen Reibungsgesetz von Kohäsion und Auflast bestimmt wird, überschritten wird. Danach ist ein verschieblicher Verbund ähnlich wie bei glatten Stahlstäben im Beton vorhanden. Im Gegensatz zum Stahlbetonbau wird die Verbundcharakteristik im Mauerwerk wesentlich von vertikalen Auflasten beeinflußt (Abschn. 3.5).

Der Trennrißabstand in dicken Bauteilen ist nach Abschnitt 2.4 etwa gleich dem Bewehrungsstrang-Abstand. Zwischen den Trennrissen bilden sich auch Anrisse. Mit der ersten Trennrißbildung bildet sich nahezu ein abgeschlossenes Rißbild aus. Im Mauerwerk entsteht der erste Riß im B-Bereich (wenn die Wand lang genug ist) oder in Wandmitte. Danach ist eine Zwangsteigerung nötig (ohne Berücksichtigung der Kerbwirkung), um einen weiteren Trennriß zu bewirken. Der kleinste Rißabstand ist, wie im Abschnitt 6.6.1 ermittelt wird, etwa gleich der Wandhöhe. Die maximale Rißbreite ist sowohl in Mauerwerkswänden als auch in dicken Stahlbetonbauteilen in Systemmitte (Wandhöhenmitte) zu finden.

Der Rißmechanismus infolge Zwang ist in dicken Stahlbetonbauteilen und in mit Decken 'bewehrter' Mauerwerkswand gleich. In beiden Fällen stellt sich ein Scheibenspannungszustand ein. Bei höheren Bewehrungsgraden in Betonbauteilen und bei den Betondecken einer Wand werden die Rißzugkräfte auf relativ kurzen Strecken eingeleitet. Dadurch bilden sich mehr Risse bzw. Anrisse als bei geringeren Bewehrungsgraden oder Mauerwerk mit Holzbalkendecken. Kurze Einleitungslängen haben kleinere Rißabstände und geringere Rißbreiten zur Folge. Dabei wird hier der Begriff 'Einleitungslänge' in anderer Bedeutung verwendet als im Abschnitt 5.3. Dort wurde als Einleitungslänge die Länge des D-Wandbereichs definiert, in der die Schubkräfte aus den Decken ins Wandinnere eingeleitet werden und sich über die ganze Wandhöhe gleichmäßig verteilen. Hier wird die Einleitungslänge als diejenige Länge bezeichnet, nach der die Spannungen einen Riß in der effektiven Betonzugzone, entsprechend einem Anriß in der Anschlußlinie der Wand, hervorrufen.

Die obige Betrachtung zeigt, daß hinsichtlich Beanspruchungen und Rißbildung viele Parallelen zwischen dicken Stahlbetonbauteilen und mit Decken 'bewehrten' Mauerwerkswänden vorhanden sind. Es ist jedoch nicht möglich, die bekannten Rißformeln von dicken Stahlbetonbauteilen auf das Mauerwerk zwischen Betondecken zu übertragen. In dicken Stahlbetonbauteilen sind die Risse an den Bauteiloberflächen von Interesse, und das Scheibenproblem wird mit Hilfe der effektiven Zugzone auf ein Zugstabproblem reduziert. In einer Mauerwerkswand interessiert dagegen die maximale Rißbreite in Wandhöhenmitte. Diese entspricht der Sammelrißbreite eines dicken Stahlbetonbauteils. Außerdem ist aufgrund der unterschiedlichen Materialeigenschaften, Verbundeigenschaften, Randbedingungen, Herstellungen und Geometrien das analytische oder vereinfachte Verbundgesetz des Stahlbetonbaus (Abschn. 2.4) auf das Mauerwerk mit Betondecken nicht übertragbar. Das Verbundverhalten zwischen Stahlbetondecken und Mauerwerk sowie für Mauerwerk unter solchen Randbedingungen ist nicht bekannt.

6.3 Ansätze zur Erfassung der Rißbildung

6.3.1 Einleitung

Risse entstehen dort, wo die Zugfestigkeit überschritten wird. Mit diesem Spannnungskriterium können Risse z.B. in Wandsystemen lokalisiert werden. Unter der Annahme linear-elastischen Verhaltens zwischen den Rissen können die Breiten für vertikale Risse abgeschätzt werden (Abschn. 6.5).

Mit den bruchmechanischen Methoden (energetische Konzepte), die in dieser Arbeit verwendet werden, können Rißbildungsprozesse ingenieurmäßig beschrieben werden. Im Abschnitt 6.6 werden die bruchmechanischen Ansätze von Abschnitt 6.3.2 und 6.3.3 in den FE-Berechnungen eingesetzt.

Die Grundlagen und Beziehungen der Bruchmechanik sind allgemein [z.B. in Blumenauer, 1982 und Reinhardt, 1992] beschrieben. Die im Zusammenhang mit der Rißbildung benötigten Beziehungen werden in dieser Arbeit kurz zusammengefaßt.

Um die Rißbildung aus Zwang infolge Temperatur und Schwinden einigermaßen mit Hilfe der Bruchmechanik bzw. von FE-Methoden nachvollziehen zu können, sind Kenntnisse über Elastizitätsmodul, Zugfestigkeit und Bruchenergie bzw. Bruchzähigkeit des Werkstoffes notwendig. Grundsätzlich gilt es hier, zwei Rißbetrachtungen zu unterscheiden: Trennrisse und Anrisse bzw. Kerben, die sich zu Trennrissen erweitern können.

Zwischen zwei Trennrissen bilden sich in einem Wandsystem bei Zugzwang in der Anschlußlinie auch Anrisse (Abschn 6.6.1). Die Kerbwirkung im Mauerwerk stellt allerdings wegen der Struktur von Steinen und Mauerwerk (Fugen) und unterschiedlichen Eigenschaften von Stein und Mörtel sowie deren Verbund ein sehr schwieriges Problem dar, das nur gelöst werden könnte, wenn die Kerben im Mikrobereich modelliert würden. Von Interesse in dieser Arbeit ist die Auswirkung eines Anrisses in der Mitte eines Wandsystems, das von oben und unten durch die steiferen Betondecken in seinen Verformungen behindert wird. Die Frage ist, welcher Spannungsverlauf im Anrißschnitt entsteht und ob der Anriß sich aufgrund der Kerbwirkung bis zur Wandmitte hin verlängert.

6.3.2 Lineare elastische Bruchmechanik (LEBM)

Mit der LEBM können vorhandene Risse auf ihre Fortsetzung hin beurteilt werden [Blumenauer, 1982 und Reinhardt, 1992]. Die LEBM setzt einen homogen Werkstoff mit linear-elastischem Verhalten bis zum Bruch voraus und läßt vernachlässigbare Prozeßzonen und kleine nichtlineare Zonen an der Rißspitze zu. Die Rißausbreitung kann sowohl nach einem Energiebilanzkriterium als auch nach der Spannungsverteilung an der Rißspitze (Spannungsintensitätsfaktor) beurteilt werden.

Die Beschreibung der Rißausbreitung erfolgt nach dem Energiekonzept (Griffith-Modell) für einen scharfen Riß (Rißmodus I, reiner Zugbruch). Hierin wird eine Energiebilanz aufgestellt: G (linear-elastische Energiefreisetzungsrate [N/mm]) gegenüber einem bestimmten Materialkennwert G_c (Rißwiderstand oder spezifische Rißausbreitungsenergie). Bei einem Rißwachstum wird die gespeicherte elastische Energie G bei Bildung neuer Bruchflächen frei. Solange G = G_c ist, ist ein stabiles Rißwachstum vorhanden. Ist G > G_c, dann wächst der Riß instabil. Die kritische Spannung kann nach Irwin [Reinhardt, 1992] wie folgt angegeben werden:

$$\sigma_c = \sqrt{\frac{E \cdot G_c}{\pi \cdot a}} \tag{6.1}$$

Wobei a die Rißlänge bei einem scharfen Riß und E der Elastizitätsmodul ist.

Eine andere Möglichkeit, den Rißfortschritt zu beschreiben, ist das Konzept des Spannungsintensitätsfaktors. In der Rißspitze wird ein werkstoffspezifischer Wert K_c (Bruchzähigkeit), der für den Rißfortschritt in einer unendlichen Scheibe verantwortlich ist, mit der folgenden Gleichung beschrieben:

$$K_c = \sigma_c \sqrt{\pi \cdot a} \tag{6.2}$$

Andere Geometrien und Belastungsfälle werden durch Multiplikation mit Zusatzfaktoren berücksichtigt [Reinhardt, 1992]. Überschreitet der Spannungsintensitätsfaktor (K) die Bruchzähigkeit (K_c), so entsteht ein instabiles Rißwachstum. In [Reinhardt, 1992 und Menz/Schlaich, 1984] werden Bruchzähigkeitswerte für den Mörtel und Beton von 5 bis 33 N/mm$^{3/2}$ angegeben. Die kritische aufnehmbare Spannung kann aus Gl. (6.2) umgeschrieben werden:

$$\sigma_c = \frac{K_c}{\sqrt{\pi \cdot a}} \tag{6.3}$$

Die Verbindung zwischen der Bruchzähigkeit und spezifischer Rißausbreitungsenergie (oder Spannungsintensitätsfaktor und Energiefreisetzungsrate) läßt sich nach Gl. (6.1) und Gl. (6.3) so beschreiben:

$$G_c = \frac{K_c^2}{E} \qquad oder \qquad G = \frac{K^2}{E} \tag{6.4}$$

Bei einem stabilen Rißwachstum kann die Rißfortschreitung durch Entlastung zum Stillstand kommen. Nach Überschreitung des kritischen Materialkennwertes K_c oder G_c ist ein instabiles Rißwachstum vorhanden, das nicht mehr kontrollierbar ist.

Im Hinblick auf die FE-Berechnung wurde das J-Integral-Konzept benutzt, das ebenfalls auf energetische Betrachtungen zurückzuführen ist. Mit dem J-Integral kann das Spannungs- und Verschiebungsfeld an der Rißspitze näherungsweise beschrieben werden. Das wegunabhängige J-Integral stellt die Summe der potentiellen Energie um den Riß herum dar, die zur Rißbildung zur Verfügung steht. Im Gültigkeitsbereich der LEBM entspricht das J-Integral der elastischen Energiefreisetzungsrate G:

$$J = G = \frac{K^2}{E} \tag{6.5}$$

Nach [Rossmanith, 1982 und Blumenauer, 1982] stellt die Betrachtung um die Rißspitze mit Hilfe des J-Integrals eine sehr praktische Lösung dar.

6.3.3 Nichtlineare Bruchmechanik (NLBM)

Die Anwendung der LEBM auf den Beton (bzw. Mauerwerk), der sich vor allem an der Rißspitze nicht linear-elastisch verhält, ist nicht ohne weiteres möglich. Analog zu den bruchmechanischen Konzepten für duktile Werkstoffe wurde von Hillerborg et al. [1985] ein fiktives Rißmodell für den Beton entwickelt. Dieses Modell wird in dieser Arbeit in den FE-Berechnungen verwendet.

Die nichtlineare Bruchmechanik läßt große Prozeßzonen vor der Rißspitze zu, in denen das Material durch die Mikrorisse eine Reduktion der Steifigkeit erfährt. Wie bei Metallen bildet sich im Beton vor einem Trennriß eine 'plastische' Zone aus, über die nach Überschreitung der Zugfestigkeit noch Spannungen übertragen werden (tension softening). In Bild 6.1a ist ein Testmodell mit der Belastung und die kleine Fließzone (Bild 6.1b) dargestellt [Reinhardt, 1984]. Bei größer werdenden Verformungen vereinigen sich die Mikrorisse zu einem Trennriß, in dem die Spannung gleich Null wird. Der abfallende Ast (Bild 6.1c und d) beschreibt das Vermögen eines Werkstoffes, nach Überschreitung der Zugfestigkeit und steigender Verformung noch Spannung zu übertragen. Im Bild 6.1d sind experimentelle σ-δ-Kurven für Beton (NC) und Leichtbeton (LC) dargestellt [Reinhardt u.a., 1986].

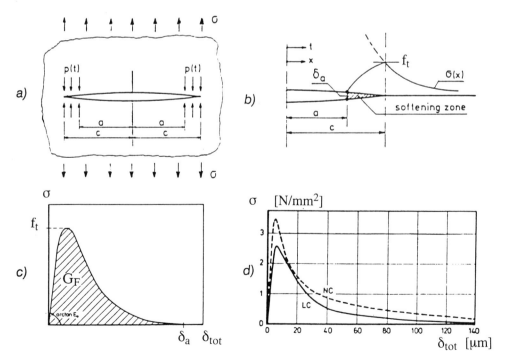

Bild 6.1: Tension Softening von Beton [Reinhardt, 1984 und 1986]

Das Integral der σ-δ-Kurve, d.h. die Fläche unter der Spannungs-Rißaufweitungsbeziehung, ist ein spezifischer Werkstoffparameter (Bild 6.1 c). Er repräsentiert die Energie, die benötigt wird, um eine Einheitsfläche eines Risses zu bilden. Sie wird Bruchenergie G_F [Nm/m^2] (Arbeit/Fläche) genannt:

$$G_F = \int^{\delta_0} \sigma(\delta)\,d\delta \qquad\qquad (6.6)$$

Der abfallende Ast kann linear, bilinear oder exponentiell beschrieben werden. Der Verlauf des abfallenden Astes wird hier linear angenommen (Bild 6.24 c). Bei der maximalen Rißbreite u_0 (= δ_0) ist die Spannung Null. Die Bruchenergie ergibt sich dann zu:

$$G_F = \frac{1}{2} \cdot f_t \cdot u_0 \qquad\qquad (6.7)$$

Die Bruchenergie beträgt für den Beton etwa 50 (Leichtbeton, Mörtel) bis 200 N/m (Hochfester Beton) [Reinhardt, 1984 und Fischer, 1993]. Für ein Mauerwerk mittlerer Festigkeitsklasse wird eine Bruchenergie nach [Rots u.a., 1994] zu G_F = 50 N/m und für eine niedrigere Festigkeitsklasse zu G_F = 20 N/m angenommen.

Bei bekanntem G_F kann dann die Rißbreite u_0, bei der die Rißufer keine Spannungen mehr übertragen, einfach berechnet werden:

$$u_0 = \frac{2G_F}{f_t} \qquad\qquad (6.8)$$

6.3.4 Übertragbarkeit des Betonzugspannungs-Rißöffnungsmodells auf das Mauerwerk

Beim Abkühlungslastfall entstehen Zugrisse wie in Bild 6.8 dargestellt. Die Frage ist, ob das Mauerwerk während der Rißaufweitung noch Zugspannungen übertragen kann. Ein Zusammenhang zwischen Zugspannung und Rißöffnung von Mauerwerk wurde bisher, bis auf einige Versuche zur Ermittlung der Zugfestigkeit parallel zur Lagerfuge von Backes [1985] (Bild 3.4), nicht ermittelt. Für die einzelnen Mauerwerksbestandteile Stein und Mörtel sind die qualitativen Spannungs-Dehnungsverläufe ähnlich wie beim unbewehrten Beton [Probst, 1981 und Dialer, 1990].

In Wandmitte im Bild 6.8 (Riß Nr. 1 und 2) entsteht ein vertikaler Riß (Modus I, Zugspannung führt zu symmetrischer Aufweitung der Rißufer). Geht dieser Riß nur durch Fugen (Bruchtyp 2 in Bild 3.4), so ist das Fugenverhalten für den Spannungs-Verformungsverlauf bestimmend (Abschn. 3.3). Wie aus den Versuchen von Backes deutlich hervorgeht, findet mit zunehmender Verformung eine Entfestigung bzw. Spannungsumlagerung wie beim Beton statt. Ähnliches Verhalten zeigt sich bei dem Riß, der sowohl durch Stoß– und Lagerfugen als auch durch Steine verläuft (Bruchtyp 1 in Bild 3.4). Diese Rißarten entstehen bei Mauerwerk, wenn die Festigkeit im Verband kleiner als die Steinfestigkeit ist oder wenn die beiden Festigkeiten etwa gleich groß sind. Für dieses Verhalten spielen die Auflast und der Reibungsbeiwert in der Lagerfuge eine maßgebende Rolle.

Mauerwerk, dessen Festigkeit insgesamt oder dessen Verbundfestigkeit sehr hoch ist, verhält sich bei der Rißbildung sehr spröde, d.h., der Spannungsabbau geschieht in sehr kleinen Verformungsbereichen (vgl. Kurve für HLz 60 im Bild 3.4). Die Anwendung von sehr hohen Mauerwerksfestigkeiten (> 28 N/mm^2) ist aber auf Sonderfälle beschränkt.

Im Bereich der Wandecke bilden sich infolge Zwang schräge Risse, die meistens treppenartig durch die Fugen verlaufen. Bei hoher Verbundfestigkeit und schwachen Steinen gehen dagegen die Risse durch Stoßfugen und Steine hindurch. Im ersten Fall können die Normal– und die Schubspannungen und somit die Tragwirkung nach Abschnitt 3.3.1 nachgewiesen werden. Hier gilt also Ähnliches wie beim vertikalen Riß durch die Fugen in der Wandmitte. Auch im zweiten Fall können, wie von Dhanasekar et al. [1985] (Abschn. 3.4.1) experimentell nachgewiesen wurde, noch Spannungen über den Riß übertragen werden. Da dieser Rißbereich sehr nah an der Anschlußline ist, bleiben die Verformungen aufgrund des starren Verbundes sehr klein, und damit ist eine Übertragung von Spannungen möglich.

In dieser Arbeit wird für die FE–Berechnungen ein Spannungs–Rißöffnungs–Verhalten (tension softening) für das Mauerwerk nach Bild 6.24 c gewählt und für das zu untersuchende Mauerwerk modifiziert. Die Annahme eines solchen Modells beruht auf der oben beschriebenen Begründung und der Analogie zum unbewehrten Beton. Die Übertragbarkeit des Betonmodells auf Mauerwerk wurde bereits in [Vratsanou, 1992; Schmidt, 1993; Seim, 1994 und Rots, 1991] angenommen. Sie wird ebenfalls durch die Versuchsergebnisse von Lofti [1994], Ali/Page [1988] und Backes [1985] bestätigt.

Das gewählte Modell ist zwar nicht allgemeingültig, reicht aber für die Zwecke dieser Arbeit aus. Außerdem ist hier der Endzustand, nachdem der Riß sich völlig geöffnet hat, von Interesse. Dieses Modell hilft (programmtechnisch) die Spannungen langsam bei Rißöffnung umzulagern, was auch bei Temperaturbeanspruchung und Schwinden der Realität eher entspricht.

6.4 Rißbildung infolge Eigenspannungen

In diesem Abschnitt wird von einer zwängungsfrei gelagerten Wand ausgegangen, in der nur Eigenspannungen wirken.

Die maximale Eigenspannung ist je nach Materialart, Querschnittsdicke und Zeit unterschiedlich. Von Interesse sind hier die Eigenzugspannungen, da in der Regel die Eigendruckspannungen vom Material ertragen werden.

Der Verlauf der Eigenzugspannungen bei kurzzeitiger (täglicher, Bild 4.4) Temperaturbeanspruchung in einem Querschnitt einer Ostwand wird anhand von Bild 6.2 gezeigt. In einem 50 cm dicken Sandsteinmauerwerk treten beispielsweise die maximalen Eigenzugspannungen im Inneren des Querschnitts im Abstand 0,25 d von außen um 13.00 Uhr auf (Bild 6.2 a). An der Außenoberfläche sind die Zugspannungen um 18.00 Uhr in der Abkühlphase am größten und an der Innenoberfläche um 8.00 Uhr vor dem Auftreffen der Sonne auf die Wand. In einem anderen Beispiel einer 24 cm dicken Ziegelwand treten die maximalen Eigenzugspannungen in der Aufheizphase im Abstand 0,375 d von außen um 13.00 Uhr auf, in der Abkühlphase etwa um 18.00 Uhr an der Außenwandoberfläche und etwa um 23.00 Uhr auf der Innenseite (Bild 6.2 b).

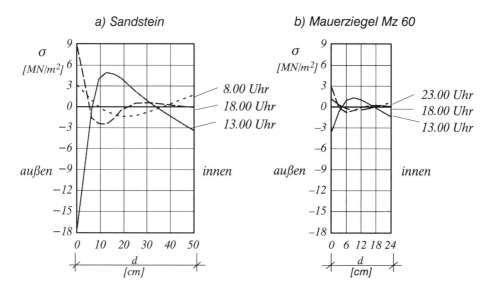

Bild 6.2: Eigenspannungsverläufe in einem Sandstein- und Ziegelwandquerschnitt zu unterschiedlichen Zeitpunkten

Je nach Material und Höhe der Beanspruchungen bleibt die Wand ungerissen, oder es bilden sich relativ fein verteilte Risse in den überbeanspruchten Querschnittsbereichen, die sich bei zunehmender Temperaturbeanspruchung weiter öffnen.

In Bild 6.4 ist der Eigendehnungsverlauf für typisches Mauerwerk (so etwa um 19 Uhr in der Abkühlphase, Bild 4.4) dargestellt. Ganz grob kann die Einrißtiefe ($z_{Riß}$) in Abhängigkeit vom Eigendehnungsverlauf aus Bild 6.4 in der Abkühlphase bestimmt werden. Die Bedingung für die Entstehung der Einrisse ist, daß die Zugdehnung die Grenze der Rißdehnung in der Wand überschritten hat:

$$\varepsilon = \alpha_T \, \Delta T \geq \varepsilon_u = \frac{\beta_Z}{E_Z} \tag{6.9}$$

Im Riß fallen die Eigenspannungen auf Null ab. Im übrigen Bereich stellt sich ein neuer, wiederum zeitabhängiger Spannungsverlauf ein, bei dem das Integral der Eigenspannungen über die Wanddicke wieder gleich Null ist.

Die Einrißtiefe $z_{Riß}$ wird mindestens bis zur bezeichneten Stelle min $z_{Riß}$ gehen, sie wird die Nulldehnungslinie z_1 in dem dargestellten Fall (Bild 6.4), wie später gezeigt wird, jedoch nicht überschreiten, auch wenn die Spannungsumlagerung durch die Rißbildung und die Kerbwirkung berücksichtigt wird. Demnach wird ein Riß infolge der Eigenspannungen nicht über den gesamten Wandquerschnitt durchgehen. Die kleinen Einrisse sind auch Kerben für die sich später einstellenden Risse aus Zwang. Der Restquerschnitt $A_n = A_b \, (1-z_{Riß}/d)$ kann weiter von den Zwangdehnungen durchgerissen werden.

In einem homogenen Baustoff können die größten Rißabstände infolge der Eigenspannungen nach Bild 6.3 abgeschätzt werden. Damit ergibt sich die Rißbreite

$$max \, w_E = \varepsilon_E \cdot 2 \cdot z_{Riß} = \alpha_T \cdot \Delta T_E \cdot 2 \cdot z_{Riß} \tag{6.10}$$

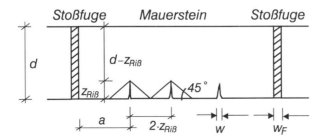

Bild 6.3: Einrisse infolge Eigenspannungen

Die Risse aus Eigenspannungen beeinflussen aufgrund ihrer geringen Aufweitungen den Temperaturverlauf im Wandquerschnitt nicht.

Im folgenden wird ein Beispiel zur Abschätzung der Rißaufweitung aus Eigenspannungen vorgeführt (Bild 6.4):

Das Mauerwerk besteht aus Hbl 2–Steinen und MG IIa:

Die maximal vorhandene Eigendehnung um 19.00 Uhr an der Außenoberfläche ist:
$\varepsilon = 0{,}14$ mm/m

Die Grenzdehnung:
$\varepsilon_u = \beta_Z / E_Z = 0{,}36 / 3200 \cdot 10^3 = 0{,}11$ mm/m

Die Rißtiefe (vgl. Bild 6.3 und 6.4) ist
min $z_{Riß} \approx 15$ mm und beträgt 6% der Wanddicke.

Die maximale Rißtiefe kann nach Bild 6.4
$z_1 = 35$ mm betragen.

Die Rißtiefe beträgt max. 14% der Wanddicke.

Die maximale Rißbreite ist nach Gl. (6.10):
$max\ w_E = \varepsilon_E \cdot 2 \cdot z_l$
$\qquad = (0{,}14 \cdot 10^{-3}) \cdot 2 \cdot 35 = 0{,}01$ mm

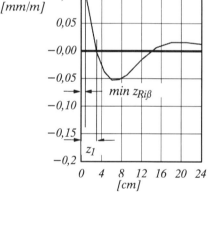

Bild 6.4 : Eigendehnungsverlauf
(Beispiel zur Rißtiefe aus Eigenspannungen)

Im Wandkernbereich sind keine Risse zu erwarten.

Das Verhalten bei Rißbildung wurde mit FE-Rechnung mit dem Programm ABAQUS [1994] (Abschn. 6.6.1) an einem 'homogenen' Wandausschnitt unter Berücksichtigung der physikalischen Nichtlinearität untersucht. Das System und Material ist im Bild 6.5 c dargestellt. Das Materialgesetz, das das Rißverhalten bei Überschreitung der Zugfestigkeit beschreibt, ist in Abschnitt 6.6.1.2 ausführlich beschrieben. Hier werden nur die Rechenergebnisse kurz vorgestellt.

Die Eigenspannungstemperaturen wurden sukzessive von Null aus im Wandquerschnitt angesetzt (Bild 6.5 a). Im linken Randbereich der Wand entsteht die maximale Eigenspannung, die die Materialfestigkeit überschreitet. Die Spannung im Riß wird auf Null abgebaut. Im ungerissenen Bereich werden weiterhin Spannungen übertragen. Die Spannungen werden aber im Gesamtquerschnitt nach der Rißbildung kleiner. Die Summe aller Spannungen über den Wandquerschnitt ist immer gleich Null. Zum Vergleich ist der Verlauf der Eigenspannungen im Wandquerschnitt für linear-elastisches Verhalten im Bild 6.5 b dargestellt. Im Bild 6.5 d und e sind die Eigendehnungen und die zugehörigen Eigenspannungen der Wandaußenoberfläche dargestellt. Hier sind die Einrisse, wo im Wandquerschnitt keine Spannung mehr übertragen wird und die Dehnung am größten ist, deutlich zu sehen.

Die Rißtiefe beträgt hier 3,1 cm. Die mittlere Rißbreite kann durch Dividieren der Gesamtverlängerung der Wand in x-Richtung (u_x = 0,14 mm) durch die Anzahl der Risse (n = 8), in denen die Spannung fast Null ist (Bild 6.5 e), abgeschätzt werden: Die mittlere Rißbreite aus der FE-Rechnung ist dann: w_E = 0,14/8 = 0,017 mm. Die Rißbreite beträgt nach der Gleichung 6.10: max w_E = 0,021 mm.

Bei der Rißentstehung und -entwicklung infolge Eigenspannungen im Mauerwerk spielen die Eigenschaften des Steins eine wesentliche Rolle. Vor allem das Lochbild des Steins beeinflußt die Rißtiefe und den Rißabstand. Es sei hier auch daran erinnert, daß der Mörtel andere Eigenschaften als der Stein besitzt. Entsprechend unterschiedlich sind die Eigenspannungen. An den Mörtel-Stein-Grenzschichten entstehen hierdurch zusätzliche Zwangspannungen, die Mikrorisse verursachen können.

Die Genauigkeit der Abschätzung nach Gl. (6.10) ist aber für die Praxis ausreichend.

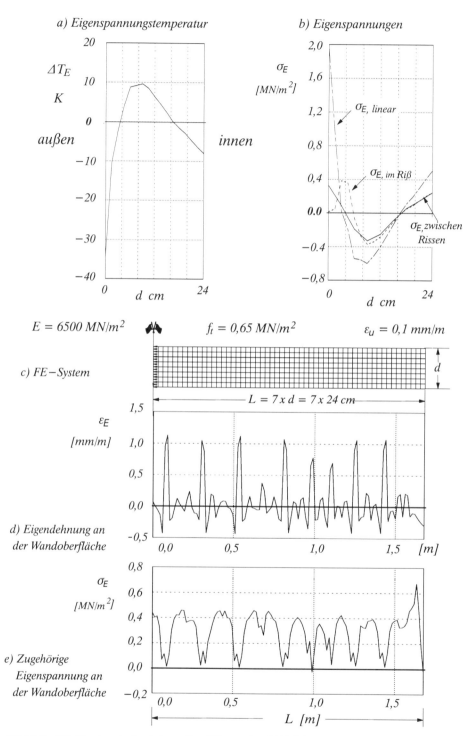

Bild 6.5: FE–Rechenbeispiel zur Ermittlung der Rißbildung infolge Eigenspannungen

6.5 Rißbildung in Außenwänden infolge Zwangspannungen

In diesem Abschnitt wird davon ausgegangen, daß nur Zwangkräfte mit linearer Spannungsverteilung wirken, also keine Eigenspannungen vorhanden sind.

Der Zwangspannungsverlauf setzt sich aus Biege- und Nomalkraftanteil zusammen. Eine einschalige und transparent gedämmte Außenwand wird in der Aufheizphase auf der Innenseite infolge des Biegeanteils auf Zug beansprucht, während der Normalkraftanteil die Biegebeanspruchungen im allgemeinen überdrückt. Die Außenoberfläche wird aus beiden Anteilen überwiegend auf Druck beansprucht. In der Abkühlphase gehen die Zwangspannungen wieder zurück. Durch Kriechabbau der Zwangdruckspannungen bei hohen Temperaturen können während der Abkühlung aber geringe Zugspannungen entstehen.

Die Beanspruchungen sind hauptsächlich auf Schwinden und Temperaturänderungen zurückzuführen. Bei einer Temperaturabnahme addieren sich die Verformungsanteile aus Schwinden und Temperaturänderung.

Zunächst wird der Fall zentrischer Zugzwang und anschließend der Fall reiner Biegezwang an einem Streifen mit Rechteckquerschnitt und an einer Wand erläutert. Danach wird das Zusammenwirken beider Beanspruchungen betrachtet.

6.5.1 Rißmechanismus von Außenwänden bei zentrischem Zwang

Die horizontalen Spannungen und ihre resultierenden Kräfte infolge Temperaturänderung (hier Abkühlung) in einer gezwängten Scheibe sind in Bild 6.6 dargestellt.

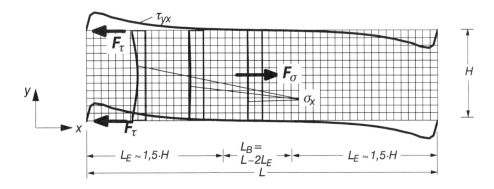

Bild 6.6: Horizontale Normalspannungen und Schubspannungen in einer Wand

Überschreitet die Normalspannung σ_x die Wandzugfestigkeit oder überschreitet die Schubspannung τ_{xy} in der Lagerfuge die Festigkeit gegen Abscheren, so bildet sich ein Riß. Demnach können also zwei Wandversagensarten (Abschn. 6.5.1.1 und 6.5.1.2) unterschieden werden.

6.5.1.1 Vertikale Rißbildung infolge Überschreitung der Zugfestigkeit

Vertikale Risse entstehen also, wenn die aufnehmbare Zugkraft R_σ der Wand im Vertikalschnitt kleiner als die beiden aufnehmbaren Schubkräfte R_τ an den horizontalen Rändern ist; Gl. (6.11). Dies trifft z.B. zu, wenn die Verbindung zwischen Wand und Stahlbetondecken unverschieblich ist (starrer Verbund) und wenn die Festigkeit gegen Abscheren nicht überschritten wird; Gl. (6.12).

Die Verteilung der Spannungen in einer Scheibe kann auch anhand von Bild 6.7 veranschaulicht werden. Dabei wird angenommen, daß die Randkräfte $F\tau$ ausgehend von der Anschlußlinie etwa unter dem Winkel 1:1 in die Wandscheibe ausstrahlen (Bild 6.7 a). Ihre mittlere Neigung beträgt etwa 1:2. Wenn die mittleren Zugspannungen bei Abkühlung den gesamten Wandquerschnitt gleichmäßig beanspruchen und die Festigkeit erreichen, dann entsteht an dieser Stelle ein Trennriß, und zwar über die gesamte Wandhöhe (vgl. Bild 6.8, Riß Nr. 1 und 2); Gl. (6.13).

$$R_\sigma \leq 2\, R_\tau \quad (genauer: R_\sigma \leq R_{\tau\,oben} + R_{\tau\,unten}) \tag{6.11}$$

$$F_\tau = d \int^{L_D} \tau_{xy}\ dx \leq R_\tau \tag{6.12}$$

$$F_\sigma = d \int^{H} \sigma_x\ dy \geq R_\sigma \tag{6.13}$$

Darin bedeutet

R_σ = Tragfähigkeit der Wand auf Längszug

R_τ = Schubtragfähigkeit der Wand

$F\tau$ = resultierende Wanddschubkräfte am Wandrand

F_σ = resultierende Wandzugkraft in Wandmitte

Die maximale Spannung im ungerissenen Zustand beträgt $k_s\, \alpha_T \cdot \Delta T \cdot E$ (k_s aus Anhang A 5.1). Die resultierende Wandzugkraft ist für eine über die Wandhöhe gleichmäßig verteilte Spannung:

$$F_\sigma = \sigma_x \cdot d \cdot H = k_s \cdot (\alpha_T \cdot \varDelta T \cdot E) \cdot d \cdot H \qquad (6.14)$$

Die über die Länge L_E gemittelte Schubspannung $\tau_{xym} = k_\tau \, (\alpha_T \cdot \varDelta T \cdot E)$ im ungerissenen Zustand kann mit k_τ aus Anhang A 5.2 errechnet werden. Damit kann F_τ wie folgt ermittelt werden:

$$F_\tau = 1,5 \; H \cdot d \cdot \tau_{xym} = 1,5 \; H \cdot d \cdot k_\tau \cdot (\alpha_T \cdot \varDelta T \cdot E) \qquad (6.15)$$

Im Einleitungsbereich der Kraft F_τ konzentrieren sich die Hauptzugspannungen. Die Wand wird auch an dieser Stelle zuerst aufreißen (Bild 6.7 b und Bild 6.8, Riß Nr. 3 und 4). Aber selbst wenn die Festigkeit hier überschritten wäre, würden trotzdem Kräfte um den Anriß herum weitergeleitet (Abschn. 6.6.1).

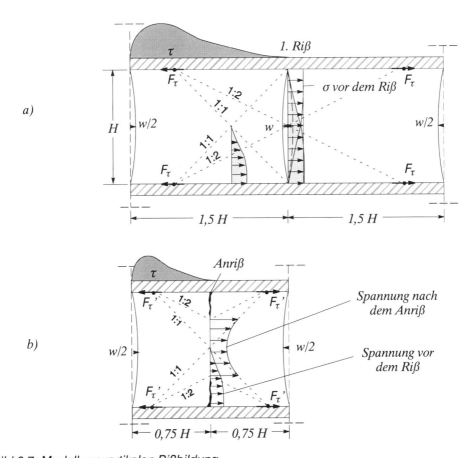

Bild 6.7: Modell zur vertikalen Rißbildung

125

Anhand dieses Modells kann die Rißbildung verfolgt werden. Auf die Frage, ob noch ein Trennriß in der Restwand durch die alleinige Kerbwirkung ohne Laststeigerung entstehen kann, wird im Abschnitt 6.6.1.9 eingegangen.

Je länger der Wandabschnitt ist, desto größer ist die Rißbildungsgefahr. Für die Ermittlung des Rißabstandes und der Rißbreite wird folgendes Trennrißkriterium zugrunde gelegt:

Es wird ein Wandbereich mit der Länge L zwischen dem freien Rand und einem Riß oder zwischen Trennrissen betrachtet. Die zunächst willkürlich gewählte Länge L stellt den möglichen Rißabstand dar. Bleibt auf der Länge L/2 die maximal einleitbare Zugkraft in der Mitte zwischen den zwei Rissen knapp unter der Zugfestigkeit der Wand, so bildet sich kein weiterer Trennriß; der Abstand L zwischen den zwei Rissen ist dann der mögliche Rißabstand.

Mit den Rißabständen und dem Scheibenspannungszustand kann man die Rißbreite theoretisch berechnen (Abschn. 6.6.5).

Für den Lastfall Abkühlung wurde in Bild 6.8 ein Stabwerkmodell dargestellt, das auch den Kräftefluß und die mögliche Rißbildung in der Wand veranschaulicht.

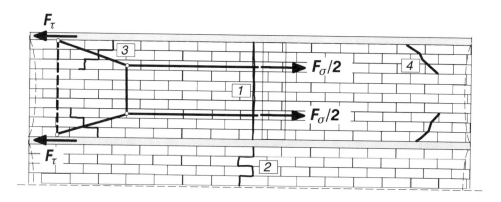

Bild 6.6: Stabwerkmodelle zur Abtragung der Zwangkräfte beim Lastfall Abkühlung

Das Rißverhalten hängt von der Zugfestigkeit (Abschn. 3.3), dem Behinderungsgrad (Abschn. 5.3.5), dem Zug–Elastizitätsmodul (Abschn. 3.3.2), der Geometrie und Struktur der Wand sowie von der Belastungsgeschichte (Schwinden und Temperaturdehnungen) ab.

Durch die Einleitung von Schubkräften aus den Decken bei Wanderwärmung entstehen, wie anhand des Stabwerkmodells in Bild 6.9 zu erkennen ist, vertikale Zugspannungen am freien Wandrandbereich, die den Riß Nr. 5 verursachen können. Meistens werden die senkrechten Zugspannungen durch Auflasten kompensiert. Das oberste Geschoß ist dabei aufgrund geringer Auflasten am stärksten gefährdet.

Für die Rißbildung in Wänden mit Stahlbetonbalken (Ringbalken) gilt prinzipiell dasselbe wie bei Wänden mit Stahlbetondecken; die Verformungsbehinderung durch die Ringbalken ist allerdings geringer.

6.5.1.2 Horizontale Rißbildung infolge Überschreitung der Festigkeit gegen Abscheren

Dieser Fall liegt vor, wenn die aufnehmbare Zugkraft R_σ größer als die aufnehmbaren Schubkräfte R_τ ist; Gl. (6.16). Die Kohäsion und die Reibung werden hier durch die Schubspannung überwunden; Gl. (6.17). Der Kraftfluß ist in Bild 6.9 dargestellt.

$$2\ R_\tau \le R_\sigma \tag{6.16}$$

$$R_\tau = d \int (c + \mu\ \sigma_y)\ dx \tag{6.17}$$

Der maßgebende Lastfall ist hier die Erwärmung, weil ΔT bei Temperaturerhöhung betragsmäßig größer ist als bei Abkühlung (Abschn. 4.1), und weil bei Abkühlung das Mauerwerk durch Rißbildung die Schubkräfte abbaut (Abschn. 6.5.1.1 und 6.6.1). Durch den Lastfall Erwärmung entstehen hohe Schubspannungen in den Wandrändern. Beim Erreichen der Festigkeit gegen Abscheren bildet sich in der Anschlußlinie am Rand ein horizontaler Riß (Bild 6.9 und 6.10 b).

Die Wand verschiebt sich dann gegenüber der Decke. Der Verlauf des Risses hängt in erster Linie von der Verbundqualität und damit von der Verarbeitungsqualität ab. Die Risse bilden sich durch Fugenversagen (Abschn. 3.5) überwiegend in horizontaler Richtung (Risse Nr. 6 bis 8 in Bild 6.9) in der Lagerfuge direkt an der Anschlußstelle zur Decke oder in der Lagerfuge eine Steinschicht darunter. Die horizontalen Kräfte werden dadurch am oberen und unteren Wandrand über längere Strecken in die Wand eingeleitet, und die mittlere vorhandene Schubspannung wird kleiner (Bild 6.10). Nach Überwinden der Kohäsion wirkt beim Rutschen der Wand nur der Reibungswiderstand R'_τ nach Gl. (6.18):

$$R'_\tau = d \int \mu \cdot \sigma_y \, dx \qquad\qquad (6.18)$$

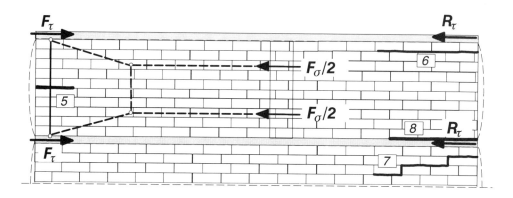

Bild 6.9: Stabwerkmodelle zur Abtragung der Zwangkräfte beim Lastfall Erwärmung

Der Reibungswiderstand wird von der vertikalen Spannung und dem Reibungsbeiwert bestimmt. Je höher die Auflast ist, desto kleiner ist die Einleitungslänge der Schubkräfte und um so größer wird die mittlere Schubspannung. Bei kleinen Einleitungslängen sind in der Wand auch kurze Rißabstände und damit kleinere Rißbreiten zu erwarten. In den obersten Geschossen ist im allgemeinen die Rißgefahr am größten, weil hier die Auflasten geringer sind. Die Rißbreiten nehmen mit Zunahme der vertikalen Druckspannungen grundsätzlich ab.

Eine Wand, die bei Erwärmung die aufnehmbare Schubkraft R_τ überwunden und sich in den Horizontalfugen verschoben hat, kann bei Abkühlung (Rückgang auf ihre Ausgangstemperatur) entgegengesetzte Schubkräfte F_τ wecken, die zwar kleiner sind als R_τ' aber größer als die Zugfestigkeit R_σ der Wand. Dann wird das Mauerwerk in Wandmitte (bzw. im B-Bereich) wie im Abschnitt 6.5.1.1 aufreißen, ohne in der Horizontalfuge zurückzugleiten (Bild 6.10 d und e). Die Rißbreite kann dann fast die Größe der beim Erwärmen entstandenen Längung der Wand zwischen dem späteren Riß in Wandmitte und dem freien Rand erreichen. Bei einem solchen Verhalten sind die größten Rißbreiten zu erwarten. Im Bild 6.10 sind der Rißbildungsmechanismus beim Gleiten der Wand- ränder durch Erwärmung der Wand und die vertikale Rißbildung durch anschließende Abkühlung dargestellt. Dieser Fall wird mit Hilfe der FE-Rechnungen im Abschnitt 6.6.2 näher untersucht.

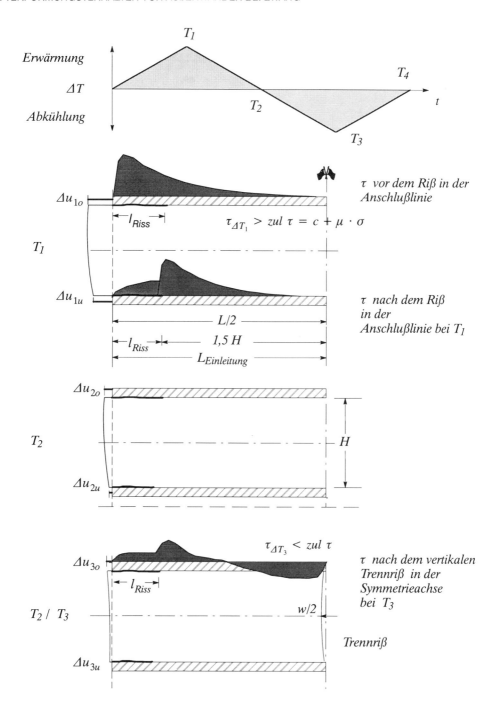

Bild 6.10: Rißbildung durch Erwärmung und anschließende Abkühlung, qualitativ

Die Ursachen für horizontale Risse sind nicht immer die Zwangbeanspruchungen aus Temperatur und Schwinden. Auch die Deckendurchbiegung führt zum Abheben der Auflagerlinie von der Wand und somit zu horizontalen Rissen im Mauerwerk unter der Decke. Bei zweiachsig gespannten Decken mit ungenügender Auflast auf den Plattenrändern kann sich die Auflagerecke abheben. Dadurch ändern sich auch die Zwangspannungsverläufe aus Temperatur und Schwinden.

6.5.2 Rißabstand in Wänden bei kurzzeitigem zentrischem Zwang

Für schnelle Temperaturänderungen, wie sie infolge der täglichen Temperatureinwirkungen auftreten, wird die Rißentstehung im Mauerwerk über die spannungswirksame Zugdehnung ermittelt, die der Bruchdehnung des Materials gegenübergestellt wird. Da das Mauerwerk in einer relativ kurzen Zeit beansprucht wird, spielen Kriech- und Relaxationseinflüsse eine untergeordnete Rolle. Es wird eine unverschiebliche Verbindung zwischen Wand und Decken (starrer Verbund) angenommen.

Zum Vergleich mit den Rechenansätzen aus Abschnitt 2.3 werden hier analog zum Ansatz von Copeland, allerdings für linearen Spannungs-Dehnungsverlauf, die Spannungen und Dehnungen in Abhängigkeit von den Wandseitenverhältnissen ermittelt. Die Spannungen bzw. Dehnungen werden dann über die gesamte Wandhöhe gemittelt (Abschn. 5.3). In Bild 6.11 ist die mittlere Dehnung im Verhältnis zur maximalen Dehnung am Auflager in Abhängigkeit von den Seitenverhältnissen der Wand dargestellt. Dieses Vorgehen ist zweckmäßig, um die Beanspruchungen aus der Scheiben- und Plattentragwirkung superponieren zu können.

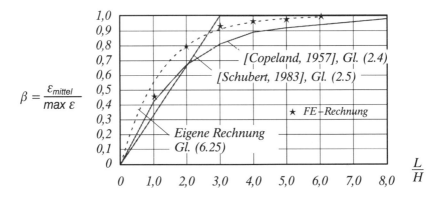

Bild 6.11: Zusammenhang zwischen Dehnungsverhältnis und Wandseiten-Verhältnis L/H

Die Behinderung der Scheibenverformungen durch die Decken (Behinderungsgrad k_{sD}, Abschn. 5.3.5) hat nur geringfügigen Einfluß auf den Verlauf der Kurve $\beta(L/H)$. Auf der sicheren Seite liegend kann $\beta(L/H)$ mit folgender Exponential-Funktion beschrieben werden (gestrichelte Linie im Bild 6.11):

$$\beta(L/H) = \frac{\varepsilon_{mittel}}{k_{sD} \cdot (|\varepsilon_T| + |\varepsilon_s|)} = 1 - e^{-0,8 \cdot L/H} \tag{6.19}$$

Mit der Bedingung $\varepsilon_{mittel} = \varepsilon_u$ kann daraus die 'rißfreie Wandlänge' (in [Schubert/Glitza, 1983] wird L als rißfreie Wandlänge bezeichnet) berechnet werden. Nach Auflösung nach der Länge L ergibt sich folgende Gleichung:

$$L = 1,25 \; H \cdot ln \; (\frac{k_{sD} \cdot (|\varepsilon_T| + |\varepsilon_s|)}{k_{sD} \cdot (|\varepsilon_T| + |\varepsilon_s|) - \varepsilon_u} \;) \tag{6.20}$$

Darin bedeutet

ε_u = *Bruchdehnung*

ε_T = *Temperaturdehnung aus Scheibentragwirkung*

ε_s = *Schwinddehnung*

k_{sD} = *Verhältnis der Spannung in der Anschlußlinie zu der maximalen Spannung*
Anhang 5.1

Als ein zahlenmäßiges Beispiel wird die Berechnung der Wandlänge L, ab der die Wand nicht mehr in der Mitte reißt , für eine Mauerwerkswand mit der Höhe H = 2,50 m, einer Temperatureinwirkung von $\Delta T = -30 \, K$ mit einem Behinderungsgrad von $k_{sD} = 0,8$ vorgeführt. Die Temperaturdehnzahl betrage $\alpha_T = 10 \cdot 10^{-6}$ und die Bruchdehnung $\varepsilon_u = 0,20$ mm/m.

Die maximal vorhandene Verkürzung infolge ΔT ist:

$$max\varepsilon = 10 \cdot 10^{-6} \cdot (-10) \cdot 10^3 = -0,30 mm/m$$

Nach Gl. (6.20) ergibt sich die rißfreie Wandlänge zu:

$$L = 1,25 \cdot 2,50 \cdot ln \; (\frac{0,8 \cdot 0,30}{0,8 \cdot 0,30 - 0,20}) = 5,6 \; m$$

Nach der Gleichung (2.5) von Copeland (Abschn. 2.3.1) ergibt sich eine Wandlänge von 8,1 m. Nach Schubert und Glitza (Gl. 2.6) darf die Wand nicht länger als 6.25 m sein.

Alternativ zu Bild 6.11 kann die Zwangdehnung in Wandmitte nach Bild 5.7 in Abhängigkeit von der Temperatur und Systemlänge errechnet werden. Im Bild 6.12 sind die Verläufe der Zwangdehnungen in einer Mauerwerkswand mit $\alpha_T = 10 \cdot 10^{-6}$ und $E = 2000$ MN/m^2 für verschiedene ΔT aufgetragen. Unter der Annahme, daß ein Trennriß erst dann entsteht, wenn die Festigkeit (z.B. Bruchdehnung von $\varepsilon_u = 0{,}2$ mm/m) im Wandmittelpunkt überschritten ist, kann in Abhängigkeit von der Temperatur die maximale Wandlänge abgeschätzt werden.

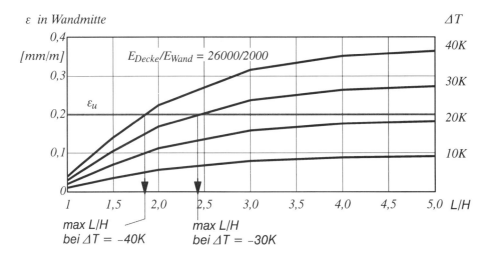

Bild 6.12: Abschätzung der maximalen Wandlänge

In der obigen Betrachtung wurde eine unverschiebliche Verbindung zwischen Wand und Decken angenommen (starrer Verbund). Bei verschieblichem Verbund (Rutschen der Wand auf ihrer Unterlage oder entlang der Decke) wird die "rißfreie Wandlänge" auf L' vergrößert, weil eine größere Länge benötigt wird, um die Rißkraft in die Wand einzuleiten (Bild 6.10). Wenn die wirkliche Wandlänge größer ist als dieses L', dann entsteht zumindest ein Riß, der dann auch eine größere Rißbreite w' als bei starrer Lagerung der Wand aufweist. Ist die Wandlänge kleiner als L', dann ist kein Riß zu erwarten.

Die obige Formel und die sonst in gleicher Weise ermittelten Beziehungen sind nur grobe Abschätzungen. Bei der Ermittlung der Dehnungsverläufe im Bild 6.11 wurde von einer linearen Spannungs-Dehnungsbeziehung und von homogenem und isotropem Material ausgegangen. Außerdem wurden die Biegespannungen und die Eigenspannungen nicht berücksichtigt.

Überschreiten die Dehnungsdifferenzen beim Langzeitverhalten (vgl. Abschn. 2.3.2) die Grenzdehnungen, so entstehen Risse in der Wand. Dadurch fällt die zwangwirksame Dehnung in den Rissen auf Null ab, und es entsteht ein neues, weicheres Wandsystem. In langen ungerissenen Wandbereichen müssen die in der Wand vorhandenen zwangwirksamen Dehnungen beim Kurzzeitverhalten mitberücksichtigt werden. Ein Anteil dieser Dehnungen, deren Größe nur vermutet werden kann, wird trotz der Relaxation zurückbleiben. Die Endspannungen im Mauerwerk werden nach [Schubert/Wesche, 1988] mit dem Faktor $1/(1+\phi)$ abgemindert. Die Endkriechzahl ϕ ist aus der Tabelle 4 der DIN 1053, T2 (Anhang A 3.1) zu entnehmen. Der Faktor $1/(1+\phi)$ beträgt für Ziegelwände 60% und für Kalksand– sowie Leichtbetonsteinmauerwerk 40%.

Für die Berechnung der Mauerwerksbeanspruchung in Kombination mit nachträglich angebrachtem Putz mit z.B. dunklen Farben oder TWD wird hier empfohlen, die Zwangspannungen aus Langzeitwirkung allgemein mit einem Relaxationsfaktor von 0,5 zu berücksichtigen.

6.5.3 Reiner Biegezwang

Biegung aus langzeitiger Temperatureinwirkung braucht nicht berücksichtigt zu werden, weil sowohl die Temperaturen bei der Herstellung als auch die Ausgangstemperaturen für die Kurzzeitbelastung keine Biegeanteile enthalten ($T_a = T_i$). Dasselbe wird näherungsweise für das Schwinden angenommen, obwohl das Schwinden der Innen– und der Außenwandseite zeitverschoben stattfindet. Bei Altbauten kann davon ausgegangen werden, daß auch auf der Wandaußenseite das Schwinden weitgehend abgeschlossen ist. Biegung wird hier nur bei Kurzzeitwirkung untersucht.

Analog zum zentrischen Zwang wurde der Verlauf der mittleren behinderten Dehnungen ε_m an der Wandoberfläche im Verhältnis zur maximalen Dehnung am Auflager infolge reinen Biegezwangs (bei voller Behinderung der Wandverformungen an den Decken) in Abhängigkeit von den Wandseitenverhältnissen berechnet und dargestellt (Bild 6.13). Im Gegensatz zum zentrischen Zwang ist die Annahme starren Verbundes zwischen der Wand und der Stahlbetondecke bei Biegezwang sehr wirklichkeitsnah, weil die in der Fuge übertragbaren Reibungskräfte von den Plattenquerkräften nicht überwunden werden.

Auch für Biegung kann der Verlauf mit einer Exponential–Funktion beschrieben werden. Für max ε wird $k_{pxD} \cdot$ max ε eingesetzt:

$$\beta(L/H) = \frac{\varepsilon_{mittel}}{k_{pxD} \cdot (|\varepsilon_{TB}| + |\varepsilon_s|)} = 1 - e^{-2,3 \cdot (L/H)} \qquad (6.21)$$

Darin ist

k_{pDx} = Verhältnis der horizontalen Plattenspannung in der Anschlußlinie
zur maximalen Spannung, Anhang A 5.3

ε_{TB} = Temperaturdehnung aus Plattentragwirkung

Nach Auflösen der Gl. (6.21) nach der Länge L und mit der Bedingung $\varepsilon_{mittel} = \varepsilon_u$ ergeben sich kleinere ungerissene Wandlängen als beim zentrischen Zugzwang.

$$L = 0,44 \ H \cdot ln \ (\frac{k_{pDx} \cdot (|\varepsilon_{TB}| + |\varepsilon_s|)}{k_{pDx} \cdot (|\varepsilon_{TB}| + |\varepsilon_s|) - \varepsilon_u}) \qquad (6.22)$$

Die Biegebeanspruchungen bewirken kleinere Rißabstände, weil der D–Bereich kleiner ist als bei Scheiben.

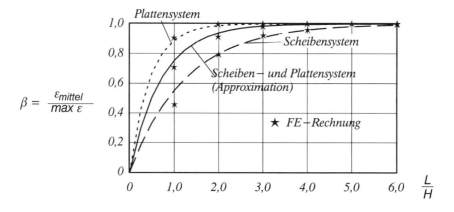

Bild 6.13: Zusammenhang zwischen Dehnungs- und Wandseitenverhältnis L/H

Nimmt man Anrisse mit geringer Tiefe z'_R an, so ändert sich die Größe des Zwangmomentes infolge der Steifigkeitsänderung durch die Rißbildung nur geringfügig (Bild 6.14). Die Spannungen im Restquerschnitt werden damit viel größer als im ungerissenen Zustand I (Bild 6.15). Der geschwächte Querschnitt wird deshalb weiterreißen, bis der gesamte Querschnitt durchgerissen ist. Durchgehende Risse entstehen demnach, wenn an der Oberfläche die Rißdehnung ε_u überschritten wird.

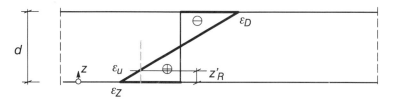

Bild 6.14: Lineare Dehnungsverteilung über den Wandquerschnitt infolge reiner Biegung

6.5.4 Biegezwang überlagert mit zentrischem Druckzwang

Sowohl bei zentrischem Zugzwang als auch bei Beanspruchung mit reinem Biege-zwang wird der Querschnitt bei Überschreitung der Materialfestigkeit durchreißen. Diese beiden Fälle wurden in den vorherigen Abschnitten untersucht. Der bei täglicher Temperatureinwirkung und bei TWD-Systemen realistische Beanspruchungsfall durch eine einseitige Erwärmung (Abschn. 4.1) führt aber zu Druckzwang mit Biegezwang. Dieser Fall wird nun untersucht. Gesucht werden die kritischen bzw. maximalen Bean-spruchungen aus dem Zusammenwirken der Scheiben- und Plattensysteme.

Im ungerissenen Zustand I ergeben sich nach Bild 6.15 die Randspannungen zu:

$$\sigma^I = -\frac{D}{bd} \pm \frac{M^I}{bd^2/6} \qquad\qquad (6.23)$$

(D als Druckkraft positiv)

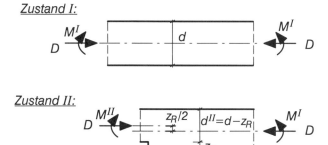

Bild 6.15: Wandausschnitt mit Schnittgrößen

Die Zugdehnung an der Innenseite der Außenwand ist hier maßgebend für die Rißbildung. In Bild 6.16 ist ein solcher Dehnungsverlauf über einen Außenwandquerschnitt dargestellt. Wird die Bruchdehnung ε_u der Wand an der Stelle der größten Beanspruchung überschritten ($\varepsilon_Z > \varepsilon_u$), so bildet sich an dieser Stelle der erste Riß. Die rißverursachende Dehnung ε_Z kann wie im Abschnitt 5.3.4 ermittelt werden.

Eine erste Näherung der Rißtiefe kann aus Bild 6.16 ermittelt werden:

$$z_R = \frac{\varepsilon_Z - \varepsilon_u}{\varepsilon_z + \varepsilon_D} \cdot d \qquad (6.24)$$

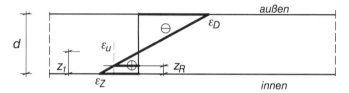

Bild 6.16: Dehnungsverlauf infolge Erwärmung an der Außenoberfläche

Durch die Rißbildung entsteht ein neues System mit dem durch die Rißtiefe geschwächten Querschnitt. Der Abbau der Zwangschnittgrößen wird auf der sicheren Seite liegend vernachlässigt. Das Moment bezogen auf die Mittelachse des gerissenen Querschnitts wird hier jedoch um $\Delta M = D \cdot z_R / 2$ geringer (Bild 6.15). Außerdem wird durch die Rißöffnung eine Membrandruckkraft geweckt (Abschn. 6.5.3). Im gerissenen Querschnitt (Zustand II, Bild 6.15) ergibt sich unter Vernachlässigung der günstigen Membrandruckkraft und der ungünstigen Kerbwirkung die Spannung:

$$\sigma^{II} = -\frac{D}{bd^{II}} \pm \frac{6(M^I - D \cdot \frac{d-d''}{2})}{bd^{II^2}} \qquad (6.25)$$

Die Spannungen müssen im Einzelfall berechnet und der Materialfestigkeit gegenübergestellt werden. Daran kann festgestellt werden, ob der Riß weitergeht oder von der Druckkraft aufgehalten wird. Letzteres trifft zumindest dann zu, wenn $e = M^I/D < d/2$, d.h. wenn die Resultierende aus M^I und D im Querschnitt liegt. Außerdem entstehen durch die Rißaufweitung aus Biegung auch Längsdehnungen der Scheibenmittelfläche, die durch die Lagerung behindert werden. Dies führt ebenfalls zu Druckkräften (Membrankräften) in der Wand, welche die Rißbildung bremsen. Der entstehende Riß wird deshalb nicht über den gesamten Querschnitt gehen.

Durch die Überlagerung der Normal- und der Biegeanteile für verschiedene Seitenverhältnisse der Wände ergibt sich analog zu Abschnitt 6.5.2 und 6.5.3 die Beziehung zwischen der mittleren Dehnung (gemittelt über die gesamte Wandhöhe in der Mitte der Wandlänge) und der maximalen Dehnung am Auflager. Für die Kombination der Scheiben- und Plattentragwirkung aus einseitiger Erwärmung kann der Verlauf β(L/H) für einen homogenen Werkstoff mit der folgenden Funktion beschrieben werden (durchgezogene Linie in Bild 6.13):

$$\beta(L/H) = \frac{\varepsilon_m}{k_{sD} \cdot (|\varepsilon_s| - \varepsilon_T) + k_{pD} \cdot |\varepsilon_{TB}|} = 1 - e^{-1,2 \cdot L/H} \qquad (6.26)$$

Die 'rißfreie Wandlänge' L ist mit der Bedingung $\varepsilon_m = \varepsilon_u$ dann:

$$L = 0,83 \; H \cdot \ln \left(\frac{k_{sD} \cdot (|\varepsilon_s| - \varepsilon_T) + k_{pD} \cdot |\varepsilon_{TB}|}{k_{sD} \cdot (|\varepsilon_s| - \varepsilon_T) + k_{pD} \cdot |\varepsilon_{TB}| - \varepsilon_u} \right) \qquad (6.27)$$

6.5.5 Abschätzung der Rißbreite max w

Es sei hier vorbemerkt, daß die Rißbreiten rechnerisch mittels Formeln nur grob abgeschätzt werden können. In der Praxis können sich, wie aus dem Betonbau bekannt ist, die mehrfachen Rißbreiten einstellen. Die Genauigkeit der Voraussage einer Rißbreite ist vor allem von der Wahl des Berechnungsansatzes, von der Zugfestigkeit und von den Verbundeigenschaften zwischen Wand und Decke abhängig.

Die maximale Rißaufweitung (max w) in Wandhöhenmitte kann durch die Integration der Dehnungen über die Wandlänge rechnerisch abgeschätzt werden:

$$max\,w = \int_{x=0}^{x=L} \varepsilon(x)_{frei} \; dx - \int_{x=0}^{x=L} \varepsilon(x)_{Zwang} \; dx \qquad (6.28)$$

Unter Berücksichtigung der Deckenverschiebung läßt sich die Rißbreite aus der Verschiebungsdifferenz zwischen der Wandhöhenmitte und der Decke ermitteln (Bild 6.17):

$$max\,w = 2 \; (u_{MW} - u_D) = \Delta L_{MW} - \Delta L_D \qquad (6.29)$$

Wand vor dem Riß

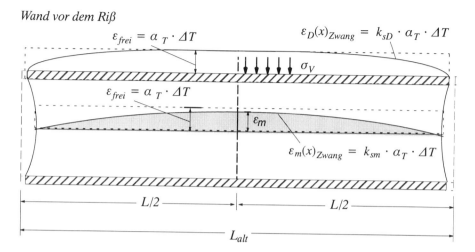

Wand nach dem Riß

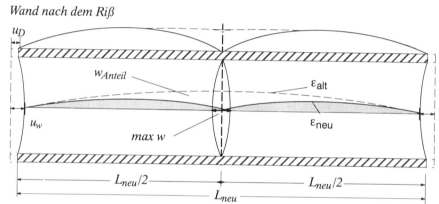

Bild 6.17: Rißbreite w

Die Verformungen am Rißufer in Wandmitte und am freien Scheibenrand besitzen unter Berücksichtigung der Temperaturänderung und der Auflast den gleichen Betrag. Die Wandlängenänderung beträgt dann:

$$\Delta L_{MW} = [\alpha_T \cdot \Delta T - (\alpha_T \cdot \Delta T \cdot k_{sm} \cdot v_m + v \cdot \frac{\sigma_v}{E_{MW}} \cdot k_{sm} \cdot v_m)] \cdot L \qquad (6.30)$$

Darin bedeuten:

$$k_{sm} = \frac{vorh \ \sigma_{m(x)}}{\alpha_T \cdot \Delta T \cdot E_{MW}} = Spannungsverhältnis \ in \ Wandmitte$$

$$v_m = \frac{\int \varepsilon_m(x)dx}{\varepsilon_{m(x=L/2)} \cdot L} = Völligkeitsfaktor \ für \ die \ Spannungen \ in \ Wandhöhenmitte$$

138

$v = 0,2 = $ *Querdehnzahl*

$\sigma_v = $ *Auflast, für Druck negativ*

Die Deckenverschiebung ist unter Berücksichtigung der Temperaturänderung und der Auflast nach Bild 6.17:

$$\Delta L_D = [\alpha_T \cdot \Delta T - (\alpha_T \cdot \Delta T \cdot k_{sD} \cdot v_D + v \cdot \frac{\sigma_v}{E_{MW}} \cdot k_{SD} \cdot v_D)] \cdot L \tag{6.31}$$

$\Delta T = $ *Temperaturänderung für Abkühlung in Gl. 6.31 positiv*

Darin bedeuten:

$$k_{sD} = \frac{vorh\ \sigma_R}{\alpha_T \cdot \Delta T \cdot E_{MW}} = Spannungsverhältnis\ in\ der\ Anschlußlinie$$

$$v_D = \frac{\int \varepsilon_D(x)\ dx}{\varepsilon_{D(x=L/2)} \cdot L} = Völligkeitsfaktor\ für\ die\ Spannungen\ in\ der\ Anschlußlinie$$

Nach einsetzen von Gl. 6.30 und 6.31 in 6.29 folgt die maximale Rißbreite zu:

$$\max w = [(k_{sD} \cdot v_D - k_{sm} \cdot v_m) \cdot (\alpha_T \cdot \Delta T + v \cdot \frac{\sigma_v}{E_{MW}})] \cdot L \tag{6.32}$$

Im Bild 6.18 sind die Verformungen max w aus den elastischen FE–Rechnungen an räumlichen Systemen dargestellt. Die Werte stimmen mit denen aus der Gl. (6.32) überein.

Für die betrachtete Kombination von Biegezwang mit Druckzwang in einer homogenen Wand wird die Rißbreite an der Wandoberfläche abgeschätzt. Analog zur Gleichung 6.32 und anhand von Bild 6.19 kann die Aufweitung wie folgt ermittelt werden.

$$\max w = [(k_{sD} \cdot v_D - k_{sm} \cdot v_m) \cdot (\alpha_T \cdot \Delta T_S + v \cdot \frac{\sigma_v}{E_{MW}}) + (k_{pD} \cdot v_{pD} - k_{pm} \cdot v_{pm}) \cdot \alpha_T \cdot \Delta T_B] \cdot L$$

$$\tag{6.33}$$

Darin bedeuten:

ΔT = Temperaturänderung für Abkühlung in Gl. 6.33 positiv

$k_{pm} = \dfrac{vorh\ \sigma_{pm(x)}}{\alpha_T \cdot \Delta T \cdot E_{MW}}$ = Spannungsverhältnis aus Plattentragwirkung in Wandmitte

$k_{pD} = \dfrac{vorh\ \sigma_{pD(x)}}{\alpha_T \cdot \Delta T \cdot E_{MW}}$ = Spannungsverhältnis aus Plattentragwirkung in Anschlußlinie

v_{pm}, v_{pD} = Völligkeitsfaktor in der Wandhöhenmitte bzw. in der Anschlußlinie

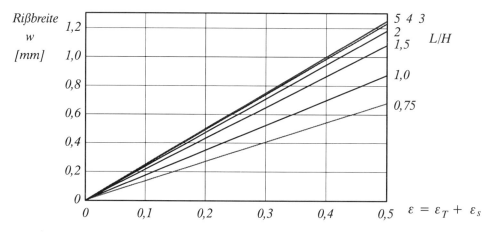

Bild 6.18: Verformungsverläufe der freien Wandufer nach FE–Rechnungen und Gl. 6.32

Die Spannungsfaktoren k sind in Anhang A 3.1 und A 3.3 angegeben. Die Völligkeitsfaktoren v sind für Scheiben– und Plattentragwirkung sowie verschiedene Seiten– und Steifigkeitsverhältnisse in Anhang A 6.1 dargestellt. Diese Faktoren wurden an räumlichen FE–Systemen ermittelt.

Die k_{sm} und k_{sD} sowie v_D und v_m sind für die Zwangspannungen aus Querdehnungsbehinderung und Temperatur identisch. Der Völligkeitsfaktor v_D beträgt für Scheibensysteme bei allen Seitenverhältnissen etwa 0,94. Er wird aber vereinfacht 1,0 angesetzt. Dadurch wird die Rißbreite etwas größer ausfallen. Die Rißbreite aus Gl. 6.32 kann einfach wie folgt abgeschätzt werden:

$$\max w = [(k_{sD} - k_{sm} \cdot v_m) \cdot (\alpha_T \cdot \Delta T + v \cdot \frac{\sigma_v}{E_{MW}})] \cdot L \qquad (6.34)$$

Es empfiehlt sich, folgenden Wert als maximale Rißweite einzuhalten. Dieser Wert ist für das Auge nicht störend und für die Gebrauchsfähigkeit bzw. die Bauphysik unbedenklich (Abschn. 1.3): *max w ≤ 0,3 mm*

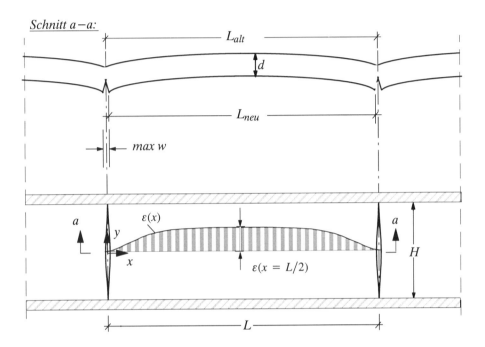

Bild 6.19: Rißbreite in Wandmitte bei Biegezwang und Druckzwang

6.5.6 Rißauslösende Temperatur

An überbeanspruchten Stellen verschaffen sich die Dehnungen Luft in Form von vertikalen, diagonalen oder horizontalen Rissen. Die rißauslösende Temperaturänderung $\Delta T_{Riß}$ bei voller Dehnungsbehinderung kann wie folgt abgeschätzt werden:

$$\Delta T_{Riß} = \varepsilon_u \; \frac{1}{\alpha_T} \qquad (6.35)$$

Ausgehend von einer maximal aufnehmbaren Zugdehnung im Mauerwerk von 0,2 mm/m läßt sich eine maximale Abkühlung $\Delta T_{Riß}$ je nach Wärmedehnungszahl α_T um $\Delta T_{Riß}$ ermitteln.

$$\Delta T_{Riß} = \frac{0,2 \cdot 10^{-3}}{\alpha_T} = \frac{0,2 \cdot 10^{-3}}{6 \ bis \ 12 \cdot 10^{-6}} = 33 \ K \ \ bis \ \ 17 \ K$$

Über die linear elastische Betrachtung kann die Temperatur, bei der überhaupt ein Trennriß entsteht, in Abhängigkeit von Zugfestigkeit, Auflast, Tragwerksgeometrie und Materialeigenschaften ermittelt werden. Die erste rißauslösende Temperatur $\Delta T_{1.Riß}$ in der Wandmitte bei zentrischem Zwang ist dann:

$$\Delta T_{1.Riß} = \frac{f_t + v \cdot \sigma_v \cdot k_{sm}}{\alpha_T \cdot E_{MW} \cdot k_{sm}} \tag{6.36}$$

Nach der ersten Trennrißbildung wird eine maximale Temperatur $\Delta T_{2.Riß}$ erreicht, bei der sich gerade der nächste Trennriß in der neuen Wandmitte bildet. Kurz vor $\Delta T_{2.Riß}$ entsteht die maximale Rißbreite.

$$\Delta T_{2.Riß} = \frac{f_t + v \cdot \sigma_v \cdot k_{sm,neu}}{\alpha_T \cdot E_{MW} \cdot k_{sm,neu}} \tag{6.37}$$

6.5.7 Rißbildung infolge Eigen- und Zwangspannungen

In den durch Sonneneinstrahlung beanspruchten Außenwänden ist die Kombination von Eigenspannung und Zwangspannung der Regelfall. Ein Großteil der thermischen Beanspruchungen setzt sich in der Aufheizphase in Eigenspannungen um. In der Aufheizphase um 12.00 Uhr beträgt die eigenspannungserzeugende Temperatur für gängige Mauerwerksarten (Ziegel, KS, Bims und GB) an der Oberfläche einer Ostwand mit einer Dicke von 24 cm etwa 2/3 der gesamten Temperaturänderung. Die restlichen Temperaturen bewirken im statisch unbestimmten System Zwängungen.

Die Eigenspannungen erhöhen bzw. mindern in statisch unbestimmten Systemen die Druck- bzw. Zugspannungen aus Last und Zwang. In Bild 6.20 ist ein typischer Spannungsverlauf von überlagerten Eigen- und Zwangspannungen dargestellt. Um 12.00 Uhr wirken in der dargestellten Ostwand (Bild 6.20) die Eigenspannungen auf der Innenseite mit Druck gegen die Zugspannungen aus Zwang. Die Zwangspannungen auf der Zugseite werden also durch die Eigendruckspannungen abgemindert. Auf der Außenseite und im Inneren der Wand entstehen nur 'unschädliche' Druckspannungen.

Die Einrisse an der Außenoberfläche infolge Eigenspannungen in der Abkühlphase (Abschn. 6.4) weichen die Querschnittsrandbereiche der Wand auf und leisten Vorarbeit für die Trennrisse der Zwangspannungen. Bei herkömmlichen Mauerwerksarten verursachen diese Eigenspannungen an der Außenoberfläche eine Vielzahl feiner Einrisse, die den wirksamen Wandquerschnitt um etwa 6% (maximal 14%) abmindern. Die Rißbreite beträgt weniger als 0,01 mm und ist damit vernachlässigbar. Die Risse infolge Eigenspannungen sind im Hinblick auf Gebrauchsfähigkeit und Aussehen belanglos. Außerdem schließen sie sich nach Abklingen der Eigenspannungen wieder. Die Eigenspannungen tragen zur Rißverteilung für die Zwangwirkung bei und wirken sich auf die gesamte Beanspruchung und auf die Rißbildung günstig aus.

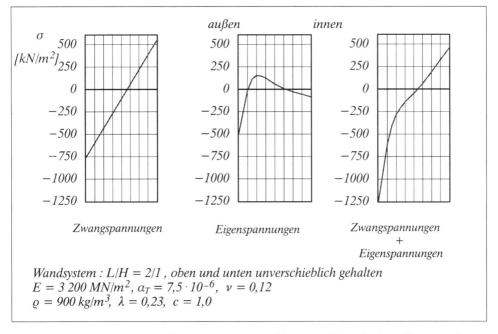

Bild 6.20: Kombination von Eigenspannung und Zwang für typisches Mauerwerk um 12.00Uhr

Die Eigenspannungen auf der Innenseite in der Abkühlphase erhöhen die Zugspannungen an der Wandinnenseite, sofern durch Zwang überhaupt noch Zugspannungen zu diesem Zeitpunkt vorhanden sind. Die Zugfestigkeit des Mauerwerks wird hier nur in seltenen Fällen erreicht. Dann sind die zu erwartenden Rißbreiten nicht wesentlich größer als aus Zwang allein, oder sie sind sogar kleiner, weil die Eigenspannungen, wie bereits erwähnt, zu einer besseren Rißverteilung führen.

Aus den genannten Gründen können Eigenspannungen bei der Ermittlung der Wandbeanspruchung in Kombination mit Zwang vernachlässigt werden.

6.6 Ermittlung des Verformungsverhaltens in Mauerwerkswänden unter Berücksichtigung der physikalischen Nichtlinearität mit Hilfe von FE-Berechnungen

6.6.1 Vertikale Rißbildung in Wandmitte durch Überschreiten der Zugfestigkeit

Grundsätzlich kann das Modellieren von Mauerwerk bei FE-Berechnungen auf zwei Arten erfolgen. In der ersten Art werden Stein und Mörtel in ihren getrennten Eigenschaften ausgebildet. Dieses Modell eignet sich besonders für Mauerwerksuntersuchungen, in denen das lokale Verhalten studiert wird [Rots, 1991/94]. Bei der zweiten Art wird das globale Verhalten von Mauerwerk an ideal homogenen Materialien mit in Versuchen ermittelten Materialgesetzen (Abschn. 3.3) erforscht. Dieses Modell wird hier verwendet.

Risse können im FE-Modell diskret oder verschmiert ausgebildet werden. Beim diskreten Riß wird im FE-Netz eine Öffnung modelliert. Die Kanten der FE-Elemente, die die Rißufer bilden, gehen beim Reißen auseinander. Beim verschmierten Rißmodell findet die Rißbildung in den Integrationspunkten der Elemente statt. Die Elemente dehnen sich senkrecht zum Riß aus und das Netz öffnet sich nicht wie beim diskreten Riß. Das Rißverhalten der Elemente wird durch eine Spannungs-Dehnungs-Beziehung oder Spannungs-Rißöffnungs-Beziehung (Abschn. 6.3.3) vorgegeben.

6.6.1.1 Wandsysteme für vertikale Rißbildung

Wie im Abschnitt 5.3 gezeigt wurde, können Wandsymmetrien ausgenutzt werden. Die Berechnung für die Ermittlung des vertikalen Risses eines Zwischengeschosses wird am Viertelsystem ausgeführt (Bild 6.23). Es werden quadratische Scheibenelemente (12,5 x 12,5 cm, achtknotig mit 9 Integrationspunkten) des ebenen Spannungszustandes eingesetzt. Nach mehreren Tests mit anderen, gröberen und feineren Netzen erwies sich, daß die gewählten Netze hinsichtlich Rechengenauigkeit, Konvergenzverhalten und Rechenzeit am besten geeignet sind. Mit diesen Netzen wurden auch Vergleichsrechnungen mit linear elastischem Materialverhalten durchgeführt. Bei der ersten Rißbildung in der Symmetrieachse folgt ein Systemwechsel auf die halbe Wandlänge.

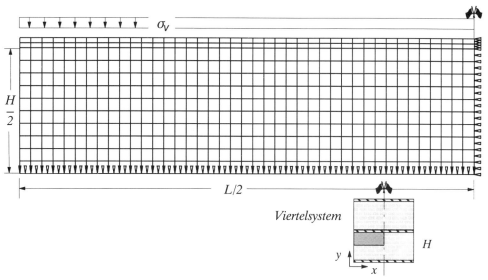

Bild 6.23: FE–Netz und Systemlagerung

Die Systeme sind bis auf die unterschiedlichen Wandlängen gleich. Es werden folgende Systemlängen auf Rißbildung hin untersucht:

L = 4,0 H ; 3,0 H ; 2,0 H; 1,5 H und 0,75 H

Die Einwirkungen aus Temperatur und Schwinden ergeben sich aus Abschnitt 4. Die Wände werden in der FE-Rechnung mit ΔT und Auflast beansprucht. Die über den Querschnitt konstant angenommene Temperatur wird von ΔT = 0 K auf –50 K (bei L = 0,75 H und 1,0 H bis ΔT = –80 K) geändert:

Die angesetzten σ_v entsprechen den im Wohnungsbau üblichen Auflasten:

σ_v = 0; 0,1; 0,3; 0,4 und 0,5 MN/m²

Die FE-Berechnungen werden mit dem Programm ABAQUS [1994], das auf dem Paralelrechner CRAY 94 der Universität Stuttgart installiert ist, durchgeführt.

6.6.1.2 Materialgesetze

Mauerwerkselemente

Die FE-Untersuchungen erfolgen zunächst für ein Mauerwerk mit sehr niedriger Mauer-werks-Festigkeitsklasse und einem Elastizitätmodul von $E = 2000 \, \text{MN/m}^2$ (Material **a**). Eine Vergleichsrechnung wird für eine mittlere Mauerwerks-Festigkeitsklasse und einen Elastizitätmodul von $E = 6500 \, \text{MN/m}^2$ (Material **b**) durchgeführt. Im Druckbereich verlaufen die σ-ε-Beziehungen wie in Bild 6.24 a dargestellt.

In dem Programm ABAQUS [1994] werden verschmierte Rißmodelle verwendet, die für die Nachrechnung von Versuchen an unbewehrtem Beton nach Hillerborg et al. [1985] entwickelt wurden. Hillerborg et al. haben das Materialverhalten für die FE-Berechnung schematisiert und gute Ergebnisse erzielt. Die Übertragbarkeit des Rißmodells von unbewehrtem Beton auf Mauerwerk wurde im Abschnitt 6.3.4 diskutiert.

Im Programm ABAQUS wird die σ-u-Beziehung zu einer σ-ε-Beziehung umgewandelt (Bild 6.24c). Damit kann das Material numerisch als Kontinuum behandelt werden. Die Bruchdehnung kann einfach aus der Beziehung $\varepsilon_u = f_t / E$ festgelegt werden. Die maximale Dehnung, bei der die Spannung auf Null abfällt, wird im Zusammenhang mit der in ABAQUS definierten charakteristische Länge L ermittelt. Dabei ist $L = \sqrt{A_{IP}}$ und A_{IP} die zu einem Integrationspunkt gehörende Fläche in einem FE-Element. Diese Länge entspricht praktisch der Prozeßzone (Rißbandbreite) [De Borst,1993]. Die maximale Bruchdehnung ergibt sich dann zu $\varepsilon'_u = u_0/L$.

Die Dehnung ε'_u ist im Zusammenhang mit dem FE-Netz nicht mehr als reiner Material-kennwert zu betrachten, sondern wird auch durch die Elementabmessungen und Anzahl der Integrationspunkte bestimmt. Die Verdopplung der Elementgröße führt fast zu einer Halbierung von ε'_u. Hier wird die Abhängigkeit der σ-ε-Beziehung vom FE-Netz deutlich. In dieser Arbeit wird deshalb das Bruchenergiekriterium mit u_0 verwendet. Es wurden einige FE-Netze mit σ-ε- und σ-u-Beziehung hinsichtlich Rechengenauigkeit, Konvergenz-Verhalten und Rechenzeit getestet. Für das gewählte Netz (Bild 6.23) ergibt sich bei Annahme von $G_f = 20 \, \text{N/m}$ für Material a bzw. $G_f = 50 \, \text{N/m}$ für Material b und damit ein $u_0 = 0,16$ mm eine maximale Bruchdehnung von 2,1 bis 4,0 mm/m bzw. 2,7 bis 4,1 mm/m in dem jeweiligen gewählten Element je nach Lage des Integrations-punktes.

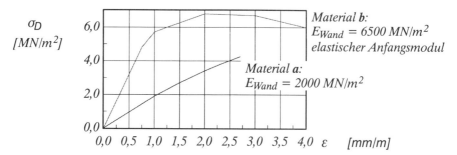

a) Mauerwerk auf Druck

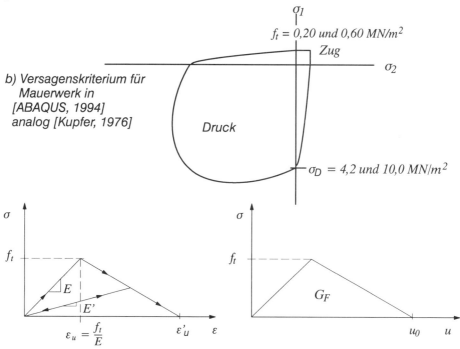

b) Versagenskriterium für
   Mauerwerk in
   [ABAQUS, 1994]
   analog [Kupfer, 1976]

c) Mauerwerk auf Zug

Spannungs-Rißöffnungsbeziehung und -Dehnungsbeziehung in ABAQUS

Bild 6.24: Materialgesetze für die FE-Rechnung

Das Versagenskriterium, das analog zum unbewehrten Beton nach Page (Abschnitt 3.4, 6.3.3 und 6.3.4) gewählt wird, wird durch die kritische Hauptspannungskombination (Bild 6.24 b) festgelegt. Der Riß entsteht senkrecht zu der Hauptzugspannung. Im Riß werden weiterhin modifizierte Spannungen übertragen. Bei wiederholter Belastung wird diese Spannung mit inkrementell abgemindertem E-Modul errechnet (Bild 6.24 c).

Die in Wirklichkeit auftretenden irreversiblen Dehnungen werden nach Bild 6.24 c vernachlässigt.

Die Schubsteifigkeit parallel zum Riß nimmt im gewählten Modell mit zunehmender Rißbreite bis u_0 linear auf Null ab. Wenn der Riß sich wieder geschlossen hat, wird nur mit der Hälfte der Schubfestigkeit des ungerissenen Materials weitergerechnet.

Betonelemente

Die Betondecke wird ebenfalls aus achtknotigen Scheibenelemeten ausgebildet als Materialgesetz wird eine linear–elastische σ–ε–Beziehung gewählt, da die Betondecke im Gebrauchszustand eher im elastischen Bereich bleibt. Der E–Modul wird nach DIN 1045 in Abhängigkeit vom Deckenmaterial gewählt. Für die Berechnungsfälle wird E_{Decke} mit 26 000 MN/m² (B15) in Kombination mit Wandmaterial a und 34 000 MN/m² (B35) mit Wandmaterial b angesetzt.

6.6.1.3 Verformungen bei vertikaler Rißbildung

Die Verformungen und Spannungen werden im Zusammenhang mit der Rißbildung beispielhaft für zwei Wände mit der Länge L = 4H und L = 3H und die angegebenen Materialeigenschaften a und b dargestellt.

In der Wandecke, wo die Zwangkräfte eingeleitet werden, entstehen die maximalen Spannungen. In diesem Bereich bilden sich die ersten Risse. Aufgrund des starren Verbunds sind die Rißbreiten und die Anrißabstände relativ klein. Die Anrisse bilden die Ausgangspunkte für Trennrisse. Mit dem Tension–Softening–Modell werden Spannungen über sehr kleine Rißbreiten weitergeleitet. Außerdem wirken im Zwischengeschoß die Auflasten, die die Zugfestigkeit des Mauerwerks (Abschn. 3.3) erhöhen. Zunächst wird die vertikale Rißbildung in Wandmitte betrachtet.

Im Bild 6.25 sind die Hauptdehnungen über der Wandlänge L = 4H für Material a (E_{MW} = 2000 MN/m²) in der Elementreihe direkt unter der Decke für verschiedene ΔT vor und nach der Rißbildung des 1.Trennrisses dargestellt. Die Anrisse sind bis auf den äußeren Randbereich, in dem sie entsprechend den Hauptdruckspannungen schräg verlaufen, vertikal orientiert. Bei –15 K, vor der Trennrißbildung, ist eine noch homogene Dehnungsverteilung unter der Anschlußlinie vorhanden. Bis auf den Trennriß in Wandlängenmitte bleiben die Rißaufweitungen bei –20 K im Anschlußbereich sehr klein. Auch bei weiterer Abkühlung auf –21 K und Öffnen des zweiten Trennrisses in etwa Viertel-

wandlänge verändern sich die Anrisse kaum. Das Rißband unter der Anschlußlinie erstreckt sich im abgeschlossenen Rißbild (ohne die Trennrisse) über eine Höhe von etwa
40 cm.

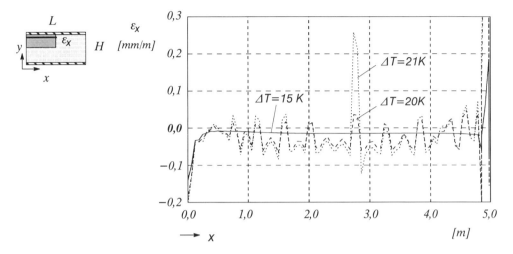

Bild 6.25: *Hauptzugdehnungen bei verschieden ΔT in einer Elementreihe unter der*
Anschlußlinie

Während die Anrisse in der Anschlußlinie sich allmählich mit steigender Temperatur bilden, reißt die Wand zur Mitte hin bei sehr geringer Temperatursteigerung schlagartig
durch. In Wandlängenmitte beginnt der Trennriß unter der Anschlußlinie und wandert
schnell zur Wandhöhenmitte hin. Danach öffnet er sich von der Wandmitte aus. Zum
Fortschreiten des Risses über die Wandhöhe trägt außer der Spannungsumlagerung
die Kerbwirkung bei (Abschn. 6.6.1.4 und 6.6.1.9).

Bild 6.26a zeigt das Verformungsbild für L=4H vor der 1.Trennrißbildung bei $\Delta T = -15$
K. Nach der ersten Trennrißbildung in Wandlängenmitte ist ein neues System mit der
halben Altsystemlänge vorhanden (Bild 6.26 b). Bei weiterer Abkühlung verformt sich
das neue System bis kurz vor der zweiten Rißbildung bei $\Delta T = -21K$ symmetrisch (Bild
6.26 c). In Wandmitte werden keine Zugspannungen mehr übertragen. In den Verformungsbildern ist auch die Deckenverkürzung deutlich zu erkennen. Die Rißbreiten und
Rißabstände werden im Abschnitt 6.6.1.5 berechnet.

$L/H = 4$, $E_{MW} = 2000\ MN/m^2$

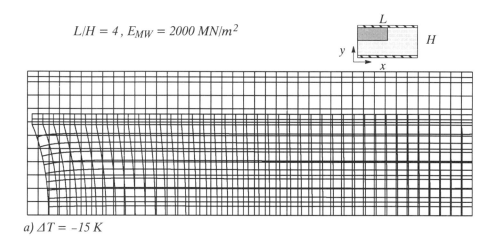

a) $\Delta T = -15\ K$

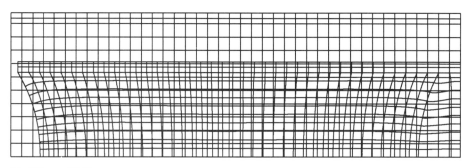

b) $\Delta T = -20\ K$

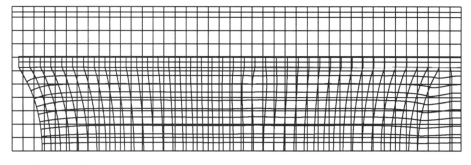

c) $\Delta T = -21\ K$

Bild 6.26: Verformungsfiguren vor und nach der Rißbildung

6.6.1.4 Spannungsumlagerung und Systemwechsel durch die Rißbildung

Bei sehr langen Wänden wird sich im B-Bereich ein Trennriß bilden. Bei einer Wandlänge bis 4H entsteht der erste Riß etwa in Wandmitte. Die ursprüngliche Wand wird
durch die Rißbildung in der Symmetrieachse in zwei gleiche Wandsysteme geteilt.

Die Zugspannungen bauen sich allmählich mit ΔT auf (Bild 6.27 a), bis sich dort ein
Trennriß bildet. Zuvor werden aber die Querdruckspannungen aus der Auflast kompensiert. An der Rißöffnung werden die Zugspannungen nach dem Rißöffnungsmodell auf
Null abgebaut. Dabei lagern sich die Spannungen zu den ungerissenen Wandbereichen hin um. Die maximalen Spannungen in der Anschlußlinie werden im wesentlichen
durch die Änderung der mittragenden Deckenbreite verringert.

Im neuen System stellt sich ein symmetrischer Spannungszustand wie beim ungerissenen System ein (Bild 6.27 b). Die Spannungen sind aber kleiner als im vorherigen System, weil die Wandlänge kürzer geworden ist und weil die Wand durch die vielen Anrisse in der Anschlußlinie insgesamt etwas weicher ist. Der Einfluß der Anrisse auf
Spannungen in der Wandmitte ist aber vernachlässigbar klein. Die Spannungen steigen
bei weiterer Abkühlung, bis sich der neue Trennriß in Viertelwandlänge bildet. Der Ansatz zu dieser zweiten Trennrißbildung ist im Bild 6.27 c erkennbar.

Nach der Trennrißbildung steigen die Spannungen in der neuen Wandmitte linear an.
Der Unterschied zwischen den Spannungen der Anschlußlinie und der neuen Wandmitte ist größer als beim 1. Trennriß. Unterhalb der Rißspitze des sich entwickelnden 2.
Trennrisses wächst die Spannung durch die Umlagerung rapide an. Der Riß selbst wird
zunächst durch die Laststeigerung, dann durch Kerbwirkung vorangetrieben. Irgend-
wann schreitet der Riß aufgrund der Kerbwirkung von alleine weiter fort, und es kommt
zur instabilen Rißfortschreitung (Abschn. 6.6.1.9). An dieser Stelle bricht die FE-Rechnung aufgrund von Konvergenzproblemen ab.

Die Dehnsteifigkeit des Gesamtsystems ändert sich mit der Trennrißbildung. Die mittragende Deckenbreite verändert sich nun entsprechend den neuen Systemlängen. Der
Systemwechsel selbst geschieht sukzessive mit der Beanspruchungssteigerung und
Rißbildung. In der FE-Berechnung wird die Deckendehnsteifigkeit nach dem Rißöff-
nungsbeginn in Wandmitte linear abgemindert, bis keine Zugspannungen im Riß mehr
übertragen werden. Die Dehnsteifigkeitsabminderung der Decke wird in den FE-Berechnungen als Temperaturfunktion eingegeben.

$L/H = 4$, $E_{MW} = 2000 \ MN/m^2$

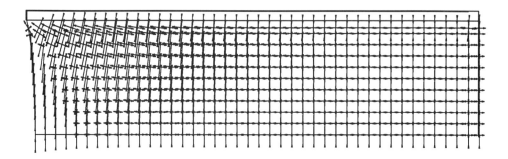

a) $\varDelta T = -15$

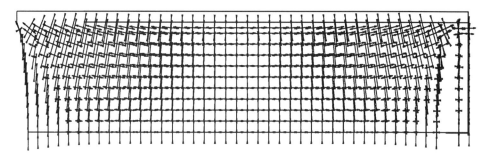

b) $\varDelta T = -20$

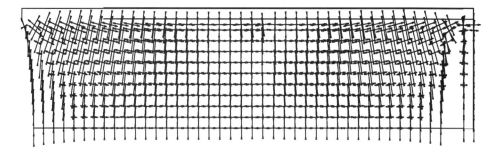

c) $\varDelta T = -21$

Bild 6.27: Hauptspannungen vor und nach der Rißbildung für Wand L = 4H

Der Systemwechsel ist anhand von Bild 6.28 a deutlich zu erkennen. Zunächst wird die Wandscheibe mit L=4H gerechnet. Nach dem Reißen wird eine Wandscheibe mit L = 2H betrachtet. Auch diese reißt in der Wandmitte. Schließlich wird die Wand mit L = 1H bis ΔT = –50 K untersucht. Im System mit L = 1H (und 0,75 H) entsteht kein Trennriß mehr, sondern die Rißgeschichte setzt sich nur in den Anrissen weiter fort.

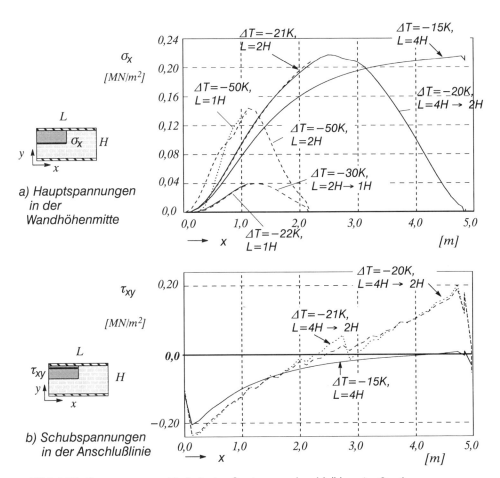

a) Hauptspannungen in der Wandhöhenmitte

b) Schubspannungen in der Anschlußlinie

Bild 6.28: Spannungsverläufe beim Systemwechsel L/H = 4→2→1

Die Schubspannungen in der Anschlußlinie verdeutlichen den Systemwechsel mit der Rißbildung und steigender Temperaturänderung (Bild 6.28 b). Die Sprünge in der Schubspannungslinie bei ΔT = –21 K deuten die Anrisse und mit dem Vorzeichenwechsel die nächstmögliche Trennrißbildung an. Die Schubspannungen nehmen durch den Systemwechsel analog zu den horizontalen Spannungen ab (Bild 28 b).

Analog zum Rißverhalten von Stahlbeton können verschiedene Zustände oder Rißentwicklungsstadien definiert werden (Bild 6.29):

Zustand I: Zustand ohne sichtbare Risse, linearer Spannungsanstieg und keine
*   Trennrißbildung (nur Anrisse)*

Zustand II mit Trennrissen
*   a: Trennrißbildungsstadium*
*   b: Keine Rißbildung mehr, nur Zunahme der Rißbreite*
*   (abgeschlossenes Rißbild)*

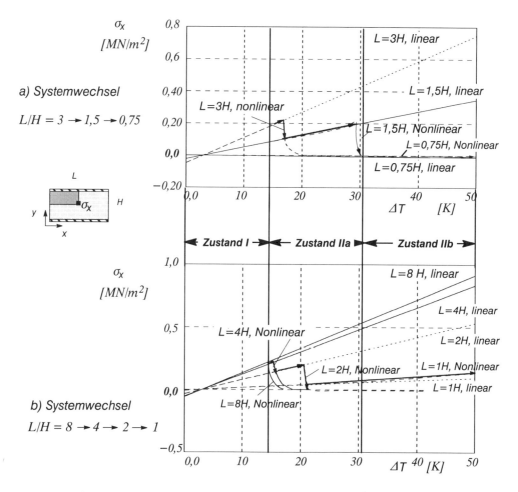

Bild 6.29: Spannungsabbau in Wandmitte und Systemwechsel

Betrachtet man die Spannungen in Wandmitte, so kann man auch hier feststellen, wann das System reißt und bei welcher Länge es dies nicht mehr tut. Im Bild 6.29 kann man den Systemwechsel von L = 8H bis auf 1H bzw. von L = 3H bis auf 0,75H verfolgen. Ausgegangen wird von einer Systemlänge, die sich beim Reißen halbieren wird, bis kein Trennriß mehr entsteht. Die Berechnungen wurden an verschiedenen Systemlängen linear und nichtlinear durchgeführt. Die kleinste Wandlänge betrug L = 0,75H. Bis ΔT = –80K entstanden nur Anrisse und kein Trennriß mehr (Bild 6.30). Hierbei war die Rißfortschreitung stabil.

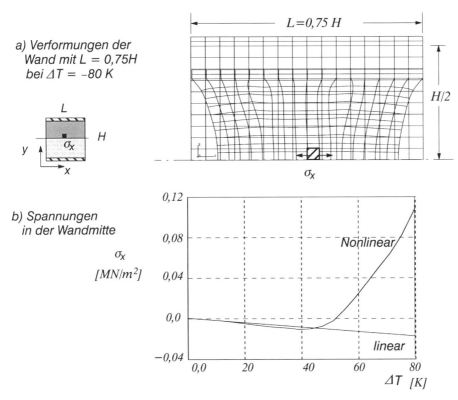

a) Verformungen der Wand mit L = 0,75H bei ΔT = –80 K

b) Spannungen in der Wandmitte

Bild 6.30:   Verformung und Spannungsentwicklung bei Rißbildung einer Wand mit L = 0,75H

Bild 6.30 zeigt die Verformung und Spannungsentwicklung in der Wandmitte bis ΔT = –80 K. Bei Wandsystemen mit kleinen Längen (L $\leq$ 0,75 H) ist in Wandmitte bei Abkühlung Druckspannung vorhanden (Bild 6.30, unten). Nachdem die Anrisse sich aufgeweitet haben (keine Trennrißbildung) und die Spannungsübertragung in diesem Bereich kleiner geworden ist, muß die Spannung durch den restlichen ungerissenen Teil durchfließen.

6.6.1.5 Trennrißabstände und Rißbreiten infolge vertikaler Rißbildung

Bild 6.31 zeigt für Wände mit verschiedenen Seitenverhältnissen die Entwicklung dieser Rißbreite im Zusammenhang mit der Temperaturänderung. Die halbe Rißbreite wird aus dem Unterschied der Knotenverschiebung in Wandhöhenmitte Rand und der Decke er-rechnet. Am freien Wandrand vergrößert sich die Verformung (WL in Bild 6.31) mit zu-nehmender Temperaturänderung fast linear, bis sich ein Trennriß in Wandmitte (WR in Bild 6.31) bildet. Nachdem der Riß sich in Wandmitte über die gesamte Höhe erstreckt hat und ein Systemwechsel stattgefunden hat, geht die Verschiebung WL etwas zurück. Mit zunehmendem ΔT steigt die Rißbreite wieder linear an. Die Verschiebung in der An-schlußlinie ist im Vergleich zur Verschiebung in Wandhöhenmitte sehr gering.

In Wandmitte ist durch das gewählte verschmierte Rißmodell die Lage der Rißufer WR nicht exakt anzugeben. Der Riß ist zwischen den gerissenen und ungerissenen Integra-tionspunkten zu finden. Die Verschiebungen werden hier in den Knotenpunkten abgele-sen. Wenn der Riß in Wandmitte völlig geöffnet ist, verhält sich die Wand symmetrisch. Die Betrachtung der Verformung WL am freien Wandufer ist, wie aus Kontrollrechnun-gen hervorgeht, genauer als eine Betrachtung in Wandmitte.

Für Wände mit relativ großem Seitenverhältnis, z.B. L = 8 H bis 3 H, liegen die linearen Rißbreiten–Temperaturänderungsverläufe relativ nah beieinander (Bild 6.31a). Bei der nichtlinearen Berechnung beginnt die Mitte der Wand mit L = 4H bei –15,3 K zu reißen. Nach weiterer Abkühlung um etwa –1 K erstreckt sich der Riß über die gesamte Wand-höhe und die Rißbreite nimmt nun bis –20 K zu. Danach reißt die neue Wand (L = 2H) in der Mitte bei –21 K, und dieser Riß ist nach etwa –1,5 K völlig geöffnet. Es entsteht nochmals ein neues System mit der Wandlänge L = 1 H, in der bis ΔT = –50K kein Trennriß mehr entsteht, sondern nur noch die Anrisse größer werden. Damit ist die Länge 1 H in diesem Fall der kleinste Rißabstand.

Ähnliche Vorgänge finden bei Rißentwicklung und Systemwechsel für die Seitenverhält-nisse L/H = 3→1,5→0,75 statt. (Bild 6.31 b). Der kleinste Rißabstand ist hier L = 0,75H.

Wie bei den Spannungen ist auch hier die Analogie der Rißbildungsentwicklung zum Stahlbetonbau vorhanden. Die Zustände I, IIa und IIb können wie in Bild 6.28 definiert werden (Bild 6.31).

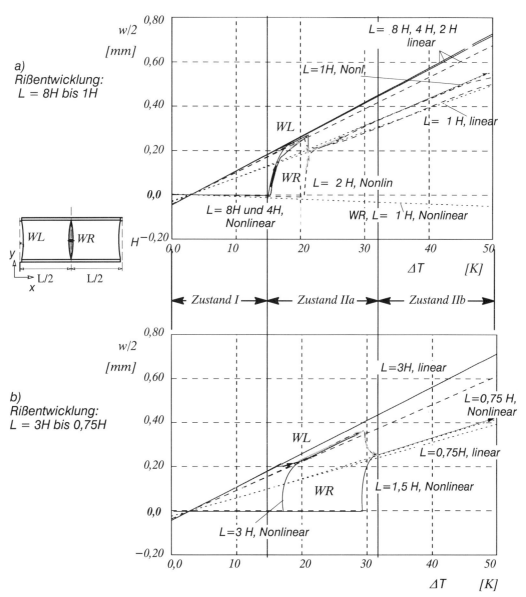

Bild 6.31: Rißbreitenentwicklung bei Abkühlung

6.6.1.6 Verallgemeinerung für anderes Material

Die obigen FE-Rechnungen wurden mit dem Material a (E_{Decke}/E_{Wand} = 26000/2000 MN/m^2) durchgeführt. Für die Überprüfung und Verallgemeinerung der Ergebnisse werden Wände hinsichtlich des Verformungs- und Tragverhaltens mit dem Material b (E_{Decke}/E_{Wand} = 34000/6500 MN/m^2) und den Seitenverhältnissen L = 3 H bis 0,75 H berechnet.

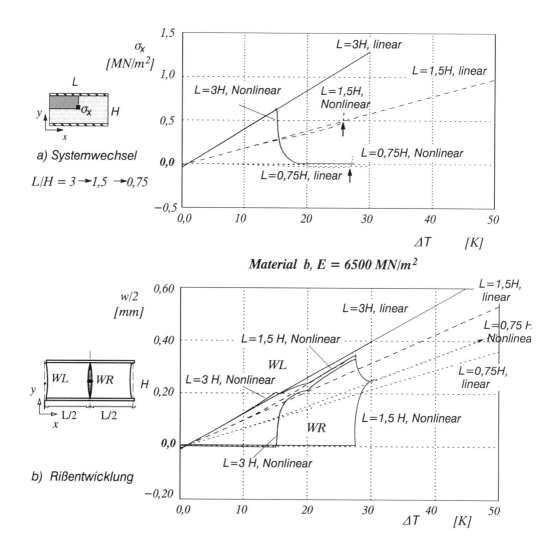

Bild 6.32: Spannungs- und Verformungsverläufe in Wänden mit dem Material b

Es stellen sich ähnliche Spannungs- und Verformungverläufe wie bei Material a ein. Bild 6.32 a zeigt den Spannungsabbau in Wandmitte und 6.32 b die Rißentwicklung in Wänden mit dem Material b. Beachtlich ist hier die rapide Spannungszunahme in Wandmitte für L = 1,5 H und ΔT = 26 K bzw. L = 0,75 H und ΔT = 27 K durch die Spannungsumlagerung, nachdem die Anrisse sich aufgeweitet haben (keine Trennrißbildung). Die Rißbreiten liegen in derselben Größenordnung wie bei Material a. Die Rißtemperaturen waren hier kleiner.

Auch in der Wand mit L = 0,75 H entsteht bis ΔT = -80 K kein Trennriß mehr.

Die Vergleichsrechnungen zeigen, daß die Interpretation der FE-Rechenergebnisse für gängige Steifigkeitsverhältnisse Stahlbetondecke/Mauerwerkswand allgemeingültig sind.

6.6.1.7 Vergleich der Ergebnisse aus linearer und nichtlinearer Rechnung

Die rißauslösenden Temperaturen in der FE-Berechnung stimmen mit Werten, die nach Gl. 6.36 linear ermittelt werden, gut überein. Vor der Trennrißbildung übersteigt die nichtlineare Verformung die lineare bei gleichen Systemen nur geringfügig (Bild 6.30 und 6.31 b). Der Rißbreitenunterschied zwischen der linearen und der nichtlinearen Berechnung wird mit kleiner werdender Wandlänge (L = 0,75 H bis 1,0 H) und steigender Temperaturänderung deutlicher (Bild 6.30 und 6.31b). Der Unterschied zwischen einer linearen und einer nichtlinearen Berechnung beträgt bei einem Verhältnis E_{Decke}/E_{Wand} = 13 (Material a) ca. 10% und bei E_{Decke}/E_{Wand} = 5,2 (Material b) bis zu 19%.

Der Grund für diese Unterschiede liegt in erster Linie in der Deckenverschiebung. Dadurch, daß im Anschlußbereich starrer Verbund herrscht, werden dort bei Anrissen weiter Spannungen übertragen. Nach der Trennrißbildung weiten sich diese Anrisse auf, und die übertragenen Spannungen werden nun im Zusammenhang mit der Rißöffnung kleiner. Je mehr Trennrisse sich bilden bzw. je kleiner die Wandlänge wird, desto größer werden die Anrißaufweitungen. Dies führt dazu, daß der angerissene Bereich unter der Anschlußlinie so weich wird, daß die Verformungsunterschiede zwischen der Decke und Wandhöhenmitte größer werden und damit auch die Rißbreite.

Die nach Gl. (6.32) ermittelten Rißbreiten stimmten mit den nichtlinearen Ergebnissen für Wandlängen von 3 H und 4 H gut überein (Bild 6.33). Bei kleineren Seitenverhältnissen L = 2 H und 1,5 H sind Abweichungen bis 10% vorhanden. Für L = 1H und 0,75

H sind Abweichungen vor allem mit größer werdendem ΔT (> 50 K) von mehr als 20% möglich. Deshalb wird hier vorgeschlagen, für Seitenverhältnisse L = 1 H und L = 0,75 H die Rißbreite mit folgender Formel abzuschätzen:

$$w = (1,0 - v_m \cdot k_{sm}) \cdot (a_T \cdot \Delta T - v \cdot \frac{\sigma_v}{E_{MW}}) \cdot L \qquad (6.38)$$

Der Unterschied in Gl. 6.38 zu Gl. 6.32 liegt darin, daß für (k_{sD} v_D) der Wert 1,0 gesetzt wird, d.h., in diesem Fall bleibt die Decke im Gegensatz zur Wand unverformt.

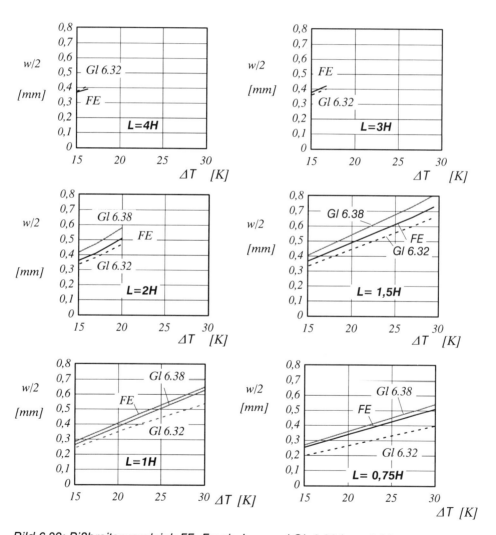

Bild 6.33: Rißbreitenvergleich FE–Ergebnisse und Gl. 6.32 bzw. 6.38

In Anbetracht der Unsicherheiten in den anzusetzenden Parametern wie Zugfestigkeit, starrer Verbund in der Anschlußlinie, Einwirkungen usw. und der guten Übereinstimmung der Ergebnisse zwischen linearen und nichtlinearen Berechnungen können Rißbreiten und Rißabstände der Außenwände zwischen Stahlbetondecken linear elastisch nach Abschnitt 6.5.5 berechnet werden.

6.6.1.8 Einfluß der Auflast auf die vertikale Rißbildung

Mit Variation der Auflast ($\sigma_v = 0.0$; $0,1$; $0,3$; $0,4$ und $0,5$ MN/m^2) läßt sich der Unterschied im Rißverhalten (bei vertikaler Rißbildung) zwischen einem Dachgeschoß und einem Zwischengeschoß feststellen.

Je größer die Auflast ist, desto größer werden die Querdruckspannungen in den Wänden, die beim Lastfall Abkühlung zunächst kompensiert werden müssen. Erst danach herrschen bei Abkühlung Zugspannungen in horizontaler Richtung in der Wand. Die Rißtemperatur (Abschn. 6.5.6) wird um den Betrag (k_{sm} ν σ_v / α_T E) größer, d.h., die Wand wird erst bei stärkerer Abkühlung reißen als ohne Auflast (Bild 6.34). Die Rißbreiten werden mit steigender Auflast kleiner.

In Bild 6.34 a steigen mit zunehmender Abkühlung die Hauptspannungen (für verschiedene σ_v) bis zur Zugfestigkeit an. In Bild 6.34 b sind die Rißbreiten in Wandmitte (WR) und am linken freien Wandrand (WL) ebenfalls in Abhängigkeit von der Temperaturänderung dargestellt. Die Rißtemperatur steigt mit zunehmender Auflast.

Zusammengefaßt kann also festgestellt werden, daß mit zunehmender Auflast die Rißgefahr kleiner wird. Bild 6.35 zeigt für die Wandlängen L = 3 H und 4H die Rißbreiten für zwei unterschiedliche ΔT.

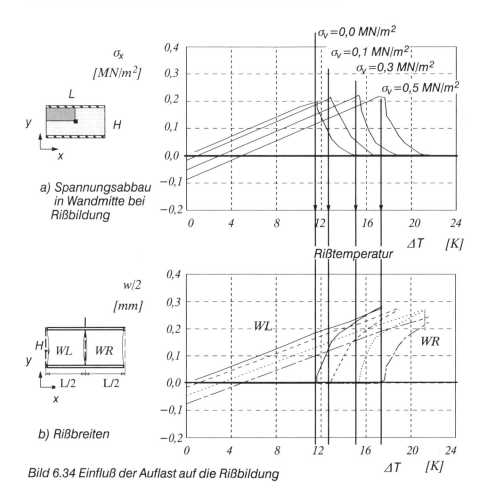

a) Spannungsabbau in Wandmitte bei Rißbildung

b) Rißbreiten

Bild 6.34 Einfluß der Auflast auf die Rißbildung

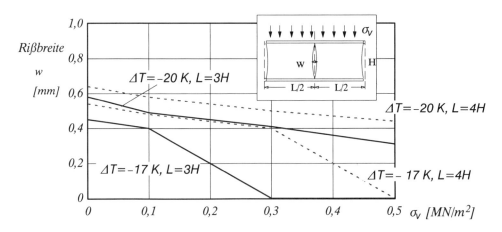

Bild 6.35: Rißbreiten für Wände mit Auflast

6.6.1.9 Einfluß der Kerbwirkung auf die Rißbildung

Wie im vorherigen Abschnitt gezeigt wurde, bilden sich zwischen zwei Trennrissen Anrisse, die Ausgangspunkte für zusätzliche Trennrisse sind. Die Frage ist nun einerseits,
welcher Spannungsverlauf im Anrißschnitt entsteht, andererseits, ob sich der Anriß aufgrund der Kerbwirkung ohne Laststeigerung bis zur Wandmitte hin erweitert. Außerdem
stellt sich hier die Frage, welchen Einfluß die Systemsteifigkeitsabminderung durch Rißbildung auf die weiteren Zwangspannungen hat.

Mit Hilfe der LEBM kann der Einfluß der Kerbwirkung auf das Fortschreiten der Risse
erfaßt werden (Abschn 6.3). Hierbei wird von einem diskreten Riß ausgegangen. Mit
Hilfe des Programms ABAQUS [1994] kann die Energiebilanz (Energiefreisetzungsrate, Abschn. 6.3) um die Rißspitze berechnet und einem kritischen Wert gegenübergestellt werden. Bei linear–elastischem Material entspricht die Energiefreisetzungsrate
dem wegunabhängigen J–Integral (Abschn 6.3), das vom FE–Programm basierend auf
einer Methode von Parks errechnet wird [ABAQUS, 1994].

Die vielfältigen Kerben im Mauerwerk sinnvoll in einem Modell nachzubilden, stellt aller-
dings ein sehr schwieriges Problem dar. Das Mauerwerk ist ein inhomogenes Material
(Mauersteine, Mörtel, Stoß– und Lagerfugen, Ausführungsqualitäten usw.). Außerdem
sind die Mauersteine in ihrer Geometrie und ihren Eigenschaften selbst inhomogen.
Dennoch wird hier versucht, das Rißwachstum in einem idealen Kontinuum mit einer
Kerbe rechnerisch zu verfolgen.

Das gewählte Wandsystem mit dem Material b und dem Seitenverhältnis L = 1,5 H wird
unter Abkühlung (–30 K) und Auflast (0,45 MN/m^2) untersucht. Ein solches Wandsystem entsteht, nachdem sich im ursprünglichen System mit L = 3H ein Trennriß in
Wandmitte gebildet hat. In der neuen Wandlängenmitte wird direkt unter der Anschlußlinie ein diskreter Riß modelliert (Bild 6.36). Ausgehend von einer Rißlänge von 25 cm,
die der Höhe des Rißbandes unter der Anschlußlinie bei etwa ΔT = –28 K aus der nichtlinearen Berechnung entspricht, wird am räumlichen Viertelsystem die Rißlänge a bis 119
cm kurz vor Wandhöhenmitte verlängert (Bild 6.36). Bei diesem ΔT bricht das Programm die FE–Rechnung der NLBM im Abschnitt 6.6.1.6 wegen Konvergenzproblemen bzw. instabilem Rißwachstum ab.

Als kritischer Wert für das Rißwachstum für das Mauerwerk mit E = 6500 MN/m^2 eine
kritische Energiefreisetzungsrate bzw. ein kritisches J–Integral G_c = J_c = 50 N/m angenommen. Der zugehörige Spannungsintensitätsfaktor ist K_c = 18 N/mm$^{-3/2}$ (Abschn.

6.3).

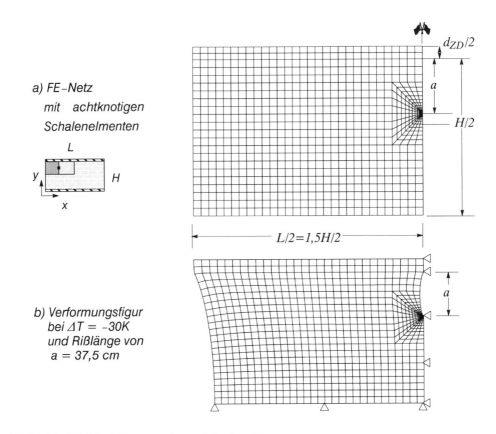

a) FE–Netz
   mit achtknotigen
   Schalenelmenten

b) Verformungsfigur
   bei $\Delta T = -30K$
   und Rißlänge von
   $a = 37,5\ cm$

Bild 6.36: FE–Modellierung eines diskreten Risses

Im Bild 6.36 ist eine Verformungsfigur für eine Rißlänge a = 37,5 cm dargestellt. Das J–Integral steigt zunächst stetig an und wächst mit zunehmender Rißlänge überproportional. Das kritische J_c wird bei –30 K bei allen Rißlängen überschritten (Bild 6.37 a), was bedeutet, daß der Riß über die gesamte Wandhöhe ohne Laststeigerung fortschreiten wird. Für eine kleinere Temperaturänderung kann die Kurve nach unten verschoben werden. Wenn der J–Integralwert bei Rißverlängerung kleiner oder mindestens gleich J_c ist, dann wird der Riß stoppen, und zum Fortschreiten des Risses wird mehr Temperaturänderung benötigt (stabiles Rißwachstum). Voraussetzung dafür ist jedoch, daß das System sich infolge der Rißbildung entlastet. Aus den FE–Berechnungen geht aber hervor, daß die Rißverlängerung zu keiner Spannungsentlastung im Gesamtsystem führt.

Bild 6.37 b zeigt die maximale Temperatur, die bei den unterschiedlichen Rißlängen das System zum Durchreißen bringt. Für eine Rißlänge von a = 25 cm ist dies bei einer Temperatur von $\Delta T = -27{,}8$ K der Fall. Diese Temperaturen aus LEBM stimmen mit den Rißtemperaturen aus der FE-Berechnung mit NLBM im Abschnitt 6.6.1.6 gut überein. Beiden Rechenverfahren wird das Energiekriterium als Versagenskriterium zugrunde gelegt; bei der LEBM die Energiefreisetzungsrate (G = J) und bei der NLBM die Bruchenergie G_F

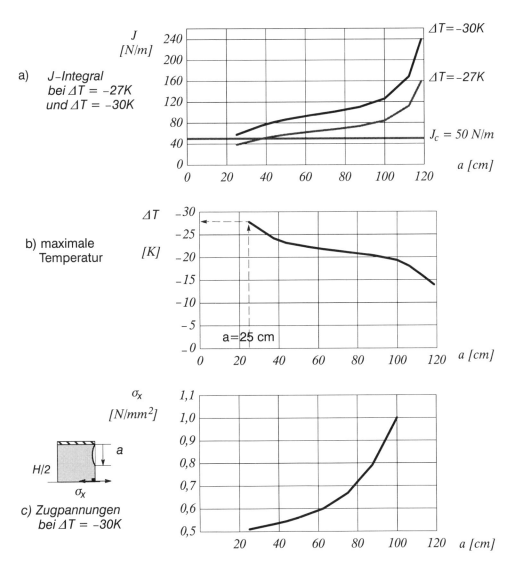

Bild 6.37: Ergebnisse der FE-Rechnungen : J-integral, maximale Rißtemperatur und Zugspannungen

Bei der NLBM (Abschn. 6.6.1.4 und 6.6.1.6) wird oberhalb der Rißspitze noch Zugspannung, die auf die Zugfestigkeit begrenzt ist, übertragen. Mit zunehmender Abkühlung wandert die Rißspitze nach unten, wobei die Zugspannungen oberhalb der Rißspitze abnehmen und im Restquerschnitt der Wand zunehmen (vgl. Bild 6.30). Dies bewirkt ein schnelleres Rißwachstum bei zunehmender Rißlänge. Dasselbe Verhalten stellt sich, allerdings in extremeren Maßen, nach der LEBM ein. Dabei werden aber oberhalb der Rißspitze gar keine Zugspannungen übertragen, was ein schlagartiges Durchreißen ohne Laststeigerung bewirkt. In Bild 6.37 c ist die Zugspannungszunahme in Wandmitte in Abhängigkeit von der Rißlänge a zu sehen.

Im vorliegenden Fall schreitet in beiden Rechnungen nach LEBM und NLBM der Anriß der L = 1,5 H langen Wand, wenn auch mit unterschiedlichen Geschwindigkeiten, über die gesamte Wandhöhe fort.

Eine weitere Halbierung der Wand mit L = 0,75 H durch Anrisse ist nach Abschnitt 6.4.4 bis $\Delta T = -80$ K ausgeschlossen.

Die Ergebnisse der LEBM–FE–Rechnung zeigen, daß sich Risse mit a = 25 cm ohne weitere Laststeigerung instabil fortsetzen, wenn die Abkühlung stärker als $\Delta T = 28$ K ist. Dieses Ergebnis ist erschreckend und entspricht glücklicherweise nicht der Realität. Denn das Mauerwerk mit seinen Inhomogenitäten bezüglich Rißwachstum ist viel günstiger als es der FE–Berechnung zugrunde liegt. Außerdem würde die Spannungsumlagerung den Rißfortschritt hemmen.

6.6.2 FE-Berechnung des Gleitens der Dachdecke auf Mauerwerkswand

Bei Erwärmung und Überschreitung der Wandfestigkeit gegen Abscheren rutscht die Decke auf der Wand. Beim Rückgang der Temperatur auf ihren Ausgangswert geht die Decke nicht in ihre Ursprungslage zurück (Abschn. 6.5.1.2). Dabei entstehen in der Wandmitte Zugspannungen, die beim Erreichen der Wandzugfestigkeit vertikale Risse in Wandmitte zur Folge haben. Kühlt sich die Wand weiter ab, so vergrößert sich die Rißbreite in Wandmitte.

Die Ermittlung solcher Risse ist äußerst kompliziert. Einerseits ist der mechanische Verbund zwischen Mauerwerk und Beton nicht bekannt. Andererseits ist es sehr schwierig, die tatsächlich vorhandenen Einflüsse (Ausbildung der Anschlußlinie mit gelochten oder glatten Steinen, Reibungsverhalten, Einbautemperatur, Eigenspannungen usw.) und deren Folgen in den Griff zu bekommen. Deshalb wird hier nicht versucht, Rißbreiten zu errechnen, sondern nur das im Abschnitt 6.5.1.2 beschriebene Verformungsverhalten anhand von realitätsnahen Annahmen für das Materialverhalten zu bestätigen.

6.6.2.1 Wandsysteme für das Gleiten der Dachdecke auf Mauerwerkswand

Die FE-Berechnungen erfolgen für das Dachgeschoß, weil hier die Rutschgefahr wegen der geringen Auflast am größten ist. Es werden zwei FE-Systeme (eben und räumlich) mit einer Länge von 3H modelliert (Bild 6.38). Für das ebene System werden quadratische Scheibenelemente (achtknotig mit neun Integrationspunkten) mit ebenem Spannungszustand eingesetzt. Im räumlichen System werden vierknotige Schalenelemente mit vier Integrationspunkten für Wand und Decke verwendet. Die FE-Rechnungen an räumlichen Systemen dienen dazu, die Annahmen für das ebene System zu bestätigen und die Ergebnisse zu kontrollieren.

Außer der Auflast aus Eigengewicht wirken Temperatur und Schwinden (Abschnitt 4). Es wird eine gleichmäßige Erwärmung und Abkühlung gemäß Bild 6.39 gewählt.

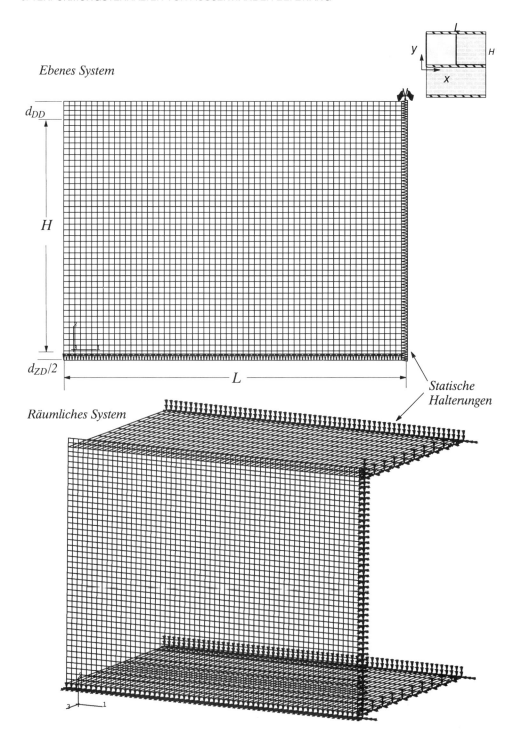

Bild 6.38: FE–Netze und Systemlagerungen

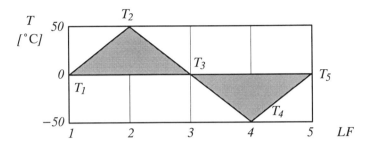

Bild 6.39: Temperaturänderungsfälle

Es werden zwei Rißmöglichkeiten untersucht:

Fall 1: Die Schubspannung überschreitet die Festigkeit gegen Abscheren in der Anschlußlinie bei T_2.

Fall 2: Bei T_3 reißt die Wand zusätzlich in der Mitte durch Überschreitung der Wandzugfestigkeit.

Mit den Lastfällen T_4 und T_5 wird das weitere Verhalten beim Abkühlen und Temperaturrückgang auf den Ausgangspunkt untersucht.

6.6.2.2 Materialgesetze; Kontaktelemente zum Simulieren des Verbundes

Es werden die im Abschnitt 6.6.1.2 und Bild 6.24 angegebenen Stoffgesetze für Material a und b beibehalten.

Damit ein Gleiten in der Anschlußlinie möglich ist, werden Kontaktelemente mit dem Reibungsmodell nach Bild 6.40 eingebaut. Das Verhalten der Kontaktelemente auf Schub wird nach einem erweiterten Coulombschen Reibungsgesetz gewählt. Bevor das Gleiten in der Anschlußlinie einsetzt, muß eine Zugspannung p_o überwunden werden (Bild 6.40, unten). Der Wert p_o entspricht dem Kohäsionswert. Die Kontaktelemente übertragen, solange sie überdrückt sind, weiterhin Schubspannungen bis zum maximalen Wert der Reibungsspannung. Wenn die Kontaktelemente sich aufgrund von Zugspannungen öffnen, werden gar keine Spannungen mehr übertragen.

Die FE–Untersuchungen erfolgen für das Mauerwerksmaterial a und b (Bild 6.24). Eine weitere Vergleichsrechnung wird für das Material c, das ein $E_{MW} = 2000$ MN/m^2 und die gleichen Verbundeigenschaften wie Material b besitzt, durchgeführt.

Das Wandmaterial **a** entspricht etwa einem Mauerwerk aus großformatigen, gelochten Mauersteinen mit rauher Oberfläche z.B. aus Leichtbeton mit der Mörtelgruppe IIa. Der Reibungsbeiwert wird in den Mörtelfugen zu 1,0 angesetzt (Bild 6.40). Das Wandmaterial **b** kann ein Mauerwerk aus kleinformatigen (2DF) Ziegelsteinen oder Kalksandsteinen mit Mörtelgruppe III sein. Diese Steine haben meistens einen geringeren Lochflächenanteil und besitzen eine glattere Oberfläche als Material a. Hier wird der Reibungsbeiwert für die Fugen mit 0,77 angenommen. Mit dem Wandmaterial **c** soll, im Vergleich zum Material b, der Einfluß der Verbundeigenschaften in der Anschlußlinie bei einem anderen, weicheren Wandmaterial (E = 2000 MN/m²) untersucht werden.

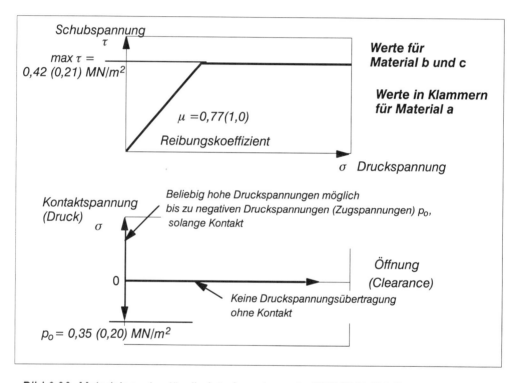

Bild 6.30: Materialgesetze für die Interfaceelemente [ABAQUS,1994]

6.6.2.3 Horizontale Rißbildung durch Überschreitung der Wandfestigkeit gegen Abscheren bei Wanderwärmung

In diesem Abschnitt werden die ebenen FE–Systeme behandelt. Die Verformungen und Spannungen werden im Zusammenhang mit der Rißbildung für die Wand mit dem Material b (E_{MW} = 6500 MN/m² und E_{Decke} = 34000 MN/m²) und der Länge L = 3H für die angegebenen Lastfälle dargestellt. Anschließend werden Vergleiche mit dem Material a und c angestellt.

Entlang der Anschlußlinie bauen sich die Schubspannungen allmählich aufgrund der Erwärmung auf. Die maximalen Schubspannungen bei $T_2 = 50°C$ betragen nach linear elastischer Rechnung ein Vielfaches der Wandfestigkeit gegen Abscheren. Nach Erreichen dieser Wandfestigkeit fängt die Wand an, in der Anschlußlinie zu rutschen. Bei 50°C ist die Wand in der Anschlußlinie bis zu 0,28 L/2, vom freien Rand her, völlig geöffnet (interface open) und bis 0,81 L/2 gerutscht (interface closed and slipping); der Rest bleibt in Haftverbund (interface closed and sticking), (Bild 6.41a). Beim Rückgang der Temperatur auf Null (T_3) geht die Wand aufgrund der plastischen Verformungen nicht in ihre Ausgangslage zurück (Bild 6.41b). Das Verformungsverhalten für die Lastfälle Abkühlung und Rückgang auf die Ausgangstemperatur (T_4 bzw. T_5) entspricht den Lastfällen T_2 und T_3, aber mit umgekehrtem Vorzeichen (Bild 6.41c und d). Die Verformungen bei Material a, b und Material c sind ähnlich.

In Bild 6.42 a bis d sind die zu den Verformungsbildern gehörigen Hauptspannungen (ohne die Deckenspannungen) dargestellt. Im Lastfall $T_2 = 50°C$ werden im äußeren, geöffneten Eckbereich keine Spannungen mehr übertragen (Bild 6.42 a). Grund für die Öffnung der Kontaktelemente ist die vertikale Zugspannung im freien Randbereich, die p_0 überschritten hat. Nach der Rißbildung lagern sich die Spannungen zu den ungerissenen Wandbereichen hin um. In der Restlänge der Anschlußlinie werden Spannungen entsprechend dem Reibungsgesetz übertragen. Insgesamt stellt sich hier bezüglich der Wandhöhenmittenlinie ein asymmetrischer Spannungszustand ein. Im Wandinneren herrschen bei diesem Lastfall Druckspannungen.

Im Lastfall $T_3 = 0°C$ (Temperaturrückgang auf den Ausgangspunkt) sind die Spannungen im System aufgrund des plastischen Verformungsverhaltens nicht gleich Null. Es stellt sich in diesem Fall ein bezüglich der Wandhöhenmittellinie fast symmetrischer Spannungszustand ein (Bild 6.42 b). Die Spannungen sind bis auf den Randbereich Zugspannungen. Der Eckbereich der Anschlußlinie wird im Lastfall $T_3 = 0°C$ überdrückt und kann wieder Druckspannungen weiterleiten.

Durch weitere Abkühlung auf $T_4 = -50°C$ bauen sich die Spannungen allmählich mit der Temperaturänderung weiter auf und erreichen einen betragsmäßig etwas größeren Wert als im Lastfall 2. Der Spannungszustand ist hier asymmetrisch (Bild 6.42 c). Bei $T_5 = 0°C$ sind die Spannungen ebenfalls nicht gleich Null. Es stellt sich hier ein ähnlicher Spannungszustand (mit umgekehrtem Vorzeichen) wie im Lastfall 3 (Bild 6.42 d) ein.

Verformungen in 500 facher Vergrößerung

$$L/H = 3 \, , \, E_{MW} = 6500 \, MN/m^2$$

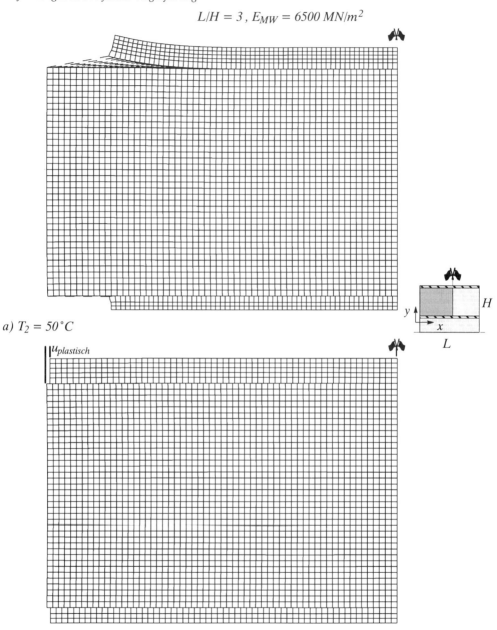

a) $T_2 = 50°C$

b) $T_3 = 0°C$

Bild 6.41: Verformungsfiguren für ebenes System, Lastfall 2 und 3

Verformungen in 500 facher Vergrößerung

$$L/H = 3\,,\ E_{MW} = 6500\ MN/m^2$$

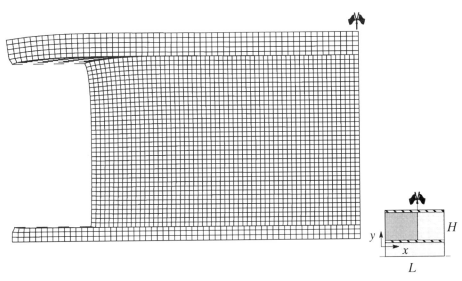

c) $T_4 = -50\,°C$

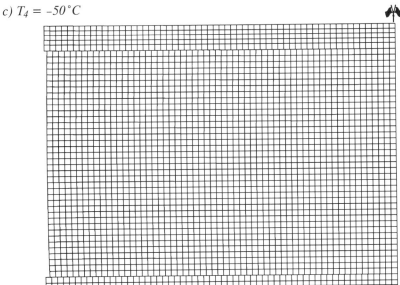

d) $T_5 = 0\,°C$

Bild 6.41: Verformungsfiguren für ebenes System, Lastfall 4 und 5

$L/H = 3$, $E_{MW} = 6500 \, MN/m^2$

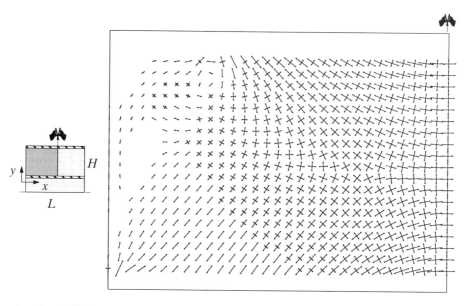

a) $T_2 = 50\,^\circ C$

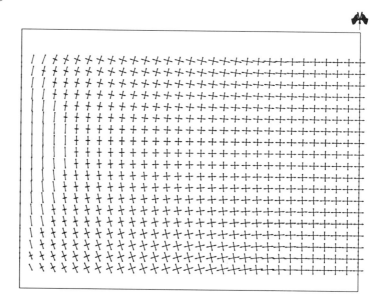

b) $T_3 = 0\,^\circ C$

Bild 6.42: Hauptspannungen vor und nach der Rißbildung, Lastfall 2 und 3

$L/H = 3$, $E_{MW} = 6500\ MN/m^2$

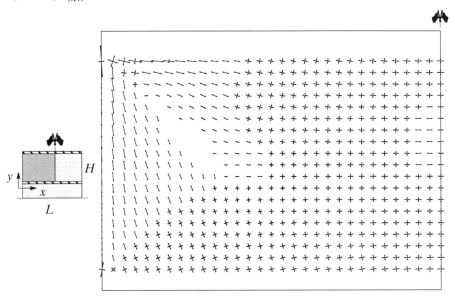

c) $T_4 = -50\,°C$

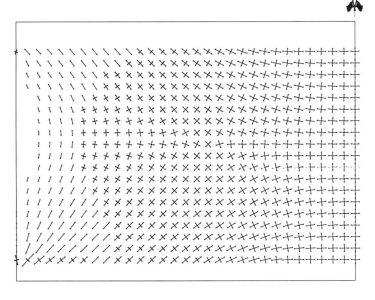

d) $T_5 = 0\,°C$

Bild 6.42: Hauptspannungen vor und nach der Rißbildung für Lastfälle 4 und 5

175

In Bild 6.43 ist die horizontale Spannung σ_x in der Wandmitte (für das Material **a** und **b**) im Zusammenhang mit der zugehörigen Temperatur dargestellt. Zunächst wird die Spannung für Material **b** betrachtet. Solange die Spannung kleiner ist als in dem mit A gekennzeichneten Zustand (bei T = 15 °C; σ_x = 0,11 MN/m^2), verhält sich die Wand annähernd linear-elastisch. Bei weiterer Temperatursteigerung bis zum Punkt B nimmt die Spannung nur noch wenig zu, weil sie in den Fugen gleitet. Wird die Wand dann entlastet – hier: die Temperatur auf den Ausgangspunkt gebracht –, so verläuft die Spannungslinie zunächst parallel zur Linie OA zurück, dann auf einen positiven Spannungswert (Punkt C) hin. D.h., bei T_3 = 0°C geht die Spannung aufgrund der plastischen Verformungen nicht auf Null zurück. Bild 6.44 zeigt die zu den Temperaturlastfällen zugehörigen Verläufe der Normalspannungen in Wandmitte über die Höhe H.

Bild 6.45 a zeigt die Schubspannungen in der Anschlußlinie unter der Dachdecke im Zusammenhang mit den herrschenden Wandtemperaturen. Hier ist bei T_2 = 50°C der offene Anschlußlinienbereich, wo keine Schubspannungen übertragen werden, zu erkennen. Die Schubspannungen im Bild sind wegen der Singularität an der Rißspitze (Sprung) und wegen Ungenauigkeiten der Werte in den FE-Knoten nicht gleich Null. Über die restliche Wandlänge werden Schubspannungen bis zur aufnehmbaren Reibungsspannung aktiviert. Bei T_3 = 0°C, T_4 = –50°C und T_5 = 0°C gleitet die Anschlußlinie und überträgt Schubspannungen entsprechend dem vorgegebenen Reibungsgesetz nach Bild 6.40.

Die Anschlußlinie über der Zwischendecke bleibt, bis auf einen kleinen (vernachlässigbaren) Randbereich, in Kontakt und leitet die Schubspannungen in Höhe der Reibungsspannung weiter. Die Schubspannungsverläufe sind im Bild 6.45 b dargestellt.

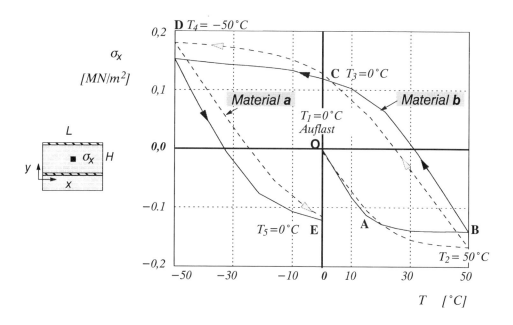

Bild 6.43: Vergleich der Normalspannungen von Material a und b

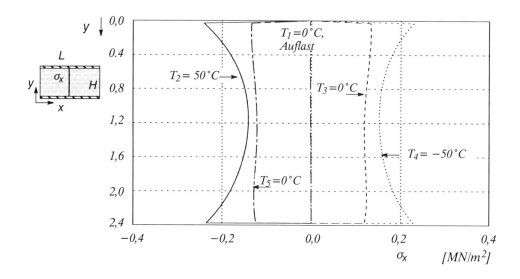

Bild 6.44: Normalspannungen σ_x in Wandmitte über die Höhe H

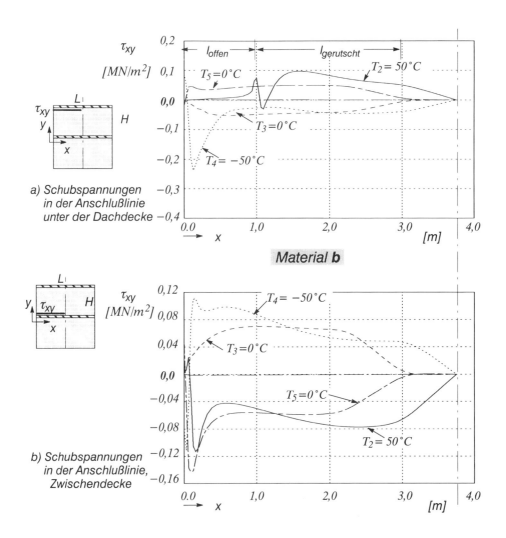

Bild 6.45: Schubspannungen in den Anschlußlinien infolge Temperaturänderung
für Material b

Die gleiche Untersuchung wie mit dem Material b wird zum Vergleich auch mit a (E_{Decke}/E_{Wand} = 26000/2000 MN/m²) durchgeführt. Bild 6.46 zeigt die Verformungen der Wandecke (Material a = gestrichelte und b = durchgezogene Linie) in Abhängigkeit von der Temperaturänderung. Das Material a verformt sich bei T= 50°C und –50°C weniger als das steifere Material b. Die bei Temperaturrückgang auf T_3 = 0°C und T_5 =0°C verbleibenden plastischen Verformungen sind bei Material a größer. Die plastischen Verformungen unter der Dachdecke sind etwas größer als an der Zwischendecke. Grund für die Verformungen ist das Verbundverhalten in den Fugen der Anschlußlinie.

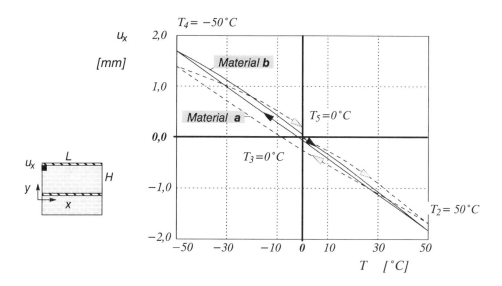

Bild 6.46: Verschiebung der Wandecke infolge Temperaturänderung, Material a und b

Die Rißlänge in der Anschlußlinie mit dem Material b ist länger (Bild 4.47). Damit kann die Wand aus Material b über eine längere Strecke zurückgleiten und die verbleibenden Verformungen fallen kleiner aus als bei Material a, das nicht so weit wie b gleiten kann. Bei Material a hat der völlig offene Wandbereich bei T = 50°C die Länge l_{offen} = 0,18 L/2 und der gerutschte Bereich die Länge $l_{gerutscht}$ = 0,77 L/2 (vgl. Bild 6.45).

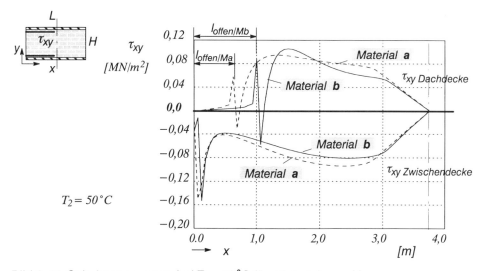

Bild 6.47: Schubspannungen bei T = 50°C für Material a und b

Die Normalspannungen in Wandmitte sind in Bild 6.43 für Material a und b dargestellt. Dadurch, daß die Verbundeigenschaften (Bild 6.40) der Fuge bei gleicher Temperaturänderung mit dem Material a höhere Schubspannungen in der Anschlußlinie zulassen, sind die Spannungen σ_x in der Wandmitte größer als in der Wandmitte des Materials b. Dabei bleibt das Wandmaterial a und b selbst im linear-elastischen Bereich.

In der Berechnung mit dem Material **c** (E_{Wand} = 2000 MN/m^2) werden die Deckeneigenschaften und Verbundeigenschaften in der Anschlußlinie wie bei Material **b** (E_{Wand}=6500 MN/m^2) beibehalten. Wegen des Konvergenzverhaltens in der FE-Rechnung werden nur Temperaturen bis T = $\pm$37,5°C (und nicht T = 50°C wie im Bild 6.39) auf die Wand aufgebracht. Die horizontalen Spannungen in Wandmitte sind in Bild 6.48 a für das Material **c** und **b** dargestellt. In beiden Fällen wird die gleiche maximale Spannung erreicht, obwohl die Wandmaterialien sehr unterschiedlich sind. Bei Rückgang der Temperatur auf Null (T_3 und T_5) ist die Spannung im weicheren Material c deutlich geringer als bei Material b. Die Schubspannungen für T_2 = 37,5°C sind im Bild 5.48 b dargestellt. Die Verformungsverläufe für Material c und b sind ähnlich denen für Material a und b (vgl. Bild 6.46). Die Länge des offenen Wandbereiches bei Material c ist aber deutlich kleiner als bei Material a oder b.

Die Größe der kritischen Zugspannung in Wandmitte wird vom Verbundverhalten der Wand in der Anschlußlinie bestimmt. Allgemein kann aus dem Rechenvergleich (Material a, b und c) gefolgert werden, daß unabhängig vom Wandmaterial die Spannungen in Wandmitte um so größer sind, je höher der Reibungsbeiwert in der Fuge der Anschlußlinie ist, und daß je weicher das Wandmaterial ist, desto größer die verbleibenden Verformungen sind.

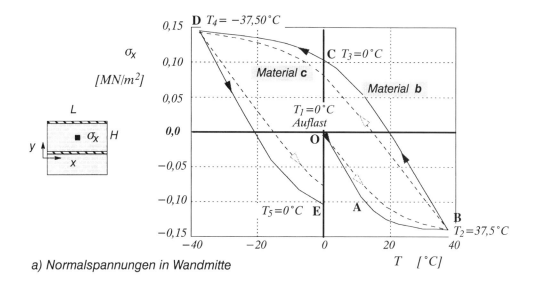

a) Normalspannungen in Wandmitte

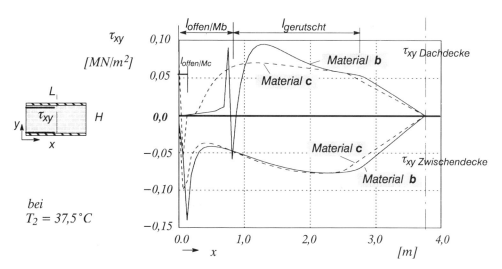

b) Schubspannungen in den Anschlußlinien

Bild 6.48: Normal– und Schubspannungen bei Temperaturbeanspruchung

6.6.2.4 Horizontale Rißbildung durch Wanderwärmung und vertikale Rißbildung in Wandmitte durch anschließende Abkühlung

Für die Untersuchung dieses Tragverhaltens wird die Zugfestigkeit in Wandmitte so begrenzt, daß sie durch die Zugspannung bei $T_3 = 0°C$ (Rückgang der Temperatur auf den Ausgangspunkt nach Erwärmung) überschritten wird. Die Berechnung wird für Material b durchgeführt.

Bei T = 19 °C, während des Temperaturrückgangs von 50°C auf 0°C, wird die Wandzugfestigkeit erreicht. Die Zugspannung wird in der Symmetrieachse dann entsprechend Bild 6.24 c abgebaut und der Riß öffnet sich (Bild 6.49 bis 6.52). In Bild 6.49 ist die Horizontalspannung in Wandmitte in Abhängigkeit von der Temperaturänderung dargestellt.

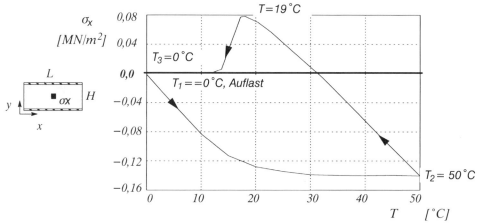

Bild 6.49: Horizontalspannung in Wandmitte bei Temperaturänderung

Die Rißbreite in Wandmitte erreicht die Größenordnung der unbehinderten Längung der Wand zwischen dem neuen Riß in Wandmitte und dem freien Rand im Zustand der größten Erwärmung $T_2 = 50°C$ (Abschn. 6.5.1, Bild 6.50). Vereinfacht kann man sich vorstellen, daß während der Abkühlung die Mitten der neuen Wandhälften die Bewegungsruhepunkte darstellen. Hiernach wäre max w:

$$max\ w = \alpha_T \cdot \Delta T \cdot L_{neu} = 1,0 \cdot 10^{-5} \cdot 50 \cdot \frac{3,75 \cdot 2}{2} \cdot 10^3 = 1,32\ mm$$

Nach der FE–Rechnung beträgt w_{FE} bei $T_3 = 0°C$ (Bild 6.50 und 6.51):

$$w_{FE} = 1,0\ mm$$

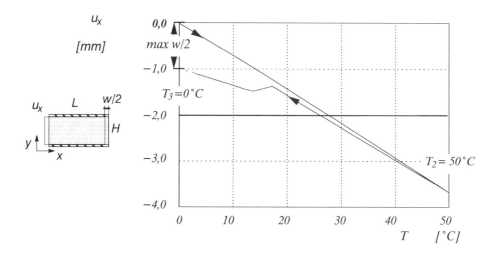

Bild 6.50: Verformung am freien Rand nach Erwärmung und anschließender Abkühlung

Der Unterschied zwischen den beiden w‑Werten ist hauptsächlich auf die im FE‑System noch aufnehmbaren Zwangkräfte und auf die abweichende Lage des Bewegungsruhepunktes, die vom Verlauf der Schubspannungen in der Anschlußlinie abhängt, zurückzuführen.

Nach der vertikalen Rißbildung entsteht bei $T_3 = 0°C$ ein fast symmetrisches Hauptspannungsbild (6.52). Die Spannungen sind aber kleiner als im vorherigen System, weil die Wandlänge kürzer geworden ist.

Die verbleibenden Verformungen werden durch wiederholte Beanspruchungen aus Erwärmung und Abkühlung mit der Zeit immer größer. Dabei wird das Mauerwerk zunehmend weicher. Auch die Lage des Bewegungsruhepunktes des gerissenen wandernden Wandteils kann sich immer weiter verschieben, wenn die einwirkenden Lasten oder die Verbundeigenschaften bei Erwärmung und Abkühlung etwas unterschiedlich sind. Diese Einflüsse sind maßgebend dafür, daß sich die Rißbreiten weiter vergrößern können. Ist die Wand der Atmosphäre ausgesetzt, so kann es in den entstandenen Rissen zu Frostdrücken kommen, die diese Rißbreiten noch mehr aufweiten. Diese Phänomene sollten in Fortsetzungsarbeiten verfolgt werden.

Verformungen in 500 facher Vergrößerun

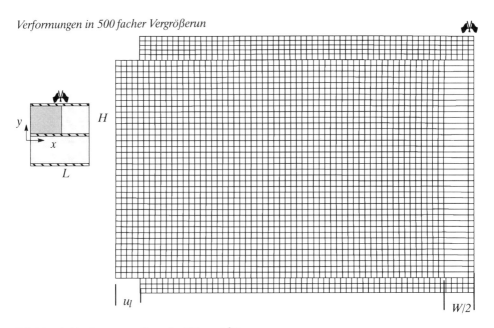

Bild 6.51: Verformungsfigur bei $T_3 = 0\,°C$

$L/H = 3$, $E_{MW} = 6500\ MN/m^2$ bei $T_3 = 0\,°C$

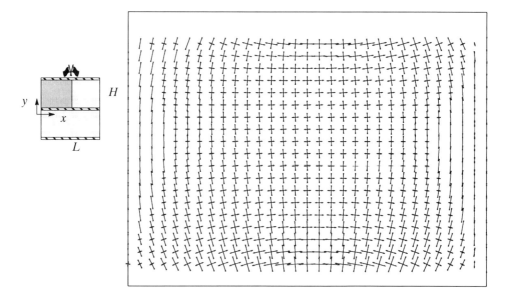

Bild 6.52: Hauptspannungen nach Erwärmung und anschließender Abkühlung

6.6.2.5 Vergleich zwischen ebenen und räumlichen Systemen

Bei der FE-Rechnung der räumlichen Systeme (Bild 6.38 b) werden die Materialgesetze des Materials b auch für die Kontaktelemente in der Anschlußlinie verwendet. Die linear-elastische FE-Rechnung ergibt eine gute Übereinstimmung der Verformungen und Spannungen der ebenen und räumlichen Systeme (Bild 6.53).

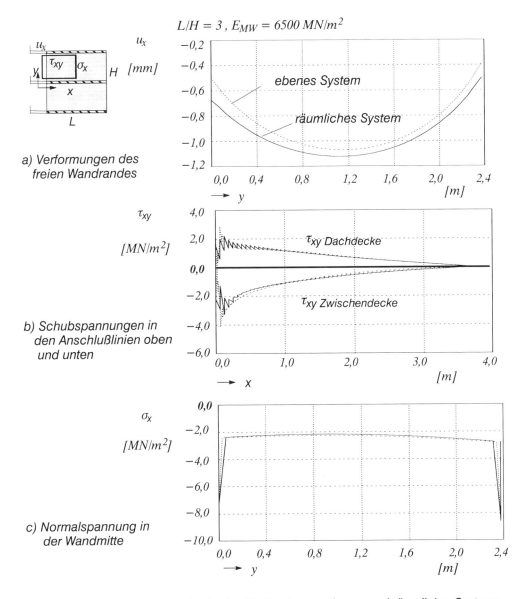

Bild 6.53: Vergleich: Linear-elastische FE-Rechnung ebener und räumlicher Systeme

185

In der nichtlinearen FE–Rechnung des räumlichen Systems wird das Rutschen der Decke auf der Wand infolge der Überschreitung der Wandfestigkeit gegen Abscheren für die Lastfälle T_1, T_2 und T_3 untersucht und mit der FE–Rechnung am ebenen System verglichen.

Das Verformungsbild für den Lastfall T_2 ist im Bild 6.54 a dargestellt. Die Decke rutscht etwas weniger als im ebenen System. Die Kontaktelemente in der Ecke öffnen sich kaum. Die verbleibenden plastischen Verformungen für T_2 sind gleich denen des ebenen Systems (Bild 6.55 a). In der Anschlußlinie unter der Dachdecke werden die Schubkräfte, im Gegensatz zum ebenen System, fast über die gesamte Länge eingeleitet (6.55b). In der Anschlußlinie der Zwischendecke weichen die Schubspannungen der beiden Systeme nur geringfügig voneinander ab. Dadurch, daß im Lastfall T_2 größere Schubkräfte im räumlichen System in die Wand eingeleitet werden, sind auch die horizontalen Druckspannungen größer als im ebenen System (Bild 6.55 c).

Nach Rückgang der Temperatur auf Null (T_3) sind die plastischen Verformungen beider Systeme gleich (Bild 6.54 b und 6.55 a). Das Integral der Schubspannungen ist im ebenen System aber größer als im räumlichen (Bild 6.55 b), wodurch die verbleibenden horizontalen Zugspannungen auch größer sind (Bild 6.55 c). Damit ist das ebene System hinsichtlich der Rißbildung (Rutschen der Decke und vertikaler Trennriß) kritischer als das räumliche.

Wie zu erwarten ist, verhält sich das räumliche System hinsichtlich Trag- und Verformungsverhalten gutmütiger als das ebene System. Aufgrund der FE–Rechnungen kann hier festgestellt werden, daß die ebenen Systeme zur Berechnung der Beanspruchungen und Rißbildung geeignet sind. In diesen Wandsystemen muß aber die mittragende Deckenbreite berücksichtigt werden.

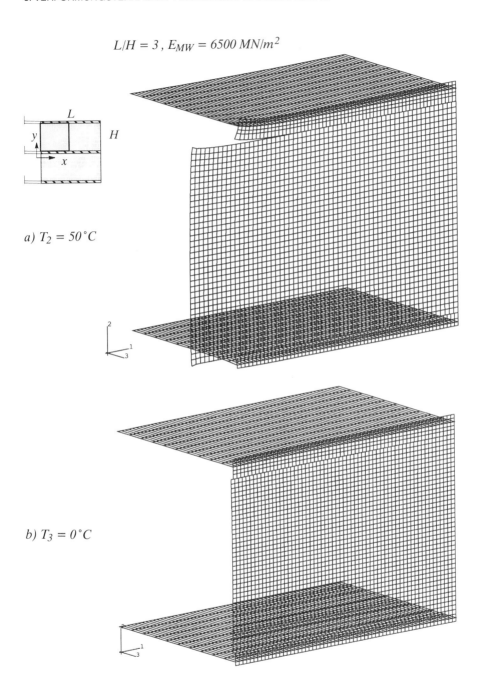

$L/H = 3$, $E_{MW} = 6500\ MN/m^2$

a) $T_2 = 50\,°C$

b) $T_3 = 0\,°C$

Bild 6.54: Verformungsfiguren des räumlichen Systems

$L/H = 3$, $E_{MW} = 6500\ MN/m^2$

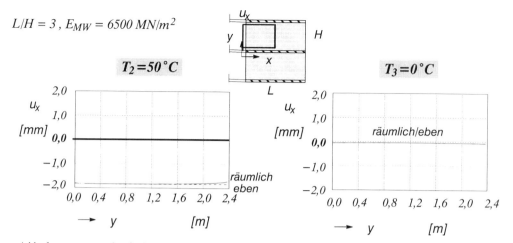

a) Verformungen der freien Wandränder

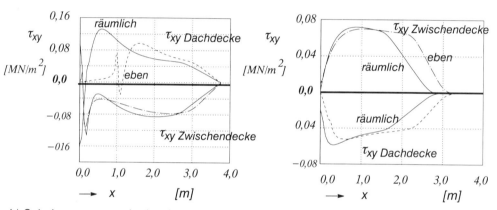

b) Schubspannungen in den Anschlußlinien

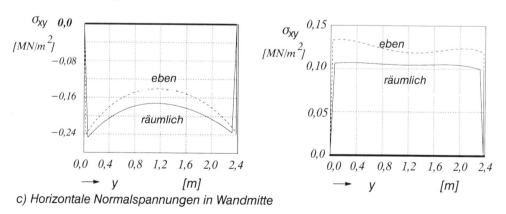

c) Horizontale Normalspannungen in Wandmitte

Bild 6.55: Vergleich der nichtlinearen FE-Rechnung an ebenen und räumlichen
　　　　　 Systemen

7 Anwendungsbeispiele

7.1 Vorgehensweise zur Ermittlung der Wärmespannungen bzw. -dehnungen und des Verformungsverhaltens in geschlossenen Wänden

1. Annahme der Einwirkungen, Temperaturen und Schwinden

Für die statischen Berechnungen werden folgende Parameter vorgeschlagen (Abschn. 2.1):

Die über den Wandquerschnitt gemittelte extreme Temperaturänderung stellt sich wie folgt ein:

Herstellung im Winter (5°C) und Verformung im Sommer (40°C):

$\Delta T = 40 - 5 = 35$ K Erwärmung

Herstellung im Sommer (15°C) und Verformung im Winter (−5°C):

$\Delta T = -5 - 15 = -20$ K Abkühlung

Die durchschnittliche Temperaturänderung einer transparent gedämmten (TWD) Wand bezogen auf die Herstellungstemperatur beträgt:

Herstellung im Winter (5°C) und Verformung im Sommer (40°C):

$\Delta T = 40 - 5 = 35$ K Erwärmung

Herstellung im Sommer (15°C) und Verformung im Winter (12°C):

$\Delta T = 12 - 15 = -3$ K Abkühlung

Aus täglichen Temperatureinwirkungen (ohne Temperaturanteil, der Eigenspannung erzeugt) ergeben sich für eine ungedämmte und einer mit TWD bestückten Außenwand nach dem Modell im Bild 4.2 folgende Extremwerte:

Druckzwang erzeugende Temperatur $\Delta T = 20$ K

Biegezwang erzeugende Temperatur $\Delta T = \pm 30$ K

Das Schwinden kann konstant über den Wandquerschnitt betrachtet werden. Für die Berechnung sollen extreme Endschwindwerte von Mauerwerk nach Anhang A 3.1 angenommen werden.

2. Berechnung der Eigenspannungen

Aus den im Abschnitt 6.5.7 genannten Gründen können Eigenspannungen bei der Ermittlung der Wandbeanspruchung in Kombination mit Zwang vernachlässigt werden. Die Eigenspannung muß aber bekannt sein. Der Eigenspannungstemperaturanteil kann nach dem Modell im Bild 4.2 und Anhang A 5.5 für die jeweiligen Wandverhältnisse ermittelt werden. Die Eigenspannungen bzw. −dehnungen selbst können mit der folgenden Formel berechnet werden:

$$\sigma_E = \Delta T_E \cdot \alpha_T \cdot E \quad bzw. \quad \varepsilon_E = \Delta T_E \cdot \alpha_T \tag{5.1}$$

Darin bedeuten:

$\Delta T_E =$ *Eigenspannungstemperaturanteil aus Anhang A 5.5*
$\alpha_T \quad =$ *Wärmedehnungskoeffizient*
$E \quad =$ *Elastizitätsmodul für Mauerwerk aus Anhang A 3.2 bzw. aus A 7.1 und A 7.2*

3. Ermittlung der Zwangspannungen
3.1 Zwangtemperaturen

$T_{az} = T_a - \Delta T_E$: *Zwangtemperatur an der Außenoberfläche*
$T_{az} = 85\,°C - \Delta T_E$ *(Nach dem Modell im Bild 4.2)*
$T_{iz} = T_i - \Delta T_E$: *Zwangtemperatur an der Innenoberfläche*
$T_{iz} = 20\,°C - \Delta T_E$ *(Nach dem Modell im Bild 4.2)*

3.2 Zentrischer Zwang

Die Spannungs− bzw. Dehnungsverteilung σ_x bzw. ε_x wird über die Wandhöhe für das jeweilige Seitenverhältnis L/H mit k_s−Faktoren beschrieben, welche das Verhältnis der Spannung σ_x zu der maximalen Spannung *(max $\sigma = \alpha_T \, \Delta T \, E_{Wand}$)* angeben:

$$\sigma_x = \alpha_T \cdot \Delta T \cdot E_{Wand} \cdot k_s \; bzw. \qquad \varepsilon_x = \alpha_T \cdot \Delta T \cdot k_s \tag{5.2}$$

$$k_s = \frac{vorh \; \sigma_{(x)}}{\alpha_T \cdot \Delta T \cdot E_{Wand}} = Spannungsverhältnis \; in \; der \; Wand$$

k_s −*Faktoren aus dem Anhang A 5.1*

3.3 Schubbeanspruchung

Die zugehörige Schubspannung in der Anschlußlinie Wand/Decke kann mit Hilfe von k_τ-Faktoren wie folgt errechnet werden:

$$\tau_{xym} = k_\tau \cdot \alpha_T \cdot \Delta T \cdot E \qquad (5.3)$$

k_τ-Faktoren aus dem Anhang A 5.2

3.4 Biegezwang

Die Wärmespannungsverteilung für verschiedene Seitenverhältnisse wird mit Platten-faktoren k_{px} und k_{py} beschrieben, welche das Verhältnis der Spannung in der Wand zu der maximalen Spannung *(max $\sigma = \alpha_T \Delta T E_{Wand}$)* darstellen:

$$\sigma_{px} = \alpha_T \cdot \Delta T \cdot E_{Wand} \cdot k_{px} \qquad\qquad \varepsilon_{px} = \alpha_T \cdot \Delta T \cdot k_{px} \qquad (5.4)$$

$$\sigma_{py} = \alpha_T \cdot \Delta T \cdot E_{Wand} \cdot k_{py} \qquad\qquad \varepsilon_{py} = \alpha_T \cdot \Delta T \cdot k_{py} \qquad (5.5)$$

$$k_{px/y} = \frac{vorh\ \sigma_{p(x/y)}}{\alpha_T \cdot \Delta T \cdot E_{Wand}} = Spannungsverhältnis\ aus\ Plattentragwirkung\ in\ der\ Wand$$

$k_{px}-$ und k_{py}-Faktoren aus Anhang A 5.3

3.5 Zusammenfassung der Spannungsanteile in zweiseitig gelagerten Wänden

Die Spannungsanteile aus Scheibenwirkung, Plattenwirkung und Eigenspannung werden in folgender Formel (5.6) zusammengefaßt:

$$\sigma_{a/i} = - E \cdot \alpha_T \left[(\tfrac{1}{2} (T_{az} + T_{iz} - 2T_0) \cdot k_s \pm \tfrac{1}{2} (T_{az} - T_{iz}) \cdot k_{px/y} + \Delta T_E \right] \qquad (5.6)$$

und die Dehnung ist:

$$\varepsilon_{a/i} = - \alpha_T \left[(\tfrac{1}{2} (T_{az} + T_{iz} - 2T_0) \cdot k_s \pm \tfrac{1}{2} (T_{az} - T_{iz}) \cdot k_{px/y} + \Delta T_E \right] \qquad (5.7)$$

Der Einfluß der Querdehnung *(ν = 0,2)* ist in den Faktoren k_s und $k_{px/y}$ berücksichtigt.

4. Verformungsverhalten von Außenwänden bei Temperaturbeanspruchung

4.1 Rißbildung infolge Eigenspannungen

Die Bedingung für die Entstehung der Einrisse ist, daß die Zugdehnung die Grenze der Rißdehnung in der Wand überschreitet:

$$\varepsilon_E = \alpha_T \, \Delta T \geq \varepsilon_u = \frac{\beta_Z}{E_Z} \tag{6.9}$$

β_Z = *Zugfestigkeit vom Mauerwerk*
E_Z = *Zug−Elastizitätsmodul vom Mauerwerk*

In einem homogenen Baustoff können die größten Rißabstände infolge der Eigenspannungen nach Bild 6.3 abgeschätzt werden. Damit ergibt sich die Rißbreite

$$max \; w_E = \varepsilon_E \cdot 2 \cdot z_{Ri\beta} = \alpha_T \cdot \Delta T_E \cdot 2 \cdot z_{Ri\beta} \tag{6.10}$$

$z_{Ri\beta}$ = *Einrißtiefe (vgl. Bild 6.3 und 6.4)*
ΔT_E = *Zug erzeugender Eigenspannungstemperaturanteil (an der Außenoberfläche)*
aus Anhang A 5.5

Aus den im Abschnitt 6.5.7 genannten Gründen können die Einrisse aus den Eigenspannungen bei der Ermittlung der Wandbeanspruchung in Kombination mit Zwang vernachlässigt werden.

4.2 Rißbildung infolge Zwangspannungen

4.2.1 Abschätzung der maximalen Wandlänge

Max L ist diejenige Wandlänge, in der keine Trennrisse über die gesamte Wandhöhe entstehen. Die Zwangdehnung (oder Spannung) wird in Wandmitte in Abhängigkeit von Temperatur (bzw. Schwinden), Systemlänge und Steifigkeitsverhältnis errechnet:

$$\varepsilon_{Wandmitte} = (\alpha_T \cdot \Delta T + \varepsilon_s) \cdot k_{sm} \qquad \Delta T \; bei \; Abkühlung \; positiv$$

wobei

$$k_{sm} = \frac{vorh \; \sigma_{m(x)}}{\alpha_T \cdot \Delta T \cdot E_{MW}} = Spannungsverhältnis \; in \; Wandmitte$$

k_{sm} *in Wandmitte in Abhängigkeit von L und E_{Wand}/E_{Decke} Anhang A 5.1 Stelle 11*

Ein Trennriß entsteht erst dann, wenn die Festigkeit (z.B. Bruchdehnung von $\varepsilon_u = 0,2$ mm/m) im Wandmittelpunkt überschritten ist:

Also wenn

$\varepsilon_{Wandmitte} \geq \varepsilon_u$

dann entsteht ein Trennriß über die gesamte Wandhöhe und die Wand wird in zwei Hälften geteilt:

$L_{neu} = L_{alt}/2$

Diese Berechnung wird so weiter in den neuen Wandlängen geführt, bis keine Trennrisse mehr entstehen.

4.2.2 Abschätzung der Rißbreite max w

Die maximale Rißaufweitung (max w) in Wandhöhenmitte kann unter Berücksichtigung der Deckenverschiebung durch die Integration der Dehnungen über die Wandlänge rechnerisch abgeschätzt werden (Bild 6.17):

$$max\,w = \int_{x=0}^{x=L} \varepsilon(x)_{frei}\; dx \;-\; \int_{x=0}^{x=L} \varepsilon(x)_{Zwang}\; dx \tag{6.28}$$

Die maximale Rißbreite ist:

$$max\,w = [(k_{sD} \cdot v_D - k_{sm} \cdot v_m) \cdot (\alpha_T \cdot \varDelta T + \varepsilon_S + v \cdot \frac{\sigma_v}{E_{MW}})] \cdot L \tag{6.32}$$

Darin bedeuten:

$$k_{sD} = \frac{vorh\; \sigma_R}{\alpha_T \cdot \varDelta T \cdot E_{MW}} = Spannungsverhältnis\; in\; der\; Anschlußlinie\; Decke/Wand$$

$$v_D = \frac{\int \varepsilon_D(x)\; dx}{\varepsilon_{D(x=L/2)} \cdot L} = Völligkeitsfaktor\; für\; die\; Spannungen\; in\; der\; Anschlußlinie$$

$$v_m = \frac{\int \varepsilon_m(x)dx}{\varepsilon_{m(x=L/2)} \cdot L} = \text{Völligkeitsfaktor für die Spannungen in Wandhöhenmitte}$$

$v = 0,2 = $ Querdehnzahl

$\sigma_v = $ Auflast, für Druck negativ

$\Delta T = $ Temperaturänderung für Abkühlung in Gl. 6.32 positiv

$\varepsilon_S = $ Schwindverkürzung in Gl. 6.32 positiv

Für die betrachtete **Kombination von Biegezwang mit Druckzwang** in einer homogenen Wand wird die Rißbreite an der Wandoberfläche abgeschätzt. Analog zur Gleichung 6.32 und anhand von Bild 6.19 kann die Aufweitung wie folgt ermittelt werden:

$$max\, w = [(k_{sD} \cdot v_D - k_{sm} \cdot v_m) \cdot (\alpha_T \cdot \Delta T_S + v \cdot \frac{\sigma_v}{E_{MW}}) +$$

$$+ (k_{pD} \cdot v_{pD} - k_{pm} \cdot v_{pm}) \cdot \alpha_T \cdot \Delta T_B] \cdot L \qquad (6.33)$$

Darin bedeuten:

$\Delta T_S = $ Scheibenspannungserzeugende Temperatur

$\Delta T_B = $ Biegespannungserzeugende Temperatur

$$k_{pm} = \frac{vorh\ \sigma_{pm(x)}}{\alpha_T \cdot \Delta T_B \cdot E_{MW}} = \text{Spannungsverhältnis aus Plattentragwirkung in Wandmitte}$$

$$k_{pD} = \frac{vorh\ \sigma_{pD(x)}}{\alpha_T \cdot \Delta T_B \cdot E_{MW}} = \text{Spannungsverhältnis aus Plattentragwirkung in Anschlußlinie}$$

$v_{pm}, v_{pD} = $ Völligkeitsfaktor in der Wandhöhenmitte bzw. in der Anschlußlinie

7.2 Rechenbeispiele

1. Außenwand aus Kalksandstein-Mauerwerk in einem Zwischengeschoß

In diesem Beispiel wird der Lastfall „Inbetriebnahme der Zentralheizung im Neubau" untersucht, d.h., die Beanspruchungen entstehen hier hauptsächlich durch das Schwinden der Wände und Decken. Die Zwangdehnungen werden berechnet und der Wandbruchdehnung gegenübergestellt.

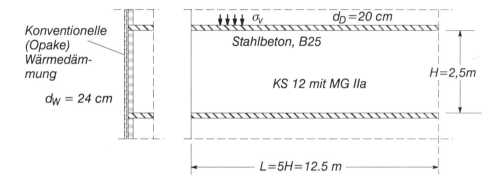

Wand aus KS 12 mit MG IIa, mit konventioneller Außendämmung

Wand: $E_{Wand} = 5000\ MN/m^2$

    Wärmedehnungskoeffzient: $\alpha_T = 8\ 10^{-6}\ 1/K$

    Schwinden: $\varepsilon_{sW} = 0,4\ mm/m$

    Bruchdehnung: $\varepsilon_u = 0,10\ mm/m$

Decke: $E_{Decke} = 30000\ MN/m^2$

    aus 5 cm dicken vorgefertigten Filigranplatten und Ortbeton

    Schwinden: $\varepsilon_{sD} = 0,15\ mm/m$ [Pfefferkorn, 1980]

Auflast (Pressung): $\sigma_v = 0,10\ MN/m^2$

Herstelltemperatur im Sommer: $T_0 = 15\,°C$ (Abschnitt 4.4)

Mittlere Temperatur im Winter für eine gedämmte Außenwand: $8\,°C$ (Abschnitt 4.4)

Bild 7.1: Außenwand aus KS-Mauerwerk in einem Zwischengeschoß

Die spannungswirksamen Dehnungen werden nach Abschnitt 7.1 errechnet.

$$\varepsilon = k_s \cdot (a_T \cdot \Delta T + \varepsilon_s) \qquad\qquad \Delta T \; bei \; Abkühlung \; positiv$$

wobei das Schwinden in der Wand aus dem Unterschied zwischen Wand– und Deckenschwinden resultiert:

$$\varepsilon_s = \varepsilon_{sWand} - \varepsilon_{sDecke}$$

Für das Verhältnis E_{Decke}/E_{Wand} = 30000/5000 [MN/m²] und L = 5 H kann der Scheibenfaktor k_s in der Mitte der Anschlußlinie aus dem Anhang A 5.1 (Stelle 22) abgelesen werden:

$$\varepsilon_D = 0,88 \cdot (8 \cdot 10^{-6} \cdot (15 - 8) \cdot 10^3 + (0,40 - 0,15))$$

$$= 0,88 \cdot (0,056 + 0,25) = 0,27 \; mm/m$$

Für die Wandmitte (Stelle 11 in A 5.1) ist:

$$\varepsilon_m = 0,85 \cdot (8 \cdot 10^{-6} \cdot (15 - 8) \cdot 10^3 + (0,40 - 0,15)) = 0,26 \; mm/m$$

An beiden Stellen (11 und 22) wird die Mauerwerksbruchdehnung überschritten. Es entsteht ein Trennriß, der über die gesamte Wandhöhe und deren vollen Querschnitt verläuft. Die neue Wandlänge ist L = 2,5 H. Die Dehnungen in der Mitte des neuen Systems werden wie bei L = 5 H ermittelt. Die spannungswirksame Dehnung in der Anschlußlinie für L = 2,5 H ist (k_{sD} = 0,75 an der Stelle 22 und 0,58 an der Stelle 11 in Anhang 5.1):

$$\varepsilon_D = 0,75 \cdot (0,056 + 0,25) = 0,23 \; mm/m$$

$$\varepsilon_m = 0,58 \cdot (0,056 + 0,25) = 0,18 \; mm/m$$

Auch hier wird die Bruchdehnung überschritten. Die neue Wandlänge ist nun L = 1,25 H. Die spannungswirksame Dehnung in der Anschlußlinie ist (k_{sD} = 0,68 an der Stelle 22 und 0,18 an der Stelle 11 in Anhang 5.1):

$$\varepsilon_D = 0,68 \cdot (0,056 + 0,25) = 0,21 \; mm/m$$

und in der Wandmitte von L = 1,25 H:

$$\varepsilon_m = 0,18 \cdot (0,056 + 0,25) = 0,06 \ mm/m$$

Der Riß wird bei L = 1,25 H nicht über die gesamte Wandhöhe durchgehen (vgl. Abschn. 6.6.1.4). Es entstehen nur Anrisse. Die Wandlänge, bei der kein Trennriß mehr zu erwarten ist, beträgt dann:

$$L = 1,25 \cdot 2,5 = 3,1 \ m$$

Die maximale Rißbreite kann nach Gl. 6.32 abgeschätzt werden:

$$\max w = [(k_{sD} \cdot v_D - k_{sm} \cdot v_m) \cdot (\alpha_T \cdot \Delta T + \varepsilon_s + v \cdot \frac{\sigma_v}{E_{MW}})] \cdot L$$

Mit $v_D = 1,0$ *und* $v_m = 0,43$ *nach Anhang A 6.1 folgt:*

$$max w = [(0,68 - 0,18 \cdot 0,43) \cdot (0,056 + 0,25 - 0,2 \cdot \frac{0,10}{5000} \cdot 10^3)] \cdot 3,1 = 0,56 \ mm$$

2. Außenwand aus Ziegelmauerwerk in einem Zwischengeschoß mit transparenter Wärmedämmung

In diesem Beispiel wird eine transparent gedämmte Ziegelaußenwand mit Zwangbeanspruchung untersucht. Die Temperaturen werden aus dem Temperaturbelastungsmodell in Bild 4.4 entnommen. Die den maximalen Zwang erzeugende Temperatur entsteht um 14.00 Uhr in der Aufheizphase. Die maximale eigenspannungswirksame Zugdehnung eines Wandsystems entsteht um 17.00 Uhr während der Abkühlphase.

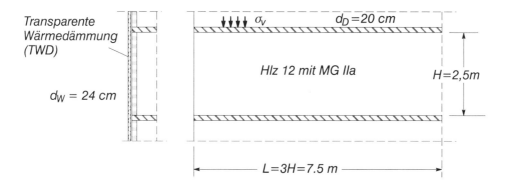

Wand aus Hlz 12 mit MG IIa, mit TWD

Wand: $E_{Wand} = 2000 \; MN/m^2$

    Wärmedehnungskoeffzient: $\alpha_T = 6 \; 10^{-6} \; 1/K$

    Spezifische Wärmekapazität: $c = 0,9 \; W \, h/kg \, K$

    Wärmeleitfähigkeit: $\lambda = 0,45 \; W/mK$

    Rohdichte: $\varrho_W = 1000 \; kg/m^3$

    Bruchdehnung: $\varepsilon_u = 0,10 \; mm/m$

Decke: $E_{Decke} = 26000 \; MN/m^2$

    Ziegeldecken mit Ortbeton B15

Auflast (Pressung): $\sigma_v = 0,20 \; MN/m^2$

Wandtemperatur 20 °C (Abschnitt 4.1)

Bild 7.2: Außenwand aus Ziegelmauerwerk in einem Zwischengeschoß mit TWD

Zunächst wird die Rißbildung aus der Eigenspannung untersucht. Mit

$$a = \frac{\lambda}{\varrho \cdot c} = \frac{0,45}{1000 \cdot 0,9} = 5 \cdot 10^{-4}$$

können die eigenspannungserzeugenden Temperaturen aus Tabelle 2.4 in Anhang 5.5 für 17.00 Uhr abgelesen werden:

$$\Delta T_{E, außen} = 21,6 \ K \qquad und \qquad \Delta T_{E, innen} = 0,8 \ K$$

Wenn nur Eigenspannungen wirksam wären, beträgt die maximale Rißtiefe entsprechend Bild 6.3 und 6.4 etwa 35 mm und die Rißbreite nach Gl. (6.10):

$$max \ w_{E,außen} = (6 \cdot 10^{-6} \cdot 21,6 \cdot 10^3) \cdot 2 \cdot 35 \cdot 10^{-3} = 0,01 \ mm$$

Nach Abschnitt 6.5.6 werden die Eigenspannungen bei der Ermittlung der Auswirkung der Zwangbeanspruchungen vernachlässigt.

Die maximalen Zwangbeanspruchungen aus den Temperaturen aus Bild 4.4 ergeben sich um 14.00 Uhr. Nach Abzug der folgenden Eigenspannungstemperaturen aus Anhang 5.5:

$$\Delta T_{E, außen} = -22,4 \ K \quad und \quad \Delta T_{E, innen} = -12 \ K$$

sind die zentrischen und Biegezwang erzeugenden Oberflächentemperaturen:

$$T_{außen} = 85 - 22 = 63 °C \qquad und \qquad T_{innen} = 20 - 12 = 8 °C$$

Der Temperaturanteil für die Scheibenspannung aus der Gl. 5.6 beträgt:

$$\Delta T_S = -\frac{1}{2} \cdot (63 + 8 - 2 \cdot 20) = -15,5 \ K$$

Der Temperaturanteil für die Biegespannung aus der Gl. 5.6 beträgt:

$$\Delta T_B = \pm \frac{1}{2} \cdot (63 - 8) = \pm 27,5 \ K$$

Für das Verhältnis $E_{Decke}/E_{Wand} = 26000/2000 \ [MN/m^2]$ und $L = 3 \ H$ können die Scheiben– und Plattenfaktoren k_s und k_{px} in der Anschlußlinienmitte aus dem Anhang A 5.1 und A 5.3 (Stelle 22) abgelesen werden. Für die Scheibenanteile gilt:

$$\varepsilon_S = k_s \cdot (\alpha_T \cdot \Delta T + \varepsilon_s + v \cdot \frac{\sigma_v}{E_{Wand}}) \qquad \sigma_v \text{ als Druck negativ}$$

$$\varepsilon_S = 0,9 \cdot [(-15,5) \cdot 6 \cdot 10^{-6} - (0,2 \cdot \frac{0,2}{2000})] \cdot 10^3 \quad = -0,10 \ mm/m$$

und für die Biegeanteile:

$$\varepsilon_B = k_{px} \cdot (\alpha_T \cdot \Delta T)$$

$$\varepsilon_B = 1,1 \cdot (\pm 27,5) \cdot 6 \cdot 10^{-6} \cdot 10^3 = \pm 0,18 \ mm/m$$

Die gesamte Dehnung aus Scheiben– und Plattenwirkung an der Außenseite in der Anschlußlinie ist:

$$ges.\varepsilon_{D,a} = -0,10 - 0,18 = -0,28 \ mm/m$$

und an der Innenseite in der Anschlußlinie:

$$ges.\varepsilon_{D,i} = -0,1 + 0,18 = +0,08 \ mm/m$$

In der Wandmitte (Stelle 11, A 5.1) ist die Dehnung des Scheibenanteils:

$$\varepsilon_S = 0,79 \cdot [(-15,5) \cdot 6 \cdot 10^{-6} - (0,2 \cdot \frac{0,2}{2000})] \cdot 10^3 = -0,09 \ mm/m$$

und die Dehnung des Biegeanteils:

$$\varepsilon_B = 1,13 \cdot (\pm 27,5) \cdot 6 \cdot 10^{-6} \cdot 10^3) = \pm 0,19 \ mm/m$$

Die gesamte Dehnung aus Scheiben– und Plattenwirkung an der Außenseite in der Wandmitte ist:

$$ges.\varepsilon_{m,a} = -0,09 - 0,19 = -0,28 \ mm/m$$

und an der Innenseite in der Wandmitte:

$$ges.\varepsilon_{m,i} = -0,09 + 0,19 = +0,10 \ mm/m$$

In diesem Fall entstehen wahrscheinlich keine Risse aus TWD–Temperaturen.

3. Außenwand aus Leichtbetonsteinen in einem Zwischengeschoß mit transparenter Wärmedämmung

Hier wird das gleiche System wie im Beispiel 2 (Bild 7.2) – allerdings mit dem Hbl 2–Material – untersucht. Wie in Beispiel 2 werden Temperaturen und Dehnungen aus TWD–Systemen ermittelt. Hier werden die Schwinddehnungen der Wand und Decken berücksichtigt. Wirken die Temperaturen aus Heizung und TWD gleichzeitig, so erreicht das Schwinden schnell seinen Endwert (Abschn. 4.2). Es wird angenommen, daß das Schwinden zentrisch wirkt:

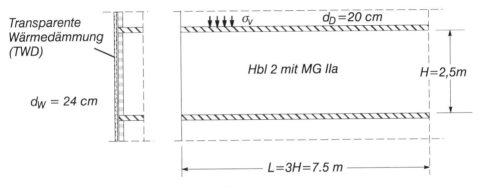

Wand aus Hbl 2 mit MG IIa, mit TWD

Wand: $E_{Wand} = 2000$ MN/m^2

Wärmedehnungskoeffzient: $\alpha_T = 10 \cdot 10^{-6}$ 1/K

Spezifische Wärmekapazität: $c = 0,88$ W h/kg K

Wärmeleitfähigkeit $\lambda = 0,44$ W/mK

Rohdichte: $\varrho_W = 1000$ kg/m^3

Bruchdehnung: $\varepsilon_u = 0,15$ mm/m

Schwinden: $\varepsilon_{Ws} = 0,4$ mm/m

Decke: $E_{Decke} = 26000$ MN/m^2

Balkendecken mit vorgefertigten Steinen und mit Ortbeton B15

Schwinden: $\varepsilon_{Ds} = 0,2$ mm/m

Auflast (Pressung): $\sigma_v = 0,20$ MN/m^2

Wandtemperatur 20 °C , Abschnitt 4.1

Bild 7.3: Außenwand aus Leichtbetonsteinen in einem Zwischengeschoß mit TWD

Die Zwangdehnung aus der Scheibentragwirkung in der Anschlußlinie beträgt:

$$\varepsilon_S = 0,9 \cdot [(-15,5) \cdot 10 \cdot 10^{-6} - (0,2 \cdot \frac{0,2}{2000})] \cdot 10^3 + 0,9 \cdot (0,4 - 0,2)$$

$$= -0,14 - 0,02 + 0,18 = +0,02 \ mm/m$$

Die Zwangdehnung aus Biegung in der Anschlußlinie ist hier:

$$\varepsilon_B = 1,1 \cdot (\pm 27,5) \cdot 10 \cdot 10^{-6} \cdot 10^3 = \pm 0,30 \ mm/m$$

Die gesamte Dehnung aus Scheiben– und Plattenwirkung an der Außenseite in der Anschlußlinie ist:

$$ges. \ \varepsilon_{D,a} = 0,02 - 0,30 = -0,28 \ mm/m$$

und an der Innenseite in der Anschlußlinie:

$$ges. \ \varepsilon_{D,i} = 0,02 + 0,30 = +0,32 \ mm/m$$

In der Wandmitte (Stelle 11, A 5.1) ist die Dehnung des Scheibenanteils:

$$\varepsilon_S = 0,79 \cdot [(-15,5) \cdot 10 \cdot 10^{-6} - (0,2 \cdot \frac{0,2}{2000})] \cdot 10^3 + 0,79 \cdot (0,4 - 0,2)$$

$$= -0,12 - 0,02 + 0,18 = 0,02$$

und die Dehnung des Biegeanteils ist:

$$\varepsilon_B = 1,13 \cdot (\pm 27,5) \cdot 10 \cdot 10^{-6} \cdot 10^3 = \pm 0,31 \ mm/m$$

Die gesamte Dehnung aus Scheiben– und Plattenwirkung an der Außenseite in der Wandmitte ist:

$$ges. \ \varepsilon_{m,a} = 0,02 - 0,31 = -0,29 \ mm/m$$

und an der Innenseite in der Wandmitte:

$$ges. \ \varepsilon_{m,i} = 0,0,02 + 0,31 = +0,33 \ mm/m$$

Die Mauerwerksbruchdehnung wird überschritten. Es bildet sich ein Trennriß in der Wandmitte, der über die gesamte Wandhöhe und deren vollen Querschnitt geht. Es entsteht eine neue Wandlänge von L = 1,5 H. Analog zum Seitenverhältnis L = 3 H wird nun für L = 1,5 H die gesamte Dehnung ermittelt.

Die gesamte Dehnung beträgt :

In der Anschlußlinienmitte des neuen Systems (Stelle 22):

$$ges.\varepsilon_{D,a} = [0,8 \cdot ((- 15,5 \cdot 10 \cdot 10^{-6}) - 0,2 \cdot \frac{0,2}{2000}) - 1,1 \cdot 27,5 \cdot 10 \cdot 10^{-6}] \cdot 10^3 + 0,8 \cdot 0,20$$

$$= - 0,14 - 0,30 + 0,16 = - 0,28 \ mm/m$$

Auf der Innenseite der Anschlußlinienmitte:

$$ges. \ \varepsilon_{D,i} = - 0,14 + 0,30 + 0,16 = + 0,32 \ mm/m$$

In der Wandmitte (Stelle 11):

$$ges.\varepsilon_{m,a} = [0,35 \cdot (- 15,5 \cdot 10 \cdot 10^{-6} - 0,2 \cdot \frac{0,2}{2000}) - 1,07 \cdot 27,5 \cdot 10 \cdot 10^{-6}] \cdot 10^3 + 0,35 \cdot 0,20$$

$$= - 0,06 - 0,29 + 0,07 = - 0,28 \ mm/m$$

Und auf der Innenseite der Wandmitte:

$$ges. \ \varepsilon_{m,i} = - 0,06 + 0,29 + 0,07 = 0,30 \ mm/m$$

Die Mauerwerksbruchdehnungen werden an der Innenseite überschritten. Infolge dieser Belastung wird der Riß über den gesamten Wandquerschnitt durchgehen. Nach Abklingen der täglichen TWD-Temperaturen setzt sich das Schwinden allein weiter fort und der Riß geht auf jeden Fall durch den gesamten Wandquerschnitt. Die kleinste Wandlänge beträgt nun L = 0,75 H. Diese Wandlänge wird, wie in FE-Rechnungen im Abschnitt 6.6.1.4 bestätigt wurde, nicht mehr reißen.

Nach Gl. 6.33 kann die theoretische mittlere Rißbreite für L = 0,75 H mit Hilfe der k-Faktoren aus Anhang A 5.1 bzw. A 5.3 und v-Faktoren aus Anhang A 6.1 ermittelt werden. Diese kann auch als Dehnungsfugenbreite angesehen werden:

$$max \, w = [(k_{sD} \cdot v_D - k_{sm} \cdot v_m) \cdot (\alpha_T \cdot \Delta T_S + v \cdot \frac{\sigma_v}{E_{MW}}) + (k_{pD} \cdot v_{pD} - k_{pm} \cdot v_{pm}) \cdot \alpha_T \cdot \Delta T_B] \cdot L$$

$$max \, w = [- ((0,77 \cdot 1,0 - 0) \cdot (10 \cdot 10^{-6} \cdot 15,5) + 0,2 \cdot \frac{0,2}{2000} - 0,2)$$

$$+ ((1,1 \cdot 0,9 - 0,54 \cdot 0,45) \cdot (10 \cdot 10^{-6} \cdot 27,5))] \cdot 10^3 \cdot 1,9$$

$$= (0,019 + 0,20) \cdot 1,9 = 0,42 \ mm$$

7.3 Konstruktive Maßnahmen

Mit konstruktiven Maßnahmen können die Ursachen für die Verformungsdifferenzen erheblich reduziert werden. Durch Fugenanordnung werden Verformungsmöglichkeiten geschaffen, die die Zwangbeanspruchung vermindern. Fugen sind aber meistens lästig und kostenaufwendig. Der Planer soll daher überprüfen, ob nicht doch auf diese Fugen schon beim Entwurf des Bauwerks, wenn auch auf Kosten von feinen Rissen, verzichtet werden kann. Je nach Bauwerkssituation sind Bewegungsfugen manchmal unerläßlich. Mit geschickter Anordnung der Verformungsfestpunkte eines Bauwerkes, z.B. der Hochhauskerne, können die horizontalen Verformungen gesteuert werden [Schlaich, 1975 und Pfefferkorn, 1980/94].

Durch opake Außendämmung der Dachdecke und Außenwände können die Temperaturbelastungen erheblich verringert werden. Dies kann bei ungedämmten oder innengedämmten Außenwänden durch helle Farbgebung erzielt werden. Auch die Anordnung von Dachüberständen oder Balkonen kann die Außenwände vor extremen Temperaturen aus Sonneneinstrahlung schützen.

Mit der Wahl geeigneter Materialkombination für Innen– und Außenwände können die Verformungsdifferenzen in Grenzen gehalten werden. Die Verformungsunterschiede zwischen Innen– und Außenwänden können mit Stumpfstoßtechniken gering gehalten werden. Durch Anordnung von Deckenlagern auf der Wand können gewisse Bewegungsfreiheiten der Deckenauflagerung geschaffen und damit Rißbildung im Mauerwerk vermieden werden.

Durch die Anwendung von bewehrtem Mauerwerk lassen sich in vielen Fällen Rißschäden aus Zwangspannungen vermeiden. In [Mann/Zahn, 1992 und Meyer, 1994] ist die Berechnung und Ausführung von Stahlbewehrung zur konstruktiven Rissesicherung und zur Aufnahme von Zugspannungen im Mauerwerk beschrieben. Bild 7.4 zeigt Ausführungsbeispiele dazu.

In der Bauausführung sollen die Mauersteine vor Feuchtigkeitsaufnahme durch rechtzeitige Anlieferung und Abdecken mit Planen auf der Baustelle geschützt werden. Die Ausführungsqualität, insbesondere die Ausbildung der Mörtelfugen, bestimmt maßgeblich die tatsächlichen Materialkennwerte.

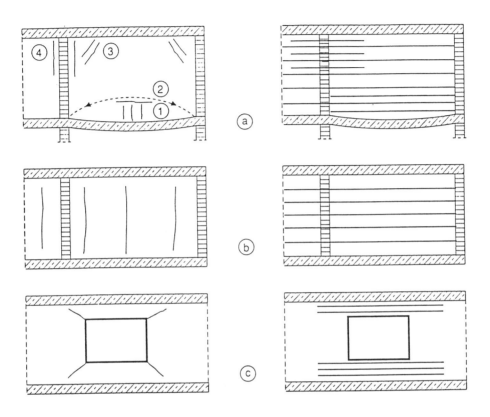

Bild 7.4: Beispiele für Bewehrungsanordung für typische Risse, [Mann/Zahn, 1992]

Der zeitliche Bauablauf kann maßgebend für die Entstehung von Verformungsdifferenzen sein. Bei Außenwänden, die bei niedrigen Temperaturen aufgemauert wurden, werden die maßgebenden Temperaturunterschiede im Winter kleiner. Bei zügiger Herstellung der Betondecken werden die Differenzen der Schwindverformungen der Decken
reduziert. Es empfiehlt sich, die Mauerwerkswände möglichst spät zu verputzen; dadurch können die während des Bauablaufs entstandenen Risse saniert werden.

8. Zusammenfassung und Ausblick

Im Wohnungsbau werden Wände zu 90% aus Mauerwerk gebaut. Diese Bauweise ist einfach, kostengünstig und hat sich wegen der sehr guten bauphysikalischen Eigenschaften gut bewährt. Für die Beanspruchungen aus äußeren Lasten ist das Tragverhalten der Mauerwerkswände weitgehend erforscht und berechenbar. Für das Verformungsverhalten der Wände, vor allem in horizontaler Richtung unter lastunabhängigen Einwirkungen, fehlen bis auf die Abschätzungsverfahren von Pfefferkorn [1980 und 94] und Schubert [1971 bis 1992] entsprechende Berechnungsverfahren. Für die Anwendung von transparenter Wärmedämmung (TWD) auf Außenwände und die dabei auftretenden extremen Temperaturen (passive Solarenergie–Systeme) fehlen Erfahrungen über das statische Verhalten des Mauerwerks und seine Bemessung.

In der vorliegenden Arbeit werden Mauerwerkswände auf ihr Verformungsverhalten hin untersucht. Die Wände befinden sich zwischen zwei Stahlbetondecken, die das Verformungsbestreben der Wände behindern. Als Einwirkungen werden Temperaturänderungen und Schwinden angenommen, wie sie bei üblichen klimatischen Bedingungen und bei Anwendung der TWD vorkommen. Durch die Verformungsbehinderung der einzelnen Bauteile und durch die verschiedenen Materialkombinationen Mauerwerk/ Stahlbeton entstehen Zwängungen. Überschreiten diese Zwängungen die Materialfestigkeit, so sind Risse und möglicherweise Bauschäden die Folgen, wie in der Bauschädenanalyse diskutiert wurde.

Ziel dieser Arbeit ist die Minderung bzw. Vermeidung von Rißschäden in Mauerwerkswänden infolge Zwängungen aus extremen Zwangeinwirkungen (Temperatur und Schwinden). Hierfür waren Entwurfskriterien und statische Berechnungsverfahren zu entwickeln.

Zunächst wurden die mechanischen Eigenschaften und Versagenskriterien von Mauerwerk beschrieben. Mauerwerkswände werden bei Zwang auf Druck und Zug zweiachsig beansprucht. Die in [Mann, 1992] angegebenen Gleichungen zur Ermittlung der Zug- und Schubfestigkeiten von Mauerwerk wurden überprüft und teilweise verbessert. Auch eigene Laborversuche zur Ermittlung der Biegezugfestigkeiten von Ziegel- und Blähtonmauerwerk wurden durchgeführt. Dabei wurde u.a. festgestellt, daß die

Biegezugfestigkeit senkrecht zur Lagerfuge bei den Wänden aus Blähtonsteinen (Hohl-blocksteine) entgegen den Erwartungen größer als die Biegezugfestigkeit parallel zur Lagerfuge ist. Dies liegt daran, daß das Versagen parallel zur Lagerfuge durch die Bie-gefestigkeit der Steine bestimmt wird. Diese ist hier aufgrund der Lochungen in horizon-taler Richtung geringer als in vertikaler Richtung. Folglich versagt hier der Stein vor dem Verband.

Für die der Ermittlung des Einflusses der einzelnen Materialparameter der Mauerwerks-bestandteile auf das mechanische Wandverhalten bei Temperatureinwirkung wurden isotrope und anisotrope sowie orthotrope FE-Rechnungen mit linear-elastischen Stoff-gesetzen durchgeführt. Maßgebend für die Rißbildung in einer Mauerwerkswand sind die horizontale Spannung in Wandmitte und die Schubspannung in der Anschlußlinie Wand/Decke. Diese Spannungen hängen hauptsächlich vom horizontalen E-Modul ab.

Der Zwang in den Wänden wird in der Berechnung mit dem vertikalen E_y-Modul bei manchen Mauerwerksarten sehr stark überschätzt. Anhand der vorhandenen Versuchs ergebnisse aus der Literatur für E_x und E_y aus Deutschland konnte keine pauschale Aus-sage für eine bestimmte Mauerwerksart über das Verhältnis der E-Moduln aus beiden Richtungen angegeben werden; es wurde folgendes festgestellt: Bei unvermörtelten Stoßfugen und besonders bei Kalksandsteinen unterscheiden sich die E-Moduln sehr stark voneinander (bis zum Faktor 10). Bei isotropen Steinen (volle Steine) mit zugehöri-ger Mörtelgruppe und sorgfältig voll vermörtelten Fugen (Stoß und Lagerfugen) wei-chen die E-Moduln nicht so stark voneinander ab. Bei haufwerksporigen, gelochten und großformatigen Betonsteinen sind die E-Moduln in beiden Richtungen fast gleich.

Für die Ermittlung des Verformungsverhaltens von Mauerwerk bei täglichen extremen Temperaturen wurden drei Wände aus Blähtonsteinen unter vorgegebenen Randbedin-gungen in einen Zweikammer-Klimasimulator gestellt und unterschiedlichen Tempera-turen auf beiden Wandseiten ausgesetzt. In diesen Untersuchungen wurde u.a. festge-stellt, daß die Temperaturverformung in einer Wand nicht nur von der Temperatur-änderung, sondern ganz wesentlich von der durch Temperaturänderung hervorgerufe-nen Feuchtewanderung im Mauerwerk abhängt. Die Feuchte wurde durch die einseitige

Temperaturbeanspruchung in kältere Wandzonen getrieben, so daß keine gleichmäßige Austrocknung des Wandquerschnittes stattfinden konnte.

Durch die Anbringung der TWD an der Außenwandoberfläche und gleichzeitiges Heizen im Innenraum (Inbetriebnahme der Zentralheizung in Neubauten) entstehen hohe
Temperaturen, die zu schnellerer Austrocknung bzw. stärkerem Schwinden der Wand
führen. Der Schwindendwert wird dadurch schneller erreicht. Hierbei setzen sich die
Schwindverkürzungen bei Verformungsbehinderung sofort in spannungswirksame
Zugdehnungen um, die vor allem im Neubau zu Rissen führen, wie aus eigenen Messungen in einem Versuchshaus mit TWD bekannt. Nach dem Austrocknen bestimmt allein die Temperatur die weiteren Verformungen.

Die täglichen und die jahreszeitlichen Einwirkungen aus Temperatur und Schwinden
wurden für die üblichen klimatischen Verhältnisse und für Wände mit TWD zusammengestellt. Hierfür wurde auch ein Temperaturbelastungsmodell vorgeschlagen.

Ein typischer Zwangspannungsverlauf setzt sich bei instationärer Temperatureinwirkung aus Eigenspannungsanteil, Biege- und Nomalkraftanteil zusammen.

Ein Großteil der thermischen Beanspruchungen setzt sich in der Aufheiz- und Abkühlphase in Eigenspannungen um. Je nach Material und Höhe der Beanspruchungen
bleibt die Wand ungerissen, oder es bilden sich relativ fein verteilte Risse in den überbeanspruchten Querschnittsbereichen. In den durchgehenden Rissen fallen die Eigenspannungen auf Null ab. Im Bereich mit Anrissen stellt sich ein neuer, wiederum zeitabhängiger Spannungsverlauf ein. Ein Riß infolge Eigenspannungen allein wird nicht über
den gesamten Wandquerschnitt durchgehen. Die kleinen Einrisse aus Eigenspannungen sind auch Kerben für die sich später einstellenden Risse aus Zwang. Für einen homogenen Baustoff konnten die größten Rißabstände und Rißbreiten infolge der Eigenspannungen abgeschätzt werden. Letztere sind vernachlässigbar klein. Die
Eigenspannungen führen zu einer besseren Rißverteilung aus Zwang. Deshalb können
Eigenspannungen bei der Ermittlung der Wandbeanspruchung in Kombination mit
Zwang vernachlässigt werden. Diese Sachverhalte wurden auch mit FE-Rechnungen
bestätigt.

Bei der Ermittlung der Zwangbeanspruchungen in den Wänden wurde in den FE-Rechnungen zwischen Dach- und Zwischengeschoß unterschieden. Das Steifigkeitsverhältnis zwischen Stahlbetondecke und Mauerwerkswand wurde von 1 bis 13 variiert. Aus den FE-Rechnungen wurden k- und v-Faktoren ermittelt, welche die Spannungsverteilung in der Wand beschreiben. Mit Hilfe dieser Faktoren, die in Tabellenwerken für praktische Anwendungen dargelegt sind, können die Spannungsanteile aus Scheiben- und Plattenwirkung berechnet werden.

Die Überlagerung von Scheiben- und Plattenspannungsanteilen mit entgegengesetzten Vorzeichen (Scheibendruck und Plattenzug) wirkt sich besonders in der Mitte langer Wände günstig aus. In Wänden mit kleinen Abmessungen können sich die Spannungen aus Scheiben- und Plattenwirkung wie in freien Randbereichen längerer Wände ungünstig aufaddieren. Hier gilt also nicht, wie bei alleiniger Scheibenwirkung auf Zug, daß kurze Wände gegenüber Zwang ungefährdet sind. Für den Einzelfall muß der Zwang aus Scheiben- und Plattenwirkung ermittelt werden.

Die Behinderung der Wandverformungen durch die Stalbetondecken wurde untersucht. Die zum größten Teil durch die Decken unterdrückte Wandscheibenverformung, bezogen auf die freien Temperaturdehnungen der Wand, wird als Behinderungsgrad k_{sD} bezeichnet. Für die mitwirkende Fläche der Decke auf Zwang wurden Beiwerte für verschiedene Seitenverhältnisse und unterschiedlichen E_{Decke}/E_{Wand}-Werte errechnet und ausgewertet. Die wirksame Deckenfläche ist hauptsächlich von der Geometrie abhängig. In den Wandendbereichen werden in der Arbeit Einleitungszonen L_E ermittelt; innerhalb dieser werden Schubkräfte entlang dem oberen und dem unteren Wandrand in die Wand eingeleitet. Hier bilden sich Diskontinuitäts (D)-Bereiche, in denen ein ungleichmäßiger Scheibenspannungszustand herrscht. Außerhalb der D-Bereiche sind Teile vorhanden, bei denen die Spannung über die Wandhöhe nahezu konstant ist (B-Bereiche). Die maximal auf Zug beanspruchten Wandstellen liegen im B-Bereich. Die Einleitungslänge für die üblichen Mauerwerksarten liegt bei etwa 1,5 H.

Infolge Zwangbeanspruchung können in Mauerwerkswänden grundsätzlich zwei Rißarten entstehen. Horizontale Risse in der Nähe der Anschlußlinie Wand/Decke entstehen infolge der Überschreitung des Wandwiderstandes gegen Abscheren durch die Schubspannungen aus dem Lastfall Erwärmung. Die zweite Rißart, eine vertikale Rißbildung, tritt auf, wenn die horizontale Wandzugfestigkeit erreicht wird. Es wurden zunächst Überlegungen zum Mechanismus der beiden Rißbildungsarten angestellt. Dann wurde versucht, mit analytischen Ansätzen die Rißbildung nachzuvollziehen. Anschließend wurden FE-Rechnungen durchgeführt, um den Einfluß der physikalischen Nichtlinearität zu erfassen, die Vorüberlegungen zu überprüfen und Vereinfachungen zu treffen. Die Ergebnisse dieser Untersuchungen werden im Folgenden zusammengefaßt.

Je länger der Wandabschnitt ist, desto größer ist die Gefahr der Trennrißbildung. Mit dem vertikalen Riß im B-Bereich bzw. in der Wandmitte wird die Wand in zwei Hälften geteilt, deren Mitten bzw. verbleibende B-Bereiche die nächsten, am meisten rißgefährdeten Stellen sind. Mit einem Spannnungskriterium wurden die Risse in Wandsystemen lokalisiert. Mit Hilfe der Gl. 6.33 und der im Anhang angegebenen Faktoren können unter Annahme linear-elastischen Verhaltens Rißabstände und Rißbreiten abgeschätzt werden.

Im Anschlußbereich der Decke an die Wand entstehen nach Überschreitung der Zugfestigkeit des Mauerwerks viele Anrisse mit sehr kleinen Rißbreiten, die aber nicht über die gesamte Wandhöhe durchgehen. Einige dieser Anrisse vereinigen sich in Wandmitte zu einem breiten Riß (= Trennriß). Die maximale Rißaufweitung ist in Wandhöhenmitte zu erwarten. Zu den Decken hin geht die Rißbreite gegen Null, weil der starre Verbund zwischen Wand und Stahlbeton dort sehr kurze Rißabstände erzwingt. Dieses Verhalten hängt von der Zugfestigkeit, dem Behinderungsgrad, dem Zug-Elastizitätsmodul, der Geometrie und Struktur der Wand, sowie von der Belastungsgeschichte (Schwinden und Temperaturdehnungen) ab.

Gleichmäßig verteilte Druckspannungen in der Wand aus dem Lastfall Erwärmung werden von Mauerwerk im allgemeinen problemlos aufgenommen. Durch die Einleitung von Schubkräften aus den Decken entstehen, wie auch anhand von einem Stabwerkmodell veranschaulicht werden kann, vertikale Zugspannungen in der Nähe des freien Wandrandes. Meistens werden die senkrechten Zugspannungen durch Auflasten kompensiert. Die Wände im obersten Geschoß sind dabei aufgrund geringer Auflasten am stärksten rissegefährdet.

Für die Ermittlung des Verformungsverhaltens in Mauerwerkswänden wurden unter Berücksichtigung von realitätsnahem Materialverhalten FE-Rechnungen an ebenen und räumlichen Wandsystemen mit unterschiedlichen Systemlängen, Materialarten und Auflasten sowie Temperaturänderungen durchgeführt. Die gewählten Werte entsprechen den im Wohnungsbau üblichen Verhältnissen. Hierbei wurde ähnlich wie für unbewehrten Beton ein verschmiertes Rißmodell verwendet, das mit einem Spannungs-Rißöffnungs-Modell und Bruchenergiekriterium für das zu untersuchende Mauerwerk modifiziert wurde. Als Versagenskriterium für das Mauerwerk im zweiachsigen Druck- und Zugzustand wurde die Mohr-Coulomb-Bruchbedingung zugrunde gelegt. Die Gültigkeit der Übertragbarkeit der Materialgesetze von unbewehrtem Beton auf Mauerwerk wurde diskutiert und begründet.

Die Vorüberlegungen für die Rißmechanismen wurden mit den FE-Rechnungen bestätigt. In der Wand bilden sich die Anrisse in der Anschlußlinie allmählich mit steigender Temperatur. In Wandlängenmitte beginnt der Trennriß unter der Anschlußlinie und wandert zur Wandhöhenmitte hin. Danach öffnet er sich von der Wandmitte aus. Die Anrisse unter der Anschlußlinie haben praktisch keinen Einfluß auf Spannungen in der neuen Wandmitte. Der Riß selbst wird durch die Laststeigerung und durch Kerbwirkung vorangetrieben. Die kleinste Wandlänge zwischen Trennrissen wurde zu L = 0,75 H bis 1,0 H ermittelt. In diesen Wänden entstehen nur Anrisse und keine Trennrisse mehr.

Durch Vergleiche zwischen Mauerwerk und dicken Stahlbetonbauteilen wurde festgestellt, daß hinsichtlich Beanspruchungen und Rißbildung viele Parallelen zwischen dicken Stahlbetonbauteilen und mit Decken 'bewehrten' Mauerwerkswänden vorhanden sind. Es war jedoch nicht möglich, die Rißformel von dicken Stahlbetonbauteilen auf das Mauerwerk zwischen Betondecken zu übertragen; denn in dicken Stahlbetonbauteilen sind die Risse am Bauteilrand maßgebend. In einer Mauerwerkswand ist die maximale Rißbreite in Wandhöhenmitte von Interesse.

Analog zum Stahlbeton wurden verschiedene Zustände oder Rißentwicklungsstadien definiert; *Zustand I: Linearer Spannungsanstieg und keine Trennrißbildung (nur Anrisse); Zustand IIa: Trennrißbildung; Zustand IIb: keine Rißbildung mehr, nur Zunahme der Rißbreite (abgeschlossenes Rißbild).*

Zur Berücksichtigung der Geschoßzahl wurde die Auflast variiert. Je größer die Auflast ist, desto größer sind die Querdruckspannungen in den Wänden aus den Querdehnungen, die beim Lastfall Abkühlung zunächst kompensiert werden. Die 'Rißtemperatur' wird größer, d.h., die Wand wird bei stärkerem Temperaturabfall reißen als ohne Auflast. Die Rißbreiten werden mit steigender Auflast kleiner.

Für das Gleiten der Decke auf der Mauerwerkswand ist der maßgebende Lastfall die Erwärmung, weil ΔT bei Temperaturerhöhung betragsmäßig größer ist als bei Abkühlung, und weil bei Abkühlung das Mauerwerk durch vertikale Rißbildung die Zwangkräfte abbaut. Eine Wand, die bei Erwärmung die aufnehmbare Schubkraft überwunden und sich in den Horizontalfugen verschoben hat, kann bei Abkühlung (Rückgang auf ihre Ausgangstemperatur) entgegengesetzte Schubkräfte wecken, die zwar kleiner sind als die aufnehmbaren Reibungskräfte, die aber in der Summe größer sind als die Zugfestigkeit der Wand. Dann wird das Mauerwerk in Wandmitte aufreißen, ohne in der Horizontalfuge zurückzugleiten. Die Rißbreite kann dann die Größenordnung der beim Erwärmen entstandenen Längung der Wand zwischen dem späteren Riß in Wandmitte und dem freien Rand erreichen. Bei einem solchen Verhalten sind große Rißbreiten zu erwarten.

Diese Sachverhalte wurden mit FE-Rechnungen nachgewiesen. Außerdem ergaben die Untersuchungen, daß nach dem horizontalen Riß in der Anschlußlinie die Größe der kritischen Zugspannung in Wandmitte hauptsächlich vom Verbundverhalten in der gerissenen Fuge bestimmt wird. Allgemein kann aus Vergleichsrechnungen mit unterschiedlichen Materialarten festgestellt werden, daß, je größer der Reibungsbeiwert in der Fuge in der Anschlußlinie ist, desto größer sind die Spannungen in Wandmitte. Je weicher das Wandmaterial bzw. je größer der Unterschied der Dehnsteifigkeiten von Wand und Decke, desto größer sind die verbleibenden Verformungen nach mehreren Temperaturzyklen.

Anhand von praktischen Beispielen wurde gezeigt, wie die Formeln und Tabellen angewendet werden können. Konstruktive Maßnahmen für die Ausführung wurden vorgeschlagen.

Gegenstand weiterer Forschung könnten Mauerwerkswände mit Öffnungen unter Zwangbeanspruchung sein. Auch Wände mit Holzbalkendecken und andere Wand-Decken-Knoten bzw. Lagerungsarten könnten untersucht werden. Weitere vergleichende Beispiele sind nötig, um die hier vorgeschlagenen Verfahren abzusichern. Experimentelle Untersuchungen für die Ermittlung von Materialkennwerten, vor allem vom Verbundverhalten zwischen Mauerwerk und Stahlbetondecken, sowie Verformungskennwerte von Mauerwerk in horizontaler Richtung unter Zwangbedingungen sind notwendig. Die Baustoffhersteller sind aufgefordert, Verformungswerte und Festigkeiten ihrer Produkte festzustellen und anzugeben.

Bleibt zum Schluß die Aufforderung an Bauingenieure und Architekten, die Verformungen eines Bauwerks in den Entwürfen und Berechnungen zu berücksichtigen. Damit können zusätzliche Kosten, unangenehme Bauschäden und überflüssige Auseinandersetzungen vermieden werden.

Literatur

ABAQUS Version 5.4, 1994: Hibbitt, Karlsson & Sorensen, Inc., 1080 Main Street, Pawtucket, RI 02860-4847, USA

Ali S.; Page A.W., 1988: Concentrated loads on solid masonry walls – aparametric study and design recommendations, Proc. Inst. Civ. Engrs, Part 2, 6, 1988, pp. 271- 289
dies. :Finite Element Model for masonry subjected to concentrated Loads, Journal of Structural Engineering, Vol. 114, No. 8, Aug. 1988, pp. 1761-1784

Al Bosta S.; Schäfer K., 1993: Transparent gedämmte Altbauten, Schlußbericht, H.3, Statisches Verhalten von transparent gedämmten Außenwänden, Forschungsvorhaben, BMFT 0335003 P, Institut für Tragwerksentwurf und -konstruktion, Universität Stuttgart

Asok K.G.; Amde A.A.; Colville J., 1994: Finite element modeling of unreinforced masonry, 10th Int. Brick/Block Masonry Conference, Uni. of Calgary, 5-7 July 1994, pp. 61-69

Aurousseau A., 1984: La Pathologie des Maconneries, etude statistique de 12200 cas de sinistres survenus en 1982, association francaise du beton, No. 222, juillet aout, 1984, pp. 8-38

Backes H.-P., 1985: Zum Verhalten von Mauerwerk bei Zugbeanspruchung in Richtung der Lagerfugen, Dissertation, RWTH Aachen 1995

Bernardini A.; Modena C.; Vescovi U., 1983: Deformation and failure Models for hollow clay brickmasonry under biaxial states of stress, 3rd. Canadian Masonry Symposium '83, pp. 8-14.

Blumenauer H.; Pusch, G., 1982: Technische Bruchmechanik, VEB Deutscher Verlag für Grundstoffindustrie Leipzig

Boy E., 1989: Transparente Wärmedämmstoffe – Perspektiven und Probleme beim künftigen Einsatz, Bauphysik 11, Heft 1, 1989 S. 21-28

BCS, British Concrete Society, 1982: "Non-Structural cracks in concrete",Technical Report No. 22, Dec. 1982

Brooks J.J.; Bingel P.R., 1994: Stress relaxation due to creep and moisture movement in single-leaf masonry walls,10th International Brick/Block Masonry Conference, University of Calgary, 5–7 July 1994, pp. 1623–1633

Chen X.; Liang J.; Xu J., 1991: Shear Strength of Brick masonry with reinforced networks in bed joints subject to combined actions, 9th Int. Brick/Block Masonry Conference, Berlin, 1991, pp. 458–464

Copeland R.E., 1957: Shrinkage and Temperature Stresses in Masonry, ACI, Feb. 1957, pp. 769–780

De Borst R., 1993: Computational Methods in Non-linear Solid Mechanics, Faculty of Civil Engineering, TU Delft, January 1993

Dhanasekar M.; Page A.W.; Kleeman P. W., 1985: Biaxial Stress-Strain Relations for Brick Masonry, Journal of Str. Engineering, Vol. 111, No. 5, 1985, pp. 1085–1100
dies.   :The failure of brick masonry under biaxial stresses, Proc. Inst. Civ. Engrs, Part 2, 79, June 1985, pp. 295–313

Dialer C., 1990: Bruch- und Verformungsverhalten von schubbeanspruchten Mauer-werksscheiben, zweiachsige Versuche an verkleinertem Modellmauerwerk, Diss., Berichte aus dem Konstruktiven Ingenieurbau, 1/90, TU München, 1990

Fellmann W.; Menn C., 1981: Zugversuche an Stahlbetonscheiben, ETH Zürich, Bericht Nr. 7604-1, 40 p

Fischer A., 1993: Modelluntersuchungen zur Ermittlung des Rißabstandes dicker Bauteile aus Stahlbeton, Fortschritt-Berichte VDI, Reihe 4. Nr. 118, VDI-Verlag, Düsseldorf

Frank T., 1990: Simulationsprogramm HELIOS-TI und Valdierung, Bundesamt für Energiewirtschaft, Bern, Juli 1990

Franke L. und Bentrup H., 1991: Schädigung von Mauerwerksbauten durch Umwelteinflüsse – Beurteilung und Instandsetzung–, Bauphysik 13, (1991), H. 5, S. 187–195

Franz G. u.a., 1969: Versuche mit Mauerwerk unter statischer und dynamischer Druckbeanspruchung; FWB-Blätter, Forschungsgemeinschaft Bauen und Wohnen, Stuttgart, 3/1969

Ganz H.; Thürlimann B., 1982: Versuche über die Festigkeit von zweiachsig beanspruchtem Mauerwerk, Institut für Baustatik und Konstruktion, ETH Zürich, Bericht Nr. 7502-3, Feb. 1982, Birkhäuser Verlag, Basel

Ganz H.R., 1985: Mauerwerksscheiben unter Normalkraft und Schub, Inst. für Baustatik und Konstruktion, ETH Zürich, Diss., 1985

Gertis K., 1973: Wärmeeigenspannungen in homogenen Außenbauteilen unter instationärer Temperatureinwirkung, Berichte aus der Bauforschung, Heft 87, Ernst & Sohn Verlag, Berlin

Gertis K.; Häuser G., 976: Instationäre Berechnungsverfahren für den sommerlichen Wärmeschutz im Hochbau, Berichte aus der Bauforschung, H. 103, Ernst & Sohn Verlag, Berlin

Gertis K., 1987: Außenwände mit transparentenWärmedämmstoffen, Bauphysik, Heft 5, 1987, Ernst & Sohn Verlag, S.213-217

Gertis K.; Mehra S., 1991: Vorlesungsskript Bauphysik, Lehrstuhl für konstruktive Bauphysik, Universität Stuttgart

Glitza H., 1988: Druckbeanspruchungen parallel zur Lagerfuge, Mauerwerk-Kalender 1988, Verlag W. Ernst & Sohn, S.489-496

Goetzberger A., u.a., 1987: Transparente Wärmedämmung (LEGIS), Schlußbericht: T 1830, FhG, IRB Verlag, Stuttgart

Grube,H.; Kern, E.; Ouitmann, H.-D., 1990: Instandhaltung von Betonbauten, Betonkalender 1990, Teil II, Verlag W. Ernst & Sohn, S. 681-720

Grunau E., 1989: Risse statt Fugen, Baugewerbe, 1-2 /1989

Guggisberg R.; Thürlimann B., 1987: Versuche zur Festlegung der Rechenwerte von Mauerwerksfestigkeiten, Bericht / Institut für Baustatik und Konstruktion; Nr. 7502-5, Birkhäuser Verlag Basel, Boston, Berlin, Dez. 1987

Hage D., 1971: Formänderung von Mauerwerk, Dissertation, Braunschweig 1971

Helmus M., 1989: Mindestbewehrung zwangsbeanspruchter dicker Stahlbetonbauteile, Dissertation, TH Darmstadt, 1989, 208 pp.

Henning W., 1987: Zwangrißbildung und Bewehrung von Stahlbetonwänden auf steifen Unterbauten, TU Braunschweig, Heft 79, 1987, 226 pp.

Hillerborg A., 1985: Numerical methods to simulate softening and fracture of concrete, Fracture Mechanics of Concrete, Ed. by Martinus Nijhoff Publishers 1985, pp. 141–170

Hilsdorf H.K., 1965: Untersuchungen über die Grundlagen der Mauerwerksfestigkeit, Bericht Nr. 40, TH München

Hilsdorf H.K., 1967: Investigation into the failure mechanism of brick masonry loaded in axial compression, Proceedings of International Conference on masonry structural systems, Texas, Nov. 67, pp. 34–41

Hull D., 1981: An introduction to composite materials, Cambridge solid state science series, University of Cambridge 1981, Cambridge University Press, Liverpool

Johnson A.F; Marchant A., 1990: Design and analysis of composite structures, Polymers and polymer composites in construction, Civil engineering design, Hollaway, L. (Ed), London, 1, pp. 33-71

Kirtschig K.,1994: Europäische Mauerwerksnormung; Stand–Hintergründe–Vergleich mit DIN 1053, Mauerwerk–Kalender 94, Verlag W. Ernst & Sohn, S. 629–683

König G.; Fischer A., 1991: Vermeiden von Schäden im Mauerwerk- und Stahlbetonbau, Abschlußbericht, F 2183, IRB–Verlag, Stuttgart

König G.; Reymendt J., 1991: Mindestbeanspruchung dicker Stahlbetonbauteile bei Zwangbeanspruchung, Beton- und Stahlbetonbau 86 (1991), S.141–146

Künzel H.; Gertis K., 1969: Thermische Verformung von Außenwänden, Betonstein-Zeitung, Heft 9/1969, S. 528–535

Kupfer H.B.; Gerstle K.H., 1973: Behavior of concrete under biaxial stresses, Journal of the Engineering Mechanics Division, August 1973, pp. 853–866

Lenczner D., 1990: Creep and stress relaxation in brick masonry, Structural. Eng. Review, 2, 1990, pp. 161–168

Leonhardt F., 1985: Zur Behandlung von Rissen im Beton in den deutschen Vorschriften, Beton- und Stahlb. 80 (Heft 7/8) , S. 179–184 und S. 209–215

Lofti H. R.; Benson Shing P. , 1994 Interface Model applied Fracture of Masonry Structures, Journal of Structural Engineering, Vol. 120, No. 1, January 1994, pp. 63–80

Mann W.; Müller H., 1978: Schubtragfähigkeit von Mauerwerk, Mauerwerk-Kalender 1978, Verlag W. Ernst & Sohn, Berlin, S. 35–65

Mann W.; Müller H.,1986: Nachrechnung der Wandversuche mit erweitertem Schubbruchmodul unter Berücksichtigung der Spannungen in den Stoßfugen, Anlage 2 zum Forschungsbericht T 2233 "Untersuchung zum Tragverhalten von Mauerwerksbauten unter Erdbebeneinwirkung", TH Darmstadt, IRB–Verlag, Stuttgart

Mann W., 1992: Zug-und Biegezugfestigkeit von Mauerwerk, theoretische Grundlagen und Vergleich mit Versuchsergebnissen, Mauerwerk-Kalender, 1992, Verlag W. Ernst & Sohn, Berlin, S. 601–607

Mann W., Zahn J., 1992: Murfor, Bewehrtes Mauerwerk, Ein Leitfaden für die Praxis, Herausgeber N.V. BEKAERT SA, Zwevegem, Belgien

Maulbetsch J.L., 1935: Thermal Stresses in Plates, Journal of Applied Mech., 1935

Melan E.; Parkus H., 1953: Wärmespannungen infolge stationärer Temperaturfelder, Springer-Verlag, Wien

Menz W.; Schlaich J., 1984: Rißwiderstand und Rißfortschritt bei Glasfaserbeton, G. Rehm zum 60. Geb., Fortschritte im Konst. Ingenieurbau, Verlag Ernst & Sohn, S. 207–219

Metzemacher H., 1995: Zeitabhängiger Abbau von Zugspannungen in Mauerwerk zur Zugrelaxation von Mauerwerk, Mauerwerk-Kalender 1995, S. 709–721

Meyer U.; Schubert P., 1992: Spannungs-Dehnungs-Linien von Mauerwerk, Mauerwerk-Kalender 1992, Verlag W. Ernst & Sohn, Berlin, S. 615–622

Meyer U., 1994: Rissesicherung und Rißbreitenbeschränkung durch konstruktive Lagerfugenbewehrung in Mauerwerksbauteilen, TH Aachen, Forschungsbericht 1994, IRB–Verlag, FhG, Stuttgart, S. 527–532

Mitzel A.; Stachurski W.; Suwalski J., 1981: Schäden an Beton- und Mauerwerkskonstruktionen, Verlag R. Müller, Köln-Braunsfeld

Müller H., 1974: Untersuchungen zum Tragverhalten von querbeanspruchtem Mauerwerk, Dissertation, TH Darmstadt

Moll W.; Szabumia R., 1985: Beurteilung des Schallschutzes durch Außbauteile, Forschungsbericht des Umwelt-Bundesamtes, Nr. 10504511, Nov. 1985

Noakowski P., 1985: Verbundorientierte, kontinuierliche Theorie zur Ermittlung der Rißbreite, 215-221, Beton- und Stahlbetonbau, 80, (H. 7/8), 1985, S. 185-190

Nowacki W., 1986: Thermoelasticity, PWN-Polish Scientific Publishers, Warschau

Oswald R., 1991: Grundsätze der Rißbewertung, Aachener Bausachverständigentage 1991, Bauverlag, Wiesbaden & Berlin

Olsen H.; Reinitzhuber F., 1959: Die zweiseitig gelagerte Platte, Band 1 und 2, 3. Auflage, Verlag Ernst & Sohn, Berlin

Padilla J.D.; Robles F., 1971: Human Response to Cracking in Concrete Slabs, in: Cracking, Deflection and Ultimate Load of Concrete Slab Systems, publication Sp-30 American Concrete Institute, Detroit, Michigan

Page A.W., 1981: The biaxial compression strength of brick masonry, Proceedings of the Institution of Civil Engrs., Part 2, 71, 1981, pp. 893-906

Page A.W., 1983: The strength of brick masonry under biaxial tensioncompression, International Journal of Masonry Construction, 3, 1983, pp. 26-31

Pande G.N., Liang J.X.; Middleton J., 1989: Equivalent elastic moduli for brick masonry, Computers and Geotechnics 8, 1989, Elsevier Science Publishers Ltd, England, pp. 243-265

Parkus H., 1959: Instationäre Wärmespannungen, Springer-Verlag, Wien

Pfefferkorn W., 1980: Dachdecken und Mauerwerk, Verlag R. Müller, Köln

Pfefferkorn W.; Steinhilber H., 1990: Ausgedehnte fugenlose Stahlbetonbauten, Entwurf und Bemessung der Tragkonstruktion, Erfahrungsbericht aus drei Jahrzehnten, Beton-Verlag, Wiesbaden

Pfefferkorn W., 1994: Rißschäden an Mauerwerk, Ursachen erkennen - Rißschäden vermeiden, Schadenfreies Bauen, Band 7, IRB-Verlag, Stuttgart

Pilny F., 1981: Risse und Fugen in Bauwerken, Springer-Verlag, Wien

Probst P., 1981: Ein Beitrag zum Bruchmechanismus von zentrisch gedrücktem Mauerwerk, Dissertation, TU München, Lehrstuhl für Massivbau

Rath J., 1993: Transparent gedämmte Altbauten, Teilbericht des FHG—Instituts für Bauphysik, Heft 4, Forschungsvorhaben 0335 003 P, Universität Stuttgart

Rath J.; König N., 1993: Bauphysikalische Beanspruchung von Außenwänden mit transparenter Wärmedämmung, FhG, Stuttgart, IBP Mitteilung 20, Nr. 244

Reyer E.; Willems W.; Fouad H.A., 1991: Zur Erhaltung und Instandsetzung von Außenwänden unter besonderer Berücksichtigung von Rißschäden, Bauphysik 13 (1991), H. 5, 1991, S. 201-210

Reinhardt H.-W., 1973: Ingenieurbaustoffe, Verlag W. Ernst & Sohn, Berlin

Reinhardt H.-W.,1984: Verhalten des Betons im verformungsgesteuerten axialen Zugversuch, Fortschritte im Konstr. Ingenieurbau 1984, G. Rehm zum 60. Geb., Verlag Ernst & Sohn, S. 221- 227

Reinhardt H.-W., 1984: Fracture mechanics of an elastic softening material like concrete, HERON, Vol. 29, No. 2, 1984

Reinhardt H.-W.; Cornelissen H.A.W.; Hordijk,D.A., 1986: Tensile Tests and Failure Analysis of Concrete, J.Structural Ingeneering, Vol. 112, No. 11, Nov. 1986, pp. 2462-2477

Reinhardt H.-W., 1991: Imposed Deformation and Cracking, IABSE Colloquium, Stuttgart 1991, Vol. 62, Ed. IABSE-AIPC-IVBH, Switzerland, pp. 101-110

Reinhardt H.-W., 1992: Bruchmechanik, Vorlesungsscript Werkstoffe im Bauwesen II, SS 92, Institut für Werkstoffe im Bauwesen, Universität Stuttgart

Rossmanith H., 1982: Finite Elemente in der Bruchmechanik, Springer-Verlag,Berlin

Rostásy F.S.; Henning W., 1989: Zwang in Stahlbetonwänden auf Fundamenten, Beton- und Stahlbetonbau 84 , H. 8, 1989, S. 208-214

Rostásy F.S.; Henning W., 1990: Zwang und Rißbildung in Wänden auf Fundamenten, DAfStb (Heft 407) 1990, Beuth Verlag GmbH, Berlin

Rots J.G., 1991: Numerical simulation of cracking in structural masonry, Heron, Vol. 36, No. 2, 1991, pp. 49–63

Rots J.G.; Berkers W.G.J.; v. d. Heuvel A.J.G., 1994: Towards fracture mechanics based design rules for movement–joint spacing, 10th Int. Brick/Block Masonry Conference, University of Calgary, 5–7 July 1994, pp. 707–717

Rybicki R., 1974: Schäden und Mängel an Baukonstruktionen, Werner–Verlag, Düsseldorf

Schießl, P., 1989: Grundlagen der Neuregegelung zur Beschränkung der Rißbreite, DAfStb, Heft 400, Beuth Verlag, Berlin

Schild E.; u.a., 1977: Bauschadensverhüttung im Wohnungsbau, Schwachstellen, Schäden–Ursachen–Konstruktions–und Ausführungsempfehlungen Band II: Aussenwände und Öffnungsanschlüsse, Bauverlag GmbH, Wiesbaden

Schleeh W., 1962: Die Zwängungsspannungen in einseitig festgehaltenen Wandscheiben, Beton- und Stahlbetonbau 57 (Heft 3) 1962, S. 64–72

Schlaich J., 1975: Zur Planung der Tragwerke im Hochbau, Forum 3 Fortbildung, Bau 3, Forum Verlag GmbH, Stuttgart, 1975, S. 39–67

Schlaich J.; Weischede, D., 1982: Ein praktisches Verfahren zum methodischen Bemessen und Konstruieren im Stahlbetonbau. CEB–Heft 150, 1982

Schlaich J.; Schäfer K., 1993: Konstruieren im Stahlbetonbau, Beton–Kalender 1993, Verlag W. Ernst & Sohn, Berlin

Schmidt K., 1971: Ein Beitrag zur Ermittlung von Zwängungsspannungen in rechteckigen Scheiben, Dissertation, TH Darmstadt

Schmidt T.J.H., 1993: Untersuchungen zum Tragverhalten von Stahlbetonrahmen mit Ausfachungen aus Mauerwerk, Bauing., Nr. 121, VDI–Verlag, Düsseldorf

Schneider K.H.; Wiegand E., 1986: Untersuchungen zur Rissefreiheit bei stumpfgestoßenem Mischmauerwerk mit Kalksandsteinen, Bauingenieur 61 (1986), S. 35–41

Schneider K.H.; Schubert P. ; Wormuth R., 1996: Mauerwerksbau: Gestaltung, Baustoffe, Konstruktion, Berechnung, Ausführung, 6. Auflage, Werner–Verlag, Düsseldorf

Schober H., 1984: Ein Modell zur Berechnung des Verbundes und der Risse im Stahl- und Spannbeton, Dissertation, Institut für Tragwerksentwurf und –konstruktion, Universität Stuttgart

Schubert P., 1982: Zur Feuchtedehnung von Mauerwerk, Dissertation, RWTH Aachen

Schubert P.; Glitza H., 1983: Rißsicherheit bei überwiegend horizontalen Formänderungen, Mauerwerk–Kalender 1983, Verlag W. Ernst & Sohn, Berlin, S. 653–674

Schubert P.; Wesche K. u.a., 1985: Verformungseigenschaften und Rißsicherheit von Mauerwerk aus Naturbimsbetonsteinen, Bautechnik 62 (Heft 5), S.145–155

Schubert P.; Kasten D.,1987: Zur rißfreien Wandlänge von Mauerwerk aus Kalksand–Plansteinen und Planelementen, Bautechnik 64 (Heft 7), 1987, S. 220–223

Schubert P.; Wesche K., 1988: Verformung und Rißsicherheit von Mauerwerk, Mauerwerk–Kalender 1988, Verlag W. Ernst & Sohn, Berlin, S. 131–140

Schubert P.; Metzemacher H., 1991: Zur Biegezugfestigkeit von Mauerwerk, Mauerwerk–Kalender 1991, Verlag W. Ernst & Sohn, S. 669–697

Schubert P., 1992: Eigenschaftswerte von Mauerwerk, Mauersteinen und Mauermörtel, S. 125–135 und:
Formänderung von Mauersteinen, Mauermörtel und Mauerwerk, S. 623–637, Mauerwerk–Kalender 1992, Verlag W. Ernst & Sohn, Berlin 1992

Schubert P.; Hoffmann G., 1994: Druckfestigkeit von Mauerwerk parallel zu den Lagerfugen, Mauerwerk–Kalender 1994, Verlag Ernst & Sohn , Berlin, S. 715–725

Schubert P., 1995: Beurteilung der Druckfestigkeit von ausgeführtem Mauerwerk aus künstlichen Steinen und Natursteinen, Mauerwerk–Kalender 1995, Verlag W. Ernst & Sohn, S. 687–701

Schulenberg W., 1982: Theoretische Untersuchungen zum Tragverhalten von zentrisch gedrücktem Mauerwerk aus künstlichen Steinen unter besonderer Berücksichtigung der Qualität der Lagerfugen, Dissertation, TH Darmstadt

Seible F.; La Rovere H.L., Kinsley G.R., 1990: Nonlinear analysis of reinforced concrete masonry subassemblages, 5th North American Masonry Conference, 1990

Seim W., 1994: Numerische Modellierung des anisotropen Versagens zweiachsig beanspruchter Mauerwerksscheiben, Aus Forschung und Lehre, Dissertation, H. 27, Institut für Tragkonstruktionen, TH Karlsruhe

Sick F., 1992: Transparent insulation – simulations programme, FhG–inst. für solare Energiesysteme, Freiberg, workshop Pro., T3 TIT, Titisee/Freiburg, Sept. 1989

Simons H.J., 1988: Dehnfugenabstände bei Mauerwerksbauten mit Stahlbeton-decken, Bautechnik 65 (Heft 1) 1988, S. 9–15

Stiglat K.; Wippel H., 1983: Platten, 3. Auflage, Verlag W. Ernst & Sohn, Berlin

Stöckl S.; Hofmann P., 1988: Tests of the Shear Bond Behaviour in the Bed–Joints of masonry, 8th International Brick/Block Masonry Conference, Irland, pp. 292–303

Thürlimann B.; Ganz H.R., 1984: Bruchbedingung für zweiachsig beanspruchtes Mauerwerk, Fortschritte im konstruktiven Ingenieurbau, Rehm, G. zum 60. Geburtstag, 1984, Verlag W. Ernst & Sohn , Berlin 1984, S. 73–78

Trost H., 1966: Spannungs–Dehnungs–Gesetz eines viskoelastischen Festkörpers wie Beton und Folgerungen für Stabtragwerke aus Stahlbeton und Spannbeton, Beton 1966, S. 233–247

van Dijk H.A.L.; Arkesteijn C.A.M., 1989: Feasibility study on translucent in sulation material for passive solar application in the Netherlands, 3. int. workshop proceedings, T3, TIT, Titisee/Freiburg, Sep. 1989

Vecchio F.J.; Collins M.P., 1986: The Modified Compression–Field, Theorie for Reinforced Concrete Elements subjected of Shear, ACJ–Journal 1986, Wr. 2, V. 83, pp. 219–231

LITERATUR

Vratsanou Violandi, 1992: Das nichtlineare Verhalten unbewehrter Mauerwerksscheiben unter Erdbebenbeanspruchung, Schriftenreihe des Instituts für Massivbau u. Baustofftechnologie, Dissertation, Heft 16, TH Karslruhe

Walraven J. und Shkoukani H., 1993: " Kriechen und Relaxation des Betons bei Temperatur-Zwangbeanspruchung", Beton- und Stahlbetonbau 88, S10-15

Walthelm U., 1990: Rißbildungen und Bruchmechanismen in freistehenden Wänden aus Beton und Mauerwerk, Bautechnik 67 (Heft 1) 1990, S. 21-26

Walthelm U., 1991: Lastausbreitung in inhomogenen Scheiben auf starrer Unterlage mittels finiter Stabelemente, Bauplanung+Bautechnik, 45. Jhg., H. 6, Aug. 1991, S. 248-254

Walthelm U., 1994: Bewehrung von freien Mauerecken zur Verminderung von Rißbildungen, Bautechnik 71 (1994), H. 6, Verlag W. Ernst & Sohn

Wang M., 1993: Ermittlung der Steifigkeit eines die Mauerwerksausfachung ersetzenden Diagonaldruckstabes, Bautechnik 70 (1993), Heft 6, S. 325-329

Wilke W.-S., 1989: Transparent insulation - building simulation, FhG für Solare Energiesysteme, 3. Int. Workshop Proceedings, T3, TIT, Titisee/Freiburg, Sept. 1989

Wilke W.-S., 1990: Transparente Wärmedämmaterialien in der Architektur, Anwendungen, thermisches Systemverhalten und optimale Raumklimakonditionierung, Dissertation, TH Karlsruhe

Wolde-Tinsae A.M.; Colville J., 1991: Moduls of elasticity of clay brick masonry, Proc. of the 9th Int. Brick/Block Masonry Conference, Berlin, 1991, pp. 1136 - 1142

Zelger C.,1976: Beobachtungen von Rissen in Bauwerken, Bautechnik 51, S. 361-372

Zimmermann G., 1973-1991: Bauschäden Sammlung, Sachverhalt-Ursachen-Sanierung, Band 1-8, Forum/IRB-Verlag, Stuttgart

LITERATUR

Normen:

DIN 1053:
> Teil 1: Mauerwerk; Rezeptmauerwerk; Berechnung und Ausführrug,
> Ausgabe 2/1990
> Teil 2: Mauerwerk; Mauerwerk nach Eignungsprüfung; Berechnung und
> Ausführung, Ausgabe 7/1984
> Teil 3: Mauerwerk, Bewehrtes Mauerwerk; Berechnung und Ausführung,
> Ausgabe 2/1990

DIN 1045: Beton- und Stahlbetonbau: Berechnung und Ausführung, Ausgabe 7/1988

Eurocode 6: Gemeinsame einheitliche Regeln für Mauerwerksbauten,
> Entwurf 7/1987

Eurocode 2: Planung von Stahlbeton- und Spannbetontragwerken, Teil 1:
> Grundlagen und Anwendung für den Hochbau, Beuth-Verlag, Berlin, 6/1992

DIN 18 530: Massive Deckenkonstruktionen für Dächer; Planung und Ausführung,
> Ausgabe 3/1987

SIA 177/2: Bemessung von Mauerwerkswänden, Schweizer Norm, Schweizerischer
> Ingenieur- und Architekten-Verein, Zürich, Ausgabe 1992

Anhang

Anhang A 3.1: Elastizitätsmoduln/Verformungskennwerte von Mauerwerk nach DIN 1053, aus [Schneider K.H. u. a, 1996]

Tab. B.6.1: Formänderungswerte von Mauerwerk;
Endwert der Feuchtedehnung $\varepsilon_{f\infty}$, Endkriechzahl φ_∞ und Wärmedehnungskoeffizient α_T aus [B35] (s. auch DIN 1053 T1, Tab. 2)

Mauersteine		$\varepsilon_{f\infty}$ [1]		φ_∞		α_T	
Steinsorte	DIN	Rechen-wert	Werte-bereich	Rechen-wert	Werte-bereich	Rechen-wert	Werte-bereich
		mm/m				10^{-6}/K	
1	2	3	4	5	6	7	8
Mz, HLz	105	0	+ 0,3... - 0,2	1,0	0,5... 1,5	6	5 ... 7
KS, KS L	106	- 0,2	- 0,1... - 0,3	1,5	1,0... 2,0	8	7 ... 9
Hbl V, Vbl	18151 18152	- 0,4	- 0,2... - 0,5	2,0	1,5... 2,5	10 (8)[2]	8 ... 12
Hbn	18153	- 0,2	- 0,1... - 0,3	1,0	−	10	8 ... 12
PB, PP	4165	- 0,2	+ 0,1... - 0,3	1,5	1,0... 2,5	8	7 ... 9

[1] Vorzeichen Minus: Schwinden
Vorzeichen Plus: Quellen; bei Mz, HLz: chemisches Quellen.
[2] bei Blähton als Leichtzuschlag.

Tab. B.6.4: E-Moduln von Mauerwerk (aus [B.35] und nach DIN 1053 T1)

Mauerstein	Mauermörtel	Gleichung [1]	Streubereich %	$E = k_E \cdot \sigma_0$ [2] (nach DIN 1053 T1) k_E	
				Rechenwert	Wertebereich
1	2	3	4	5	6
Mauerziegel (hauptsächlich Hochlochziegel)	Normalmörtel, Leichtmörtel	$E = 850 \cdot \beta_{D,mw}$	± 50	3500	3000 bis 4000
Kalksandsteine	Normalmörtel, Leichtmörtel	$E = 600 \cdot \beta_{D,mw}$	± 50	3000	2500 bis 4000
Porenbetonsteine	Normalmörtel	$E = 520 \cdot \beta_{D,mw}$ $E = 570 \cdot \beta_{D,st}^{0,70}$	± 50	2500	2000 bis 3000
	Dünnbettmörtel	$E = 470 \cdot \beta_{D,mw}$ $E = 420 \cdot \beta_{D,st}^{0,85}$	± 20		
Leichtbetonsteine	Normalmörtel	$E = 1040 \cdot \beta_{D,mw}$	± 20	5000	4000 bis 5500
	Leichtmörtel	$E = 1240 \cdot \beta_{D,mw}^{0,80}$			
Betonsteine	Normalmörtel	−	−	7500	6500 bis 8500

[1] $\beta_{D,mw}$: Mauerwerkdruckfestigkeit; $\beta_{D,st}$: Steindruckfestigkeit
[2] σ_0: Grundwert der zulässigen Druckspannung nach DIN 1053 T1

Anhang: A 3.2 Tabelle der Elastizitätsmoduln von Mauerwerk

Steinart / MG	E_y [N/mm²]	ν_y	E_x [N/mm²]	E_y/ E_x	E_1 (Gl. 3.15) für $\phi = 30°$
HOCHLOCHZIEGEL HLz, vermörtelte Stoßfuge [Schubert/Hoffmann, 1994 und 95]					
HLzB 12−0.8−8DF Normalmörtel IIa	5000	0,10	4390	1,139	4688
HOCHLOCHZIEGEL HLz, unvermörtelte Stoßfuge					
HLzB 12−0.8−8DF Normalmörtel IIa	5000	0,10	1400	3,571	2240
KALKSANDSTEINE, vermörtelte Stoßfuge [Schubert/Hoffmann, 1994 und 95]					
KS 12−1,8−2DF Normalmörtel IIa	5000	0,10	2880	1,736	3696
KS L 12−1,4−10DF Normalmörtel IIa	3700	0,10	1370	2,701	2039
KS L 12−1,6−2DF Normalmörtel IIa	3700	0,10	3670	1,008	3686
KALKSANDSTEINE, unvermörtelte Stoßfuge [Schubert/Hoffmann, 1994 und 95]					
KS L 12−1,4−10DF Normalmörtel IIa	3700	0,10	420	8,810	780
KS L 12−1,4−10DF Normalmörtel III	4200	0,10	440	9,545	824
LEICHTBETONSTEINE, vermörtelte Stoßfuge [Schubert/Hoffmann, 1994 und 95]					
2K Hbl 4−0,9−16DF Normalmörtel IIa	3600	0,20	3590	1,003	3595
LEICHTBETONSTEINE, unvermörtelte Stoßfuge					
3K Hbl 4−0,9−16DF Normalmörtel IIa	3600	0,20	3100	1,161	3316
GASBETON GP vermörtelte Stoßfuge [Schubert/Hoffmann, 1994 und 95]					
GP2−0,5 (444x250x249) Normalmörtel Dünnbettmörtel	1100 1000	0,25	1550	0,645	1315
GP6−0,7(444x250x249) Normalmörtel Dünnbettmörtel	2400 2500	0,25	1790	1,397	2014

Anhang: A 3.2 Tabelle der Elastizitätsmoduln von Mauerwerk, Fortsetzung

Steinart / MG	E_y [N/mm²]	ν_y	E_x [N/mm²]	E_y/E_x	E_1 (Gl. 3.15) für $\phi = 30°$
Mauerwerk aus der Schweiz mit vermörtelte Stoßfuge [Guggisberg/Thürlimann, 1987]					
Backstein $f_D = 42{,}1$ [N/mm²] 40% Lochanteil b/l/h = 150/250/135 mm mit Zementmörtel	6400	0,18	3400	1,88	4388
Kalksandstein $f_D = 36{,}4$ [N/mm²] 20% Lochanteil b/l/h = 145/250/135 mm mit Zementmörtel	10200	0,13	6550	1,56	8000

Anhang: A 3.3 Tabelle für Druck– und Zug–Elastizitätsmodul

Steinart	Mörtel-gruppe	E_D [N/mm^2]	E_Z [N/mm^2]	E_Z/E_D
HOCHLOCHZIEGEL HLz [Backes, 1985]				
HLz 12	II	3500	2467	0,7
HLz 12	III	6000	3273	0,55
HLZ 60	III	18000	12470	0,69
KALKSANDSTEIN [Backes, 1985]				
KS 12	II	4300	3870	0,90
KS 12	III	5700	4943	0,87
KSL 12	II	3200	2293	0,72
KSL 12	III	4200	2007	0,48
KS 36	III	12900	6127	0,47
PORENBETON PB (GASBETON GP) [Backes, 1985]				
G 2	II	1190	1487	1,35
G 6	III	2400	2990	1,25
VOLLOCHSTEINE AUS LEICHTBETON [Backes, 1985]				
V2	II	2200	2273	1,03
V12	III	12000	8917	0,74

Anhang A 3.4: Elastizitäts– und Schubmodul nach der elastischen "laminate Theory"
[Hull, 1981]

$$c = \cos\Theta \qquad s = \sin\Theta$$

$$\frac{1}{E_x} = \frac{1}{E_1} \cdot c^4 + (\frac{1}{G_{12}} - 2 \cdot \frac{\nu_{12}}{E_1}) \cdot s^2 \cdot c^2 + \frac{1}{E_2} \cdot s^4$$

$$\frac{1}{E_y} = \frac{1}{E_1} \cdot s^4 + (\frac{1}{G_{12}} - 2 \cdot \frac{\nu_{12}}{E_1}) \cdot s^2 \cdot c^2 + \frac{1}{E_2} \cdot c^4$$

$$\frac{1}{G_{xy}} = 2 \cdot (\frac{2}{E_1} + \frac{2}{E_2} + 4 \cdot \frac{\nu_{12}}{E_1} - \frac{1}{G_{12}}) \cdot s^2 \cdot c^2 + \frac{1}{G_{12}} \cdot (s^4 + c^4)$$

$$\nu_{xy} = E_x \cdot [\frac{\nu_{12}}{E_1} \cdot (s^4 + c^4) - (\frac{1}{E_1} + \frac{1}{E_2} - \frac{1}{G_{12}}) \cdot s^2 \cdot c^2]$$

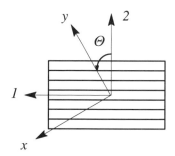

Drehung des Koordinatensystems 1–2 auf x–y in einem orthotropen Ausschnitt

Anhang 5 Faktoren für die Spannungen bzw. Dehnungen und Rißbreiten

Anhang A 5.1: Faktoren k_S für die Scheibenspannungen

k_S – Werte:

$$\sigma_{sx} = k_s \cdot \alpha_T \cdot \Delta T \cdot E_{Wand}$$

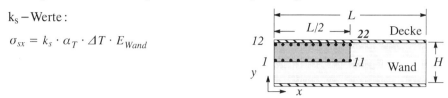

k_S –Werte für	$E_{Wand} = 2000\ [MN/m^2]$			$\nu = 0{,}2$		$E_{Decke} = 26000\ [MN/m^2]$					
Stelle L / H	1	2	3	4	5	6	7	8	9	10	11
1	0	0	0	0,01	0,02	0,03	0,05	0,06	0,07	0,08	0,09
1,5	0	0,01	0,03	0,08	0,13	0,19	0,25	0,29	0,33	0,34	0,35
2	0	0,02	0,08	0,17	0,27	0,36	0,44	0,49	0,53	0,55	0,56
3	0	0,07	0,19	0,37	0,49	0,60	0,67	0,73	0,76	0,78	0,79
4	0	0,12	0,32	0,51	0,63	0,73	0,79	0,83	0,86	0,87	0,88
5	0	0,18	0,35	0,64	0,74	0,81	0,86	0,88	0,90	0,91	0,91
Stelle L / H	12	13	14	15	16	17	18	19	20	21	22
1	0,22	0,68	0,74	0,76	0,77	0,77	0,77	0,77	0,77	0,78	0,78
1,5	0,31	0,74	0,76	0,77	0,78	0,78	0,78	0,79	0,80	0,80	0,80
2	0,37	0,75	0,77	0,78	0,79	0,80	0,81	0,82	0,83	0,84	0,84
3	0,45	0,77	0,78	0,80	0,82	0,84	0,86	0,88	0,89	0,90	0,90
4	0,50	0,77	0,79	0,83	0,85	0,87	0,89	0,91	0,91	0,92	0,92
5	0,54	0,77	0,81	0,84	0,88	0,89	0,91	0,92	0,92	0,92	0,93

k_S –Werte für	$E_{Wand} = 5000\ [MN/m^2]$			$\nu = 0{,}2$		$E_{Decke} = 30000\ [MN/m^2]$					
Stelle L / H	1	2	3	4	5	6	7	8	9	10	11
1	0	0	0	0	0	0,02	0,03	0,04	0,05	0,06	0,06
1,5	0	0	0,02	0,06	0,11	0,16	0,20	0,24	0,27	0,28	0,29
2	0	0,01	0,06	0,13	0,23	0,30	0,36	0,41	0,44	0,46	0,47
3	0	0,03	0,15	0,29	0,43	0,51	0,58	0,63	0,66	0,68	0,69
4	0	0,08	0,27	0,45	0,57	0,65	0,71	0,75	0,79	0,79	0,80
5	0	0,12	0,35	0,54	0,66	0,73	0,78	0,81	0,84	0,85	0,85
Stelle L / H	12	13	14	15	16	17	18	19	20	21	22
1	0,14	0,56	0,63	0,66	0,66	0,66	0,66	0,66	0,66	0,67	0,67
1,5	0,20	0,61	0,66	0,66	0,66	0,67	0,67	0,67	0,68	0,68	0,68
2	0,25	0,64	0,65	0,66	0,67	0,68	0,69	0,70	0,70	0,71	0,71
3	0,31	0,65	0,66	0,68	0,71	0,73	0,75	0,77	0,78	0,79	0,79
4	0,36	0,65	0,67	0,70	0,75	0,78	0,80	0,82	0,84	0,85	0,85
5	0,40	0,65	0,69	0,73	0,78	0,81	0,84	0,86	0,87	0,85	0,88

Anhang 5 Faktoren für die Spannungen bzw. Dehnungen und Rißbreiten
Anhang A 5.1: Faktoren k_s für die Scheibenspannungen

k_s –Werte :

$$\sigma_{sx} = k_s \cdot \alpha_T \cdot \Delta T \cdot E_{Wand}$$

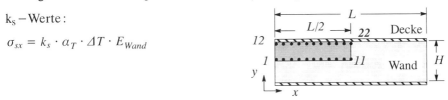

k_s –Werte für	$E_{Wand} = 8000\ [MN/m^2]$			$\nu = 0,2$		$E_{Decke} = 30000\ [MN/m^2]$					
Stelle L/H	1	2	3	4	5	6	7	8	9	10	11
1	0	0	0	0	0	0	0,02	0,03	0,04	0,04	0,05
1,5	0	0	0,14	0,05	0,08	0,13	0,16	0,19	0,22	0,24	0,24
2	0	0	0,04	0,11	0,19	0,25	0,30	0,35	0,38	0,39	0,40
3	0	0,03	0,12	0,25	0,36	0,45	0,51	0,55	0,58	0,60	0,61
4	0	0,06	0,23	0,39	0,50	0,58	0,64	0,68	0,70	0,72	0,72
5	0	0,09	0,31	0,47	0,59	0,66	0,71	0,74	0,77	0,78	0,78
Stelle L/H	12	13	14	15	16	17	18	19	20	21	22
1	0,09	0,44	0,53	0,57	0,57	0,57	0,57	0,57	0,57	0,57	0,57
1,5	0,14	0,52	0,57	0,56	0,56	0,57	0,57	0,57	0,57	0,58	0,58
2	0,18	0,55	0,56	0,56	0,57	0,58	0,59	0,59	0,60	0,61	0,61
3	0,23	0,55	0,56	0,58	0,60	0,63	0,65	0,68	0,69	0,70	0,70
4	0,27	0,56	0,57	0,61	0,66	0,69	0,72	0,74	0,76	0,77	0,77
5	0,31	0,55	0,59	0,64	0,69	0,73	0,76	0,78	0,80	0,81	0,81

k_s –Werte für	$E_{Wand} = 17000\ [MN/m^2]$			$\nu = 0,2$		$E_{Decke} = 34000\ [MN/m^2]$					
Stelle L/H	1	2	3	4	5	6	7	8	9	10	11
1	0	0	0,01	0,01	0,01	0	0	0,01	0,01	0,02	0,02
1,5	0	0	0	0,02	0,05	0,08	0,11	0,13	0,15	0,16	0,17
2	0	0	0,02	0,07	0,11	0,17	0,22	0,25	0,28	0,29	0,29
3	0	0,01	0,09	0,18	0,27	0,34	0,39	0,43	0,45	0,47	0,47
4	0	0,02	0,16	0,28	0,39	0,46	0,51	0,55	0,57	0,59	0,59
5	0	0,05	0,22	0,36	0,47	0,54	0,59	0,62	0,64	0,66	0,66
Stelle L/H	12	13	14	15	16	17	18	19	20	21	22
1	0,05	0,36	0,42	0,44	0,44	0,43	0,43	0,43	0,43	0,43	0,43
1,5	0,08	0,40	0,43	0,42	0,42	0,42	0,42	0,42	0,42	0,42	0,42
2	0,10	0,42	0,41	0,42	0,43	0,44	0,44	0,45	0,45	0,45	0,45
3	0,14	0,42	0,40	0,42	0,46	0,48	0,50	0,53	0,54	0,55	0,56
4	0,18	0,40	0,42	0,42	0,51	0,55	0,58	0,61	0,63	0,64	0,64
5	0,22	0,40	0,43	0,49	0,56	0,60	0,63	0,66	0,68	0,68	0,69

Anhang 5 Faktoren für die Spannungen bzw. Dehnungen und Rißbreiten

Anhang A 5.1: Faktoren k_s für die Scheibenspannungen

k_s – Werte :

$$\sigma_{sx} = k_s \cdot \alpha_T \cdot \Delta T \cdot E_{Wand}$$

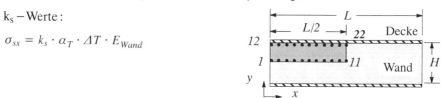

k_s – Werte für	$E_{Wand} = 34000 \, [MN/m^2]$		$\nu = 0,2$		$E_{Decke} = 34000 \, [MN/m^2]$						
Stelle L/H	1	2	3	4	5	6	7	8	9	10	11
1	0	0	0,01	0,02	0,02	0,02	0,02	0,01	0,01	0,01	0,01
1,5	0	0,01	0,01	0	0,02	0,03	0,05	0,07	0,08	0,09	0,09
2	0	0,01	0	0,03	0,06	0,09	0,12	0,15	0,17	0,17	0,18
3	0	0	0,04	0,10	0,15	0,21	0,25	0,28	0,30	0,31	0,32
4	0	0,01	0,09	0,17	0,26	0,31	0,35	0,39	0,41	0,42	0,43
5	0	0,04	0,14	0,24	0,33	0,38	0,43	0,45	0,47	0,49	0,49
Stelle L/H	12	13	14	15	16	17	18	19	20	21	22
1	0,02	0,26	0,30	0,29	0,28	0,28	0,27	0,27	0,27	0,27	0,27
1,5	0,04	0,29	0,28	0,26	0,26	0,26	0,26	0,26	0,26	0,26	0,26
2	0,05	0,29	0,26	0,25	0,25	0,26	0,27	0,28	0,28	0,29	0,29
3	0,09	0,26	0,24	0,26	0,28	0,31	0,34	0,35	0,37	0,38	0,38
4	0,12	0,24	0,24	0,29	0,33	0,36	0,40	0,42	0,45	0,46	0,47
5	0,15	0,23	0,27	0,32	0,37	0,42	0,46	0,49	0,50	0,51	0,52

Anhang A 5.2: Faktoren k_τ für die mittlere Schubspannung in der Einleitungslänge 1,5 H an der Zwischendecke

k_τ − Werte :

$\tau_{xym} = k_\tau \cdot a_T \cdot \Delta T \cdot E_{Wand}$

$v = 0{,}2$

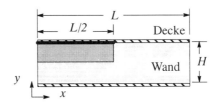

k_τ − Werte						
L/H E_{Decke}/E_{Wand}	1	1,5	2	3	4	5
∞	0,45	0,43	0,40	0,31	0,33	0,33
26000/2000	0,35	0,35	0,34	0,27	0,30	0,31
30000/8000	0,24	0,24	0,24	0,21	0,24	0,26
34000/17000	0,17	0,18	0,16	0,17	0,20	0,22

Anhang 5 Faktoren für die Spannungen bzw. Dehnungen und Rißbreiten
Anhang A 5.3: Faktoren k_p für die Plattenspannungen

k_{px} −Werte :

$$\sigma_{px} = k_{px} \cdot \alpha_T \cdot \Delta T \cdot E_{Wand}$$

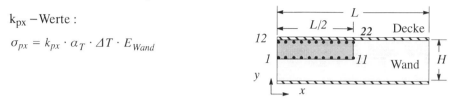

k_{px}−Werte für	$E_{Wand} = 2000\ [MN/m^2]$				$\nu = 0,2$		$E_{Decke} = 26000\ [MN/m^2]$				
Stelle L / H	1	2	3	4	5	6	7	8	9	10	11
1	0	0,07	0,19	0,32	0,45	0,54	0,64	0,70	0,76	0,78	0,80
1,5	0	0,13	0,34	0,53	0,67	0,81	0,89	0,98	1,03	1,06	1,07
2	0	0,20	0,46	0,68	0,83	0,96	1,04	1,09	1,12	1,13	1,13
3	0	0,35	0,68	0,90	1,03	1,10	1,12	1,13	1,13	1,13	1,13
4	−0,01	0,48	0,85	1,04	1,11	1,13	1,13	1,13	1,13	1,13	1,13
5	−0,02	0,55	0,97	1,09	1,13	1,13	1,13	1,13	1,13	1,13	1,13
Stelle L / H	12	13	14	15	16	17	18	19	20	21	22
1	0,12	0,58	0,81	0,94	1,0	1,1	1,1	1,1	1,1	1,1	1,1
1,5	0,17	0,70	0,92	1,0	1,1	1,1	1,1	1,1	1,1	1,1	1,1
2	0,21	0,81	0,98	1,0	1,1	1,1	1,1	1,1	1,1	1,1	1,1
3	0,27	0,90	1,0	1,1	1,1	1,1	1,1	1,1	1,1	1,1	1,1
4	0,29	0,95	1,0	1,1	1,1	1,1	1,1	1,1	1,1	1,1	1,1
5	0,31	1,0	1,1	1,1	1,1	1,1	1,1	1,1	1,1	1,1	1,1

k_{px}−Werte für	$E_{Wand} = 5000\ [MN/m^2]$				$\nu = 0,2$		$E_{Decke} = 30000\ [MN/m^2]$				
Stelle L / H	1	2	3	4	5	6	7	8	9	10	11
1	0	0,07	0,18	0,29	0,39	0,49	0,57	0,63	0,68	0,70	0,71
1,5	0	0,13	0,31	0,48	0,61	0,74	0,83	0,91	0,95	0,97	0,98
2	0	0,22	0,43	0,64	0,77	0,88	0,95	1,01	1,03	1,04	1,05
3	−0,01	0,33	0,84	0,95	1,02	1,04	1,06	1,06	1,06	1,06	1,06
4	−0,01	0,47	0,78	0,94	1,03	1,05	1,06	1,06	1,06	1,06	1,06
5	−0,02	0,57	0,89	1,02	1,06	1,06	1,06	1,06	1,06	1,06	1,06
Stelle L / H	12	13	14	15	16	17	18	19	20	21	22
1	0,08	0,52	0,72	0,85	0,90	0,95	0,98	1,0	1,0	1,0	1,0
1,5	0,13	0,62	0,84	0,93	0,98	1,0	1,0	1,1	1,1	1,1	1,1
2	0,16	0,71	0,90	0,98	1,0	1,0	1,1	1,1	1,1	1,1	1,1
3	0,21	0,79	0,99	0,98	1,0	1,1	1,1	1,1	1,1	1,1	1,1
4	0,24	0,89	1,0	1,1	1,1	1,1	1,1	1,1	1,1	1,1	1,1
5	0,25	0,95	1,0	1,1	1,1	1,1	1,1	1,1	1,1	1,1	1,1

Anhang A 5.3: Faktoren k_p für die Plattenspannungen

k_{px} – Werte :

$$\sigma_{px} = k_{px} \cdot \alpha_T \cdot \Delta T \cdot E_{Wand}$$

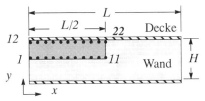

k_{px}–Werte für $E_{Wand} = 8000$ [MN/m²] $\nu = 0,2$ $E_{Decke} = 30000$ [MN/m²]										
Stelle L/H	1	2	3	4	5	6	7	8	9	10	11
1	0	0,07	0,17	0,28	0,39	0,46	0,54	0,59	0,64	0,66	0,67
1,5	0	0,10	0,29	0,46	0,59	0,71	0,81	0,86	0,90	0,92	0,94
2	0	0,19	0,41	0,62	0,75	0,85	0,93	0,97	1,0	1,02	1,02
3	0	0,30	0,61	0,80	0,92	0,99	1,02	1,03	1,04	1,04	1,04
4	−0,01	0,45	0,76	0,92	1,0	1,03	1,04	1,04	1,04	1,04	1,04
5	−0,02	0,56	0,86	1,0	1,0	1,04	1,04	1,04	1,04	1,04	1,04
Stelle L/H	12	13	14	15	16	17	18	19	20	21	22
1	0,06	0,47	0,67	0,77	0,85	0,89	0,94	0,96	0,98	0,99	0,99
1,5	0,1	0,57	0,77	0,87	0,94	0,97	1,0	1,0	1,03	1,03	1,03
2	0,13	0,66	0,84	0,94	0,99	1,0	1,03	1,03	1,04	1,04	1,04
3	0,17	0,77	0,94	1,0	1,02	1,03	1,04	1,04	1,04	1,04	1,04
4	0,19	0,84	0,98	1,0	1,04	1,04	1,04	1,04	1,04	1,04	1,04
5	0,22	0,89	1,01	1,0	1,04	1,04	1,04	1,04	1,04	1,04	1,04

k_{px}–Werte für $E_{Wand} = 17000$ [MN/m²] $\nu = 0,2$ $E_{Decke} = 34000$ [MN/m²]										
Stelle L/H	1	2	3	4	5	6	7	8	9	10	11
1	0	0,06	0,16	0,26	0,34	0,43	0,49	0,55	0,58	0,60	0,62
1,5	0	0,10	0,28	0,43	0,56	0,67	0,76	0,81	0,85	0,88	0,89
2	0	0,15	0,38	0,56	0,69	0,81	0,88	0,93	0,96	0,98	0,99
3	0	0,29	0,57	0,78	0,89	0,95	0,98	1,0	1,02	1,02	1,02
4	0	0,42	0,71	0,88	0,97	1,0	1,02	1,02	1,02	1,02	1,02
5	−0,01	0,52	0,82	0,96	1,0	1,02	1,02	1,02	1,02	1,02	1,02
Stelle L/H	12	13	14	15	16	17	18	19	20	21	22
1	0,03	0,39	0,57	0,68	0,76	0,81	0,87	0,90	0,92	0,93	0,93
1,5	0,07	0,49	0,68	0,80	0,87	0,92	0,96	0,98	0,99	0,99	1,0
2	0,09	0,56	0,76	0,89	0,93	0,96	0,99	1,0	1,01	1,01	1,02
3	0,12	0,67	0,87	0,96	0,98	1,0	1,01	1,02	1,02	1,02	1,02
4	0,15	0,75	0,93	0,99	1,01	1,02	1,02	1,02	1,02	1,02	1,02
5	0,16	0,81	0,97	1,0	1,02	1,02	1,02	1,02	1,02	1,02	1,02

Anhang A 5.3: Faktoren k_p für die Plattenspannungen

k_{px} −Werte :

$$\sigma_{px} = k_{px} \cdot \alpha_T \cdot \Delta T \cdot E_{Wand}$$

k_{px} −Werte	für	$E_{Wand} = 34000 \, [MN/m^2]$		$\nu = 0,2$			$E_{Decke} = 34000 \, [MN/m^2]$			
Stelle L/H	1	2	3	4	5	6	7	8	9	10	11
1	0	0,06	0,14	0,23	0,32	0,38	0,45	0,50	0,53	0,54	0,55
1,5	0	0,11	0,26	0,39	0,52	0,62	0,71	0,77	0,81	0,83	0,84
2	0	0,16	0,36	0,56	0,66	0,77	0,85	0,89	0,94	0,95	0,96
3	0	0,29	0,52	0,75	0,86	0,92	0,97	0,99	1,0	1,01	1,01
4	0	0,40	0,68	0,87	0,95	0,98	0,99	1,01	1,01	1,01	1,01
5	−0,01	0,50	0,78	0,94	0,99	1,0	1,0	1,01	1,01	1,01	1,01
Stelle L/H	12	13	14	15	16	17	18	19	20	21	22
1	0,02	0,29	0,45	0,55	0,62	0,72	0,79	0,82	0,84	0,90	0,90
1,5	0,04	0,37	0,56	0,69	0,79	0,85	0,90	0,94	0,95	0,96	0,96
2	0,06	0,43	0,66	0,79	0,87	0,92	0,96	0,97	0,98	0,99	0,99
3	0,08	0,54	0,81	0,91	0,95	0,98	1,0	1,0	1,01	1,01	1,01
4	0,09	0,64	0,90	0,96	0,99	1,0	1,01	1,01	1,01	1,01	1,01
5	0,1	0,72	0,94	0,98	1,0	1,01	1,01	1,01	1,01	1,01	1,01

Anhang 5 Faktoren für die Spannungen bzw. Dehnungen und Rißbreiten

Anhang A 5.3: Faktoren k_p für die Plattenspannungen

k_{px} −Werte :

$$\sigma_{px} = k_{px} \cdot \alpha_T \cdot \varDelta T \cdot E_{Wand}$$

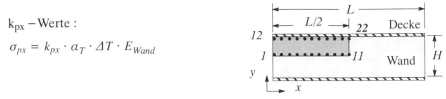

k_{py} −Werte	für	$E_{Wand} = 2000\ [MN/m^2]$		$v = 0,2$			$E_{Decke} = 26000\ [MN/m^2]$			
Stelle L / H	1	2	3	4	5	6	7	8	9	10	11
1	0,71	0,71	0,67	0,62	0,58	0,55	0,51	0,50	0,48	0,47	0,47
1,5	0,75	0,74	0,67	0,61	0,57	0,55	0,53	0,52	0,52	0,52	0,52
2	0,76	0,71	0,64	0,58	0,56	0,55	0,55	0,56	0,57	0,56	0,58
3	0,76	0,66	0,58	0,55	0,56	0,57	0,59	0,61	0,61	0,62	0,62
4	0,76	0,62	0,56	0,56	0,58	0,60	0,62	0,62	0,62	0,62	0,62
5	0,77	0,59	0,55	0,57	0,60	0,62	0,62	0,62	0,62	0,62	0,62
Stelle L / H	12	13	14	15	16	17	18	19	20	21	22
1	−0,04	0,01	0,25	0,48	0,64	0,71	0,79	0,83	0,84	0,85	0,86
1,5	−0,07	0,13	0,42	0,62	0,71	0,75	0,76	0,77	0,76	0,76	0,76
2	−0,07	0,29	0,56	0,70	0,74	0,73	0,72	0,71	0,69	0,68	0,68
3	−0,08	0,51	0,70	0,73	0,72	0,68	0,66	0,64	0,63	0,63	0,63
4	−0,12	0,63	0,74	0,71	0,68	0,65	0,63	0,63	0,62	0,62	0,62
5	−0,14	0,70	0,73	0,68	0,66	0,63	0,62	0,62	0,62	0,62	0,62

k_{py} −Werte	für	$E_{Wand} = 5000\ [MN/m^2]$		$v = 0,2$			$E_{Decke} = 30000\ [MN/m^2]$			
Stelle L / H	1	2	3	4	5	6	7	8	9	10	11
1	0,39	0,40	0,36	0,32	0,27	0,25	0,21	0,20	0,18	0,17	0,17
1,5	0,48	0,46	0,40	0,35	0,30	0,28	0,25	0,25	0,24	0,24	0,24
2	0,45	0,40	0,33	0,27	0,24	0,23	0,23	0,24	0,24	0,25	0,25
3	0,45	0,35	0,27	0,24	0,23	0,25	0,27	0,28	0,28	0,29	0,29
4	0,45	0,31	0,24	0,24	0,25	0,27	0,28	0,29	0,29	0,29	0,30
5	0,45	0,28	0,23	0,25	0,27	0,28	0,29	0,29	0,30	0,30	0,30
Stelle L / H	12	13	14	15	16	17	18	19	20	21	22
1	−0,19	−0,11	0,06	0,21	0,31	0,37	0,41	0,43	0,44	0,45	0,46
1,5	−0,16	0,02	0,21	0,33	0,40	0,43	0,43	0,44	0,43	0,43	0,43
2	−0,20	0,08	0,25	0,35	0,37	0,37	0,36	0,36	0,35	0,34	0,34
3	−0,20	0,21	0,34	0,37	0,35	0,34	0,32	0,31	0,31	0,30	0,30
4	−0,22	0,29	0,37	0,35	0,33	0,32	0,30	0,30	0,30	0,30	0,30
5	−0,23	0,34	0,37	0,33	0,31	0,30	0,30	0,30	0,30	0,29	0,29

k_{py} −Werte :

$$\sigma_{py} = k_{py} \cdot \alpha_T \cdot \Delta T \cdot E_{WAND}$$

k_{py} −Werte	für	$E_{Wand} = 8000\ [MN/m^2]$			$\nu = 0,2$			$E_{Decke} = 30000\ [MN/m^2]$		
Stelle L/H	1	2	3	4	5	6	7	8	9	10	11
1	0,31	0,31	0,28	0,23	0,19	0,16	0,13	0,11	0,10	0,09	0,09
1,5	0,35	0,34	0,28	0,22	0,18	0,15	0,13	0,12	0,11	0,11	0,11
2	0,37	0,32	0,25	0,19	0,16	0,14	0,14	0,14	0,15	0,15	0,15
3	0,37	0,27	0,19	0,15	0,15	0,16	0,17	0,18	0,19	0,19	0,19
4	0,37	0,23	0,16	0,15	0,16	0,18	0,19	0,19	0,20	0,20	0,20
5	0,38	0,20	0,15	0,16	0,17	0,19	0,20	0,20	0,20	0,20	0,20
Stelle L/H	12	13	14	15	16	17	18	19	20	21	22
1	−0,18	−0,08	0,04	0,14	0,21	0,24	0,28	0,30	0,31	0,31	0,32
1,5	−0,19	−0,03	0,11	0,20	0,24	0,26	0,27	0,27	0,27	0,27	0,27
2	−0,18	0,04	0,17	0,23	0,25	0,26	0,25	0,25	0,24	0,24	0,24
3	−0,17	0,14	0,23	0,26	0,24	0,23	0,22	0,22	0,21	0,21	0,21
4	−0,17	0,19	0,25	0,25	0,22	0,22	0,21	0,21	0,20	0,20	0,20
5	−0,17	0,23	0,25	0,24	0,21	0,21	0,20	0,20	0,20	0,20	0,20

k_{py} −Werte	für	$E_{Wand} = 17000\ [MN/m^2]$			$\nu = 0,2$			$E_{Decke} = 34000\ [MN/m^2]$		
Stelle L/H	1	2	3	4	5	6	7	8	9	10	11
1	0,23	0,23	0,20	0,15	0,11	0,09	0,05	0,04	0,02	0,01	0,01
1,5	0,28	0,27	0,20	0,15	0,10	0,07	0,05	0,03	0,02	0,02	0,02
2	0,30	0,25	0,18	0,11	0,08	0,06	0,05	0,05	0,05	0,05	0,05
3	0,30	0,21	0,12	0,07	0,06	0,07	0,08	0,09	0,09	0,10	0,10
4	0,31	0,16	0,09	0,07	0,07	0,08	0,10	0,10	0,11	0,11	0,11
5	0,31	0,13	0,07	0,07	0,09	0,10	0,11	0,11	0,11	0,12	0,12
Stelle L/H	12	13	14	15	16	17	18	19	20	21	22
1	−0,15	0,01	0,04	0,08	0,13	0,14	0,15	0,16	0,16	0,17	0,17
1,5	−0,13	−0,01	0,05	0,10	0,14	0,15	0,15	0,15	0,15	0,15	0,15
2	−0,11	0,01	0,08	0,12	0,14	0,14	0,14	0,14	0,14	0,13	0,13
3	−0,09	0,08	0,12	0,14	0,13	0,13	0,13	0,12	0,12	0,12	0,12
4	−0,08	0,10	0,14	0,14	0,12	0,12	0,12	0,12	0,12	0,12	0,12
5	−0,07	0,12	0,14	0,13	0,12	0,12	0,12	0,12	0,12	0,12	0,12

Anhang 5 Faktoren für die Spannungen bzw. Dehnungen und Rißbreiten

Anhang A 5.3: Faktoren k_p für die Plattenspannungen

k_{py} –Werte :

$\sigma_{py} = k_{py} \cdot \alpha_T \cdot \Delta T \cdot E_{WAND}$

k_{py} –Werte	für		$E_{Wand} = 34000$ [MN/m^2]			$v = 0,2$		$E_{Decke} = 34000$ [MN/m^2]			
Stelle L/H	1	2	3	4	5	6	7	8	9	10	11
1	0,18	0,18	0,14	0,10	0,06	0,04	0,01	−0,01	−0,03	−0,04	−0,04
1,5	0,24	0,20	0,16	0,10	0,05	0,02	−0,01	−0,02	−0,03	−0,04	−0,04
2	0,26	0,21	0,14	0,07	0,03	0,01	−0,01	−0,01	−0,02	−0,02	−0,02
3	0,27	0,17	0,09	0,03	0,01	0,01	0,02	0,02	0,03	0,03	0,03
4	0,27	0,13	0,05	0,01	0,02	0,04	0,04	0,04	0,05	0,05	0,05
5	0,27	0,09	0,02	0,01	0,02	0,04	0,05	0,05	0,06	0,06	0,06
Stelle L/H	12	13	14	15	16	17	18	19	20	21	22
1	−0,07	0,10	0,06	0,04	0,04	0,04	0,05	0,05	0,05	0,06	0,06
1,5	−0,04	0,07	0,04	0,04	0,04	0,05	0,06	0,06	0,06	0,06	0,06
2	−0,01	0,05	0,04	0,04	0,05	0,06	0,06	0,06	0,06	0,06	0,06
3	0,02	0,04	0,04	0,05	0,06	0,06	0,06	0,06	0,06	0,06	0,06
4	0,05	0,04	0,05	0,06	0,06	0,06	0,06	0,06	0,06	0,06	0,06
5	0,06	0,04	0,06	0,06	0,06	0,06	0,06	0,06	0,06	0,06	0,06

Anhang A 5.4: Faktoren k_D für die maximalen Deckenspannungen in Längenmitte

$$\max \sigma_{Decke} = k_D \cdot (\alpha_T \cdot \Delta T \cdot E \cdot k_{sD})_{Wand}$$

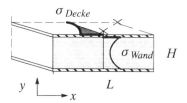

k_D –Werte für E_{Wand} / E_{Decke} und L/H –Verhältnisse				
E_{Decke} / E_{Wand} L/H	26000/ 2000	30000 / 5000	30000 / 8000	34000 / 17000
1	2,35	2,29	2,24	2,21
1,5	2,55	2,43	2,38	2,28
2	2,38	2,28	2,27	2,12
3	1,77	1,81	1,83	1,72
4	1,39	1,45	1,46	1,47
5	1,13	1,19	1,22	1,30

Anhang 5 Faktoren für die Spannungen bzw. Dehnungen und Rißbreiten

A 5.5 Eigenspannungstemperaturen ΔT_E

Eigenspannungstemperaturen ΔT_E über Wandquerschnitt

$\varrho : [\,kg\,/\,m^3\,] \qquad c : [\,W*h\,/\,(kg*K)\,] \qquad \lambda : [\,W\,/\,(m*K)\,]$

$[a = \dfrac{\lambda}{c\cdot\varrho}]$	Dicke d [cm]	Uhrzeit [h]	x=0	x=1/8 d	x=1/4 d	x=3/8 d	x=1/2 d	x=5/8 d	x=3/4 d	x=7/8 d	x=d
	17,5	12⁰⁰	-32,0	-4,0	8,0	9,6	7,2	3,2	-1,6	-5,6	-9,6
		14⁰⁰	-21,6	-6,4	4,8	9,6	8,8	4,8	0,0	-6,4	-12
		18⁰⁰	21,6	0,0	-6,4	-4,8	-1,6	0,8	1,6	1,6	1,6
3,0	24,0	12⁰⁰	-36,8	-0,8	9,6	8,8	4,8	1,6	-1,6	-4,8	-7,2
		14⁰⁰	-28,0	-5,6	8,0	10,4	8,0	3,2	-1,6	-5,6	-9,6
		18⁰⁰	21,6	-3,2	-5,6	-2,4	0,8	1,6	1,6	0	-0,8
	30,0	12⁰⁰	-39,2	1,6	9,6	7,2	3,2	0,8	-1,6	-3,2	-5,6
		14⁰⁰	-32,0	-3,2	9,6	9,6	6,4	1,6	-1,6	-4,8	-8,0
[10⁻⁴]		18⁰⁰	21,6	-5,6	-4	0,8	2,4	1,6	0,8	-0,8	-1,6
	17,5	12⁰⁰	-28,8	-4,8	7,2	9,6	8,0	4,0	-0,8	-5,6	-11,2
		14⁰⁰	-17,6	-5,6	3,2	8,0	8,0	4,8	0,0	-6,4	-12,0
		18⁰⁰	20,8	1,6	-5,6	-6,4	-3,2	-0,8	1,6	3,2	4,0
4,0	24,0	12⁰⁰	-34,4	-2,4	8,8	9,6	6,4	2,4	-1,6	-4,8	-8,0
		14⁰⁰	-24,8	-5,6	6,4	10,4	8,0	4,0	-0,8	-6,4	-11,2
		18⁰⁰	22,4	-1,6	-6,4	-3,2	0,0	1,6	1,6	0,8	0,0
	30,0	12⁰⁰	-38,4	0	9,6	8,0	4,0	0,8	-1,6	-4,0	-6,4
		14⁰⁰	-29,6	-4,8	8,8	10,4	7,2	2,4	-1,6	-5,6	-9,6
[10⁻⁴]		18⁰⁰	21,6	-4,8	-5,6	-0,8	1,6	1,6	0,8	0,0	-1,6

Anhang 5 Faktoren für die Spannungen bzw. Dehnungen und Rißbreiten

A 5.5 Eigenspannungstemperaturen ΔT_E

Eigenspannungstemperaturen ΔT_E über Wandquerschnitt

$\varrho : [\,kg/m^3\,]$ $c : [\,W{*}h/(kg{*}K)\,]$ $\lambda : [\,W/(m{*}K)\,]$

$[a = \frac{\lambda}{c\cdot\varrho}]$	Dicke d [cm]	Uhrzeit [h]	x=0	x=1/8 d	x=1/4 d	x=3/8 d	x=1/2 d	x=5/8 d	x=3/4 d	x=7/8 d	x=d
	17,5	12⁰⁰	-27,2	-4,8	6,4	9,6	8,0	4,0	-0,8	-6,4	-12
		14⁰⁰	-15,2	-5,6	2,4	7,2	7,2	4,8	0,8	-5,6	-12
		18⁰⁰	20,8	2,4	-5,6	-6,4	-4,8	-1,6	1,6	3,2	5,6
5,0	24,0	12⁰⁰	-32,8	-3,2	8	9,6	7,2	3,2	-1,6	-5,6	-9,6
		14⁰⁰	-22,4	-6,4	4,8	9,6	8,8	4,8	-0,8	-6,4	-12
		18⁰⁰	21,6	-0,8	-6,4	-4,8	-1,6	0,8	1,6	1,6	0,8
	30,0	12⁰⁰	-36,8	-0,8	9,6	8,8	5,6	1,6	-1,6	-4,8	-7,2
[10⁻⁴]		14⁰⁰	27,2	-5,6	7,2	10,4	8,0	3,2	-1,6	-5,6	-10,4
		18⁰⁰	21,6	-3,2	-6,4	-2,4	0,8	1,6	1,6	0	-0,8

$[a = \frac{\lambda}{c\cdot\varrho}]$	Dicke d [cm]	Uhrzeit [h]	x=0	x=1/8 d	x=1/4 d	x=3/8 d	x=1/2 d	x=5/8 d	x=3/4 d	x=7/8 d	x=d
	17,5	12⁰⁰	-24,8	-4,8	5,6	8,8	8,0	4,8	0,0	-5,6	-12,0
		14⁰⁰	-13,6	-4,8	2,4	6,4	7,2	4,8	0,8	-4,8	-11,2
		18⁰⁰	20,0	3,2	-4,8	-6,4	-4,8	-2,4	0,8	4,0	6,4
6,0	24,0	12⁰⁰	-31,2	-4,0	8,0	9,6	7,2	3,2	-1,6	-5,6	-10,4
		14⁰⁰	-20,8	-6,4	4,0	8,8	8,8	4,8	0,0	-6,4	-12,0
		18⁰⁰	21,6	0,0	-6,4	-5,6	-2,4	0,0	1,6	2,4	1,6
	30,0	12⁰⁰	-35,2	-2,4	8,8	9,6	5,6	2,4	-1,6	-4,8	-8,0
[10⁻⁴]		14⁰⁰	-24,8	-5,6	6,4	10,4	8,0	4,0	-0,8	-6,4	-11,2
		18⁰⁰	21,6	-2,4	-6,4	-3,2	0,0	1,6	1,6	0,8	0,0

Anhang 5 Faktoren für die Spannungen bzw. Dehnungen und Rißbreiten

A 5.5 Eigenspannungstemperaturen ΔT_E

Eigenspannungstemperaturen ΔT_E über Wandquerschnitt

$\varrho : [\,kg/m^3\,]$ $c : [\,W*h/(kg*K)\,]$ $\lambda : [\,W/(m*K)\,]$

$[a = \dfrac{\lambda}{c \cdot \varrho}]$	Dicke d [cm]	Uhrzeit [h]	x=0	x=1/8 d	x=1/4 d	x=3/8 d	x=1/2 d	x=5/8 d	x=3/4 d	x=7/8 d	x=d
	17,5	12^{00}	−23,2	−4,8	4,8	8,8	8,0	4,8	0,0	−5,6	−12,0
		14^{00}	−12,0	−4,0	1,6	5,6	6,4	4,8	0,8	−4,0	−10,4
		18^{00}	19,2	3,2	−4,8	−6,4	−5,6	−2,4	0,8	4,0	8,0
7,0	24,0	12^{00}	−30,4	−4,0	7,2	9,6	8,0	4,0	−0,8	−5,6	−10,4
		14^{00}	−19,2	−5,6	4,0	8,0	8,0	4,8	0,0	−5,6	−12,0
		18^{00}	21,6	0,8	−5,6	−5,6	−3,2	0,0	1,6	2,4	3,2
	30,0	12^{00}	−33,6	−2,4	8,8	9,6	6,4	2,4	−1,6	−5,6	−8,8
[10^{-4}]		14^{00}	−24,0	−6,4	5,6	9,6	8,8	4,0	−0,8	−6,4	−11,2
		18^{00}	21,6	−1,6	−6,4	−4,0	−0,8	1,6	1,6	1,6	0,0

$[a = \dfrac{\lambda}{c \cdot \varrho}]$	Dicke d [cm]	Uhrzeit [h]	x=0	x=1/8 d	x=1/4 d	x=3/8 d	x=1/2 d	x=5/8 d	x=3/4 d	x=7/8 d	x=d
	30,0	12^{00}	−32,8	−3,2	8,0	9,6	7,2	3,2	−1,6	−5,6	−9,6
		14^{00}	−22,4	−6,4	4,8	9,6	8,8	4,8	−0,8	−6,4	−12,0
		18^{00}	21,6	−0,8	−6,4	−4,8	−1,6	0,8	1,6	1,6	0,8
8,0	36,0	12^{00}	−36,0	−1,6	8,8	8,8	5,6	1,6	−1,6	−4,8	−8,0
		14^{00}	−26,4	−5,6	7,2	10,4	8,0	4,0	−1,6	−5,6	−10,4
		18^{00}	22,4	−2,4	−6,4	−3,2	0,0	1,6	1,6	0,8	−0,8
	50,0	12^{00}	−40,0	2,4	9,6	−6,4	3,2	0,8	−1,6	−3,2	−5,6
[10^{-4}]		14^{00}	−32,0	−3,2	9,6	9,6	5,6	1,6	−1,6	−4,8	−8,0
		18^{00}	20,8	−5,6	−4,0	0,8	2,4	1,6	0,8	−0,8	−1,6

Anhang 5 Faktoren für die Spannungen bzw. Dehnungen und Rißbreiten

A 5.5 Eigenspannungstemperaturen ΔT_E

Eigenspannungstemperaturen ΔT_E über Wandquerschnitt)

$\varrho : [\,kg/m^3\,]$ $c : [\,W{*}h/(kg{*}K)\,]$ $\lambda : [\,W/(m{*}K)\,]$

$[a = \frac{\lambda}{c \cdot \varrho}]$	Dicke d [cm]	Uhrzeit [h]	x=0	x=1/8 d	x=1/4 d	x=3/8 d	x=1/2 d	x=5/8 d	x=3/4 d	x=7/8 d	x=d
9,0	30,0	12^{00}	-32,0	-4,0	8,0	9,6	7,2	3,2	-1,6	-5,6	-10,4
		14^{00}	-20,8	-6,4	4,8	8,8	8,8	4,8	0,0	-6,4	-12,0
		18^{00}	21,6	0,0	-6,4	-5,6	-2,4	0,8	1,6	2,4	1,6
	36,0	12^{00}	-34,4	-2,4	8,8	9,6	6,4	2,4	-1,6	-4,8	-8,0
		14^{00}	-24,8	-5,6	6,4	10,4	8,0	4,0	-0,8	-6,4	-11,2
		18^{00}	21,6	-1,6	-6,4	-4,0	0,0	1,6	1,6	0,8	0,0
	50,0	12^{00}	-39,2	1,6	9,6	7,2	3,2	0,8	-1,6	-3,2	-5,6
		14^{00}	-31,2	-3,2	9,6	9,6	6,4	2,4	-1,6	-4,8	-8,8
[10^{-4}]		18^{00}	21,6	-5,6	-4,8	0,0	2,4	1,6	0,8	-0,8	-1,6
10,0	30,0	12^{00}	-31,2	-4,0	7,2	9,6	7,2	3,2	-0,8	-5,6	-10,4
		14^{00}	-20,0	-6,4	4,0	8,8	8,8	4,8	0,0	-5,6	-12,0
		18^{00}	21,6	0,8	-6,4	-5,6	-2,4	0,0	1,6	2,4	2,4
	36,0	12^{00}	-33,6	-2,4	8,8	9,6	6,4	2,4	-1,6	-5,6	-8,8
		14^{00}	-24,0	-6,4	5,6	9,6	8,8	4,0	-0,8	-6,4	-11,2
		18^{00}	21,6	-1,6	-6,4	-4,0	-0,8	1,6	1,6	1,6	0,0
	50,0	12^{00}	-38,4	0,8	9,6	7,2	4,0	0,8	-1,6	-4,0	-5,6
		14^{00}	-30,4	-4,0	8,8	10,4	6,4	2,4	-1,6	-5,6	-8,8
[10^{-4}]		18^{00}	21,6	-4,8	-4,8	0,0	1,6	1,6	0,8	0,0	-1,6

Anhang 5 Faktoren für die Spannungen bzw. Dehnungen und Rißbreiten

A 5.5 Eigenspannungstemperaturen ΔT_E

Eigenspannungstemperaturen ΔT_E über Wandquerschnitt

$\varrho : [\,kg/m^3\,]$ $c : [\,W*h/(kg*K)\,]$ $\lambda : [\,W/(m*K)\,]$

$[a = \dfrac{\lambda}{c \cdot \varrho}]$	Dicke d [cm]	Uhrzeit [h]	x=0	x=1/8 d	x=1/4 d	x=3/8 d	x=1/2 d	x=5/8 d	x=3/4 d	x=7/8 d	x=d
15,0 [10^-4]	30,0	12:00	−26,4	−4,8	5,6	9,6	8,0	4,8	−0,8	−6,4	−12,0
		14:00	−15,2	−5,6	2,4	7,2	7,2	4,8	0,8	−5,6	−11,2
		18:00	20,0	2,4	−5,6	−6,4	−4,8	−1,6	0,8	3,2	5,6
	36,0	12:00	−30,4	−4,0	7,2	9,6	8,0	4,0	−0,8	−5,6	−10,4
		14:00	−19,2	−5,6	4,0	8,8	8,8	4,8	0,0	−5,6	−12,0
		18:00	21,6	0,8	−6,4	−5,6	−3,2	0,0	1,6	2,4	2,4
	50,0	12:00	−36,0	−1,6	8,8	8,8	−5,6	1,6	−1,6	−4,8	−7,2
		14:00	−25,6	−5,6	7,2	10,4	8,0	3,2	−1,6	−5,6	−10,4
		18:00	21,6	−2,4	−6,4	−2,4	0,8	1,6	1,6	0,8	−0,8

Anhang 6 : Völligkeitsgrade v

Anhang A 6.1: Völligkeitsgrade v in Abhängigkeit von den Wand−Seitenverhältnissen

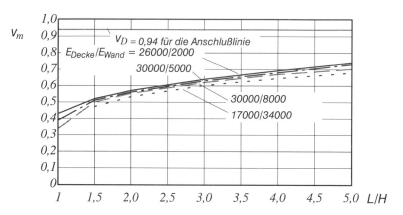

a) Scheibensysteme, v_m in Wandhöhenmitte

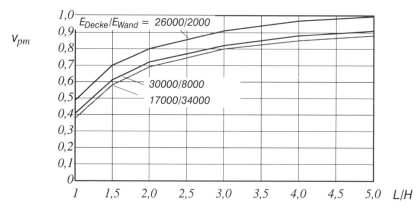

b) Plattensysteme, v_{pm} in Plattenhöhenmitte in x−Richtung

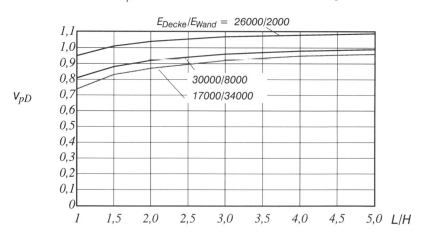

c) Plattensysteme, v_{pD} in der Anschlußlinie in x−Richtung

Anhang 7

A 7.1: Mechanische und thermische Eigenschaften von Mauerwerk aus künstlichen Steinen

Mechanische und thermische Kenndaten von Mauerwerk aus künstlichen Steinen

BEZEICHNUNG	ROH-DICHTE ρ [kg/m³]	Mörtel-gruppe MG	FESTIGKEITS-KLASSE	DRUCK β_{DMW} [N/mm²]	ZUG β_{ZSt} [N/mm²]	$\beta_{ZMW,s}$ [N/mm²]	$\beta_{ZMW,p}$ [N/mm²]	HAFTSCHER FESTIGKEIT β_{HS} [N/mm²]	E-MODUL E_D [N/mm²]×10³	E_Z [N/mm²]×10³	TEMP.-AUSDEHN KOEFF. α_T [1/K]×10⁻⁶	WÄRME-LEITZAHL λ [W/mK]	WÄRME-KAPAZITÄT c [J/kgK]×10³
A	B	C	D	E	F	G	H	I	J	K	L	M	N
MAUERSTEINE													
KALKSANDSTEINE													
KS 60	2000	IIIa-III	20,0 - 16,0	22,1 - 18,7	3,00	k.A.	k.A.	0,25 - 0,20	13,0 - 11,0	k.A.	8,0	1,10	0,88
KS 48	2000	IIIa-III	16,0 - 13,0	19,1 - 16,2	2,40	k.A.	k.A.	0,25 - 0,20	12,0 - 10,0	k.A.	8,0	1,10	0,88
KS 36	2000 - 1800	IIa-III / IIIa-III	13,0 - 11,0	12,5 - 10,4 / 15,8 - 13,4	1,80	k.A.	0,15	0,09 / 0,19	11,0 - 9,0	6,2	8,0	1,10 - 0,99	0,71 / 0,88
KS 28	2200	IIa-II / IIIa-III	7,0 - 6,0 / 9,0 - 7,0	10,6 - 8,8 / 13,4 - 11,3	1,40 / 1,40	k.A.	0,41 - 0,07 / 0,41 - 0,07	0,10 / 0,16	7,0 - 6,0 / 10,0 - 8,5	13,5 / 2,3	8,0	1,30	0,88
KS 20	2000 - 1600	IIa-II / IIIa-III	6,0 - 5,0 / 9,0 - 7,0	8,5 - 7,1 / 10,7 - 9,1	1,00 / 1,00	k.A.	0,41 - 0,07 / 0,41 - 0,07	0,10 / 0,20	6,5 - 5,5 / 9,0 - 7,5	13,5 / 2,3	8,0 / 8,0	1,10 - 0,79	0,88
KS 12	1800 - 1200	IIa-II / IIIa-III	5,0 - 4,0	6,1 - 5,0 / 7,6 - 6,5	0,60 / 0,60	0,09 / 0,12	0,48 - 0,16 / 0,44 - 0,19	0,14 / 0,21	5,5 - 4,5 / 7,5 - 6,5	3,9 / 4,9	8,0 / 8,0	1,05 - 0,99	0,88
KS 8	1800	IIa-II / IIIa-III	4,0 - 3,5 / 4,0	4,6 - 3,9 / 5,8 - 5,0	0,40 / 0,40	k.A.	k.A.	0,10 / 0,20	3,0 / 4,0	k.A.	8,0	0,99 / 0,99	0,88
KS 6	2000 - 1600	IIa-II / IIIa-III	3,5 - 3,0	3,8 - 3,2	0,30 / 0,30	k.A.	k.A.	0,15 - 0,10 / 0,25 - 0,20	k.A.	k.A.	8,0	1,10 - 0,79	0,88
KSL 28	1600	IIa-II / IIIa-III	7,0 - 6,0 / 11,0 - 9,0	10,6 - 8,8 / 13,4 - 11,3	1,12 / 1,12	k.A.	k.A.	0,15 - 0,10 / 0,25 - 0,20	8,0 / 8,5	k.A.	8,0	0,79 / 0,79	0,88
KSL 20	1600 - 1400	IIa-II / IIIa-III	6,0 - 5,0 / 9,0 - 7,0	8,5 - 7,1 / 10,7 - 9,1	0,80 / 0,80	k.A.	k.A.	0,15 - 0,10 / 0,25 - 0,20	7,0 - 6,5 / 7,5 - 7,0	k.A.	8,0	0,79 - 0,70 / 0,79 - 0,70	0,88
KSL 12	1600 - 1200	IIa-II / IIIa-III	5,0 - 4,0	5,0 - 4,0 / 6,0	0,48 / 0,48	0,07	0,07 / 0,09	0,10 / 0,10	5,5 / 5,5	2,3 / 2,0	8,0	0,79 - 0,56 / 0,79 - 0,56	0,88
KSL 6	1600 - 1200	IIa-II	3,5 - 3,0	3,8 - 3,2	0,24	k.A.	k.A.	0,15 - 0,10	2,0	k.A.	8,0	0,79 - 0,56	0,88
KS-PE: Planbockstein	2000 - 1800	DB	k.A.	8,5 - 7,1	k.A.	k.A.	0,65	k.A.	k.A.	k.A.	8,0	0,57 - 0,50	0,88
KSL-R	1600 - 1200	III, DB	k.A.	6,1 - 4,6 / 5,2	0,18 - 2,80	k.A.	0,41 - 0,07	k.A.	k.A.	k.A.	8,0	k.A.	0,88
ZIEGELSTEINE													
KMz 36	2000 - 1800	IIa-II / IIIa-III	7,0 / 13,0 - 11,0	6,4 / 8,4	1,44 / 1,44	k.A.	k.A.	k.A.	10,0 - 8,0	k.A.	4,0	1,30 - 0,79	0,84 / 0,75
VMz 20	1900	II / III	6,0 - 5,0 / 9,0 - 7,0	5,0 / 6,8	0,80 / 0,80	0,73	k.A.	0,93	8,0 - 7,0	k.A.	5,0	0,63	0,75
Mz 48	2300	IIa / III	13,0	2,2	5,80	0,79	2,30	k.A.	k.A.	k.A.	5,0 / 5,0	1,00 / 1,00	0,92 / 0,92
Mz 28	2250	IIa	7,0	10,6	5,80	1,78	0,74	k.A.	k.A.	k.A.	5,0	1,00	0,92
Mz 28	1800	IIa	7,0	10,6	k.A.	0,23*	1,00*	k.A.	k.A.	k.A.	5,0 / 5,0	0,96 - 0,81 / 0,96 - 0,81	0,92 / 0,92
Mz 28 (Blockverband)	1800	IIa	7,0	10,6	k.A.	0,09*	0,57*	k.A.	k.A.	k.A.	5,0	0,96 - 0,81	0,92
Mz 12	1800	I / IIa-II / IIIa-III	2,5 / 5,0 - 4,0 / 6,0	1,8 / 3,6 / 5,2	0,96 - 0,12 / 0,96 - 0,12	0,52 - 0,18	0,41 - 0,07	1,11 - 0,87	6,0 - 5,0	k.A.	7,0	0,79 / 0,79	0,92 / 0,92

A 7.1: Mechanische und thermische Eigenschaften von Mauerwerk aus künstlichen Steinen

Mechanische und thermische Kenndaten von Mauerwerk aus künstlichen Steinen

BEZEICHNUNG	ROH-DICHTE ρ [kg/m³]	Mörtel-gruppe MG	FESTIG-KEITS-KLASSE	DRUCK βDMW [N/mm²]	βZSt [N/mm²]	ZUG βZMW,s [N/mm²]	βZMW,p [N/mm²]	HAFTSCHER-FESTIGKEIT βHS [N/mm²]	E-MODUL E_D [N/mm²]×10³	E_Z [N/mm²]×10³	TEMP.-AUSDEHN KOEFF. αT [1/K]×10⁻⁶	WÄRME-LEITZAHL λ [W/mK]	WÄRME-KAPAZITÄT c [J/kgK]×10³
A	B	C	D	E	F	G	H	I	J	K	L	M	N
Mz 8	1600	I	2,0	1,3	0,64 - 0,08	k.A.	k.A.	k.A.	6,0 - 5,0	k.A.	7,0 - 5,0	0,47	0,75 - 0,92
		IIa - II	4,0 - 3,5	2,2					6,0 - 5,0	k.A.	7,0 - 5,0	0,47	0,75 - 0,92
PMz 6	1200	I	1,8	1,0	k.A.	k.A.	k.A.	k.A.	2,5 - 2,0	k.A.	7,0 - 5,0	0,52	0,75 - 0,92
		IIa - II	3,5 - 3,0	1,8					2,5 - 2,0		7,0 - 5,0	0,52	0,75 - 0,92
Mz 4	1000 - 1200	II	2,0	2,4	0,32 - 0,04	k.A.	k.A.	k.A.	2,5 - 2,0	k.A.	7,0 - 5,0	0,47 - 0,29	0,75 - 0,92
LLz 6	1200	I	1,8	0,8	k.A.	k.A.	k.A.	k.A.	2,5 - 2,0	k.A.	7,0 - 5,0	0,52	k.A.
		IIa - II	3,0	1,6					2,5 - 2,0		7,0 - 5,0	0,52	
		IIIa-III	3,5	2,4							7,0 - 5,0	0,52	
HLz 60	1800	IIa - II	20,0 - 16,0	17,6 - 14,6	2,40 - 0,60	k.A.	1,20	0,31	25,9 - 18,0	12,5	7,0 - 5,0	0,81	0,75 - 0,92
		IIIa-III		22,1 - 18,7	0,97		0,82	0,57			7,0 - 5,0	0,81	0,75 - 0,92
HLz 28	1400	IIa - II	7,0 - 6,0	10,6 - 8,8	0,56	1,20 - 0,44	2,00 - 0,51	0,41	19,0 - 18,0	7,7	7,0 - 5,0	0,58	0,75 - 0,92
		IIIa-III	11,0 - 9,0	13,4 - 11,3	0,56	0,31	0,85	1,89 - / 0,33	2,6 - / 2,5		7,0 - 5,0	0,58	0,75 - 0,92
HLz 12	1400	IIa - II	2,5	1,8 / 3,0	0,24	(0,44)	0,12	0,15	6,0 - 5,0	2,5	7,0 - 5,0	0,58	0,75 - 0,92
		IIIa-III	5,0 - 4,0	5,0	0,24	0,18	0,21	0,12	5,0 - 3,5	3,3	7,0 - 5,0	0,58	0,75 - 0,92
HLz 8	1430	II	2,0 / 3,5	1,0 / 1,7	0,16	k.A.	k.A.	0,30	4,0 - 3,0	k.A.	7,0 - 5,0	0,70 - 0,62	0,75 - 0,92
		III	4,0	2,2							7,0 - 5,0		0,75 - 0,92
HLz 6	1000	IIa - II	3,5 - 3,0	3,8 - / 3,2	0,12	0,55	0,18	0,51	k.A.	k.A.	7,0 - 5,0	0,47	0,75 - 0,92
VMLz 12	1000	I	2,5	1,8	0,24	k.A.	k.A.	k.A.	k.A.	k.A.	7,0 - 5,0	0,61 - 0,60	0,75 - 0,92
		II	4,0	3,0							7,0 - 5,0		0,75 - 0,92
		III	6,0	5,0							7,0 - 5,0		0,75 - 0,92
GASBETONBLOCKSTEINE													
G 6	800 - 700	IIa - II	3,5	3,8 - 3,2	0,60	0,05	0,12 - 0,09	0,15 - 0,10	2,5	1,4	8,0	0,16	1,00 - 1,26
		IIIa-III	3,0 - 3,5	4,8 - 4,1	0,60	0,05	0,14 - 0,08	0,25 - 0,20	2,5	3,0	8,0	0,16	1,00 - 1,26
G 2	500 - 400	IIa - II	1,5	1,9 - 1,5	0,20	0,03	0,17	0,15 - 0,10	1,0	1,5	8,0	0,16	1,00 - 1,26
		IIIa-III	1,5	2,3 - 2,0	0,20	0,03	0,12 - 0,09	0,25 - 0,20	1,5	1,4	8,0	0,16	1,00 - 1,26
LEICHTBETONVOLLSTEINE													
V 12, dichtes Gefüge	1800	IIa - II	5,0 - 4,0	6,1 - 5,0	1,32	0,63	1,10	0,64 - / 0,37	9,0 - 7,0	8,9	10,0	0,87	1,05 - 0,88
		IIIa-III	6,0	7,6 - 6,5	1,32	0,69	1,32	0,67	15,5 - 12,0		10,0	0,87	1,05 - 0,88
V 2, Bimszuschlag	800	IIa - II	1,5	1,9 - 1,5	0,22	0,42	0,53 - 0,16	0,38 - 0,30	2,0 - 1,5	2,3	10,0	0,40	1,05 - 0,88
		IIIa-III	1,5	2,3 - 2,0	0,22	0,42		0,42	2,5		10,0	0,40	1,05 - 0,88

A 7.1: Mechanische und thermische Eigenschaften von Mauerwerk aus künstlichen Steinen

Mechanische und thermische Kenndaten von Mauerwerk aus künstlichen Steinen

BEZEICHNUNG	ROH-DICHTE ϱ [kg/m³]	Mörtelgruppe MG	FESTIG-KEITS-KLASSE	DRUCK β_{DMW} [N/mm²]	ZUG β_{ZSt} [N/mm²]	$\beta_{ZMW,s}$ [N/mm²]	$\beta_{ZMW,p}$ [N/mm²]	HAFTSCHERFESTIGKEIT β_{HS} [N/mm²]	E-MODUL E_D [N/mm²]×10³	E_Z [N/mm²]×10³	α_T [1/K]×10⁻⁶	λ [W/mK]	c [J/kgK]×10³
A	B	C	D	E	F	G	H	I	J	K	L	M	N
BIMS-STEIN – Vollsteine													
V 12	1800 - 1600	I / IIa-II / IIIa-III	5,0 - 4,0 / 2,5	6,1 - 7,6 / 4,3 - 5,1	1,32 / 1,32	k.A.	0,58 - 0,37	0,60 - 0,90 / 0,40 - 0,70	9,0 / 15,5 - 6,0 / 7,0	8,7 - 5,6	12,0 - 8,0	0,87 - 0,74	1,05 - 0,88
V 6	1800 - 1200	I / IIa-II / IIIa-III	1,8 / 3,5 - 3,0 / 3,5	2,7 / 3,8 - 4,8 / 3,0 - 4,1	0,66 / 0,66	k.A.	0,26	0,60 - 0,90 / 0,40 - 0,70	5,0 - 4,0 / 6,5	3,9	12,0 - 8,0	0,87 - 0,54	1,05 - 0,88
V 4	1400 - 700	I / IIa-II / IIIa-III	2,5 / 2,0 - 2,5	2,1 / 2,8 - 3,7 / 2,1 - 3,1	0,44 / 0,44	k.A.	k.A.	0,60 - 0,90 / 0,40 - 0,70	3,5 - 3,0 / 5,0	k.A.	12,0 - 8,0	0,63 - 0,35	1,05 - 0,88
V 2	1200 - 600	I / IIa-II / IIIa-III	1,5 / 1,5	1,3 / 1,5 - 2,3 / 1,3 - 2,0	0,22 / 0,22	k.A.	0,16	0,60 - 0,90 / 0,40 - 0,70	2,0 - 1,5 / 2,5	2,4	12,0 - 8,0	0,54 - 0,34	1,05 - 0,88
Vollblöcke aus Leichtbeton													
VBL 12	1200 - 1000	I / IIa-II / IIIa-III	2,5 / 5,0 - 4,0 / 6,0	4,3 / 6,1 - 7,6 / 5,0 - 6,5	1,32 / 1,32	k.A.	k.A.	0,60 - 0,90 / 0,40 - 0,70	9,0 - 7,0 / 15,5 - 12,0	k.A.	12,0 - 8,0	0,54 - 0,46	1,05 - 0,88
VBL 6	800	I / IIa-II / IIIa-III	1,8 / 3,5 - 3,0 / 3,5	2,7 / 3,8 - 4,8 / 3,0 - 4,1	0,66 / 0,66	k.A.	k.A.	0,60 - 0,90 / 0,40 - 0,70	5,0 - 4,0 / 6,5	k.A.	12,0 - 8,0	0,39	1,05 - 0,88
VBL 4	800 - 700	I / IIa-II / IIIa-III	2,5 / 2,0 - 2,5	2,1 / 2,9 - 3,7 / 2,1 - 3,1	0,44 / 0,44	k.A.	k.A.	0,60 - 0,90 / 0,40 - 0,70	3,5 - 3,0 / 5,0	k.A.	12,0 - 8,0	0,39 - 0,35	1,05 - 0,88
VBL 2	700 - 500	I / IIa-II / IIIa-III	1,5 / 1,5	1,3 / 1,9 - 2,3 / 1,3 - 2,0	0,22 / 0,22	k.A.	k.A.	0,60 - 0,90 / 0,40 - 0,70	2,0 - 1,5 / 2,5	k.A.	12,0 - 8,0	0,35 - 0,29	1,05 - 0,88
Hohlblöcke													
HBL 8	1400 - 1200	I / IIa-II / IIIa-III	2,0 / 4,0 - 4,0	3,3 / 4,6 - 5,8 / 3,9 - 5,0	0,64 / 0,64	k.A.	0,10 / 0,20	0,60 - 0,90 / 0,40 - 0,70	4,5 - 4,0 / 5,0	k.A.	12,0 - 8,0	0,90 - 0,60	1,05 - 0,88
HBL 6	1400 - 1000	I / IIa-II / IIIa-III / LM 36	1,8 / 3,5 - 3,0 / 3,5	2,7 / 3,8 - 4,8 / 3,0 - 4,1 / 3,8	0,48 / 0,48	0,30	0,10 / 0,20 / 0,46	0,60 - 0,90 / 0,40 - 0,70	5,0 - 4,0 / 5,0	k.A.	12,0 - 8,0	0,90 - 0,60	1,05 - 0,88
HBL 4	1400 - 800	I / IIa-II / IIIa-III	2,5 / 2,0 - 2,5	2,1 / 2,1 - 2,0 / 2,5	0,32 / 0,32	k.A.	0,10 / 0,20	0,60 - 0,90 / 0,40 - 0,70	3,0 - 3,5	k.A.	12,0 - 8,0	0,90 - 0,39	1,05 - 0,88

Anhang 7 :

A 7.1: Mechanische und thermische Eigenschaften von Mauerwerk aus künstlichen Steinen

Mechanische und thermische Kenndaten von Mauerwerk aus künstlichen Steinen

BEZEICHNUNG	ROH-DICHTE ϱ [kg/m³]	Mörtelgruppe FESTIGKEITS-KLASSE MG		DRUCK β_{DMW} [N/mm²]	ZUG β_{ZSt} [N/mm²]	$\beta_{ZMW,s}$ [N/mm²]	$\beta_{ZMW,p}$ [N/mm²]	HAFTSCHER FESTIGKEIT β_{HS} [N/mm²]	E-MODUL E_D [N/mm²]$\times 10^3$	E_Z [N/mm²]$\times 10^3$	TEMP.-AUSDEHN KOEFF. α_T [1/K]$\times 10^{-6}$	WÄRME-LEITZAHL λ [W/mK]	WÄRME-KAPAZITÄT c [J/kg K]$\times 10^3$
A	B	C	D	E	F	G	H	I	J	K	L	M	N
HBL 2	1000 - 500	IIa - II	1,5 - 1,5	0,6 / 1,3 - 1,5	0,16		0,10	0,60 - 0,40	2,0 - 1,5	k.A.	12,0 - 8,0	0,64 - 0,29	1,05 - 0,88
		IIIa-III		1,2 / 2,3 - 2,0	0,16		0,20	0,90 - 0,70	2,0		12,0 - 8,0	0,64 - 0,29	1,05 - 0,88
		LM 36		2,0 / 1,8		0,14	0,30				12,0 - 8,0	0,64 - 0,29	1,05 - 0,88
HBL 2 (Liapor)	350	IIa	1,5	1,9	0,35	0,44*	0,36*	0,90 - 0,70	3,3*	k.A.	12,0 - 7,5	0,64 - 0,29	1,05 - 0,88
BETON B 25	2400	-	-	25,0		3,93		k.A.	30,0	30,0	10,0	2,10	1,00
B 35	2400			35,0		4,92			34,0	34,0	10,0	2,10	1,00

* aus eigenen Versuchen

Literaturquellen: in [Al Bosta S.; Schäfer K., 1993]

Spalte	Quelle
E	[36,37,38 und 39]
F	[29, 38,40 und N2]
G	[38,41 und 42]
H	[29,40,41,43 und N1]
I	[29,39,41,43,45 und N1]
J	[29,38,39,43,45 und N1]
K	[29 und 43]
L	[29 und 46]
M	[29,36,46,47,48,50,51 und N5]
N	[48,50 und 51]

A 7.2: Mechanische und thermische Eigenschaften von Mauerwerk aus Natursteinen

Mechanische und thermische Kenndaten von Mauerwerk aus natürlichen Steinen

NATURSTEINE

BEZEICHNUNG	ROH-DICHTE ϱ [kg/m³]	Mörtel-gruppe MG	DRUCK βDMW [N/mm²]	ZUG βZMW [N/mm²]	E-MODUL E_D [N/mm²] x10³	TEMP.-AUSDEHN. KOEFF. αT [1/K] x10⁻⁶	WÄRME-LEITZAHL λ [W/mK]	WÄRME-KAPAZITÄT c [J/kg K] x10³
Basalt	3000 – 2600	I / II / III	14,0 – / 18,0 – / 3,0	0,2	48 – 105 / 48 – 105 / 40 – 90	5,0 – 8,0	3,88 – 2,91	0,80 – 0,88
Basalt-Lava	2400 – 2200	I / II / III	4,5 – 1,0 / 8,0 – 1,8 / 10,0 –	0,2	k.A.	k.A.	1,45 – 1,29	k.A.
Diabas	3000 – 2600	I / II / III	14,0 – / 18,0 – / 3,0	0,2	64 – 115	4,0 – 7,0	3,88 – 2,91	k.A.
Diorit	3000 – 2600	I / II / III	14,0 – / 18,0 – / 3,0	0,2	75 – 120	4,0 – 8,0	k.A.	k.A.
Dolomit	2800 – 2600	I / II / III	4,5 – 1,0 / 8,0 – 1,8 / 10,0 –	0,2	32 – 100	5,0 – 10,0	3,88 – 1,98	0,93
Gneis	3000 – 2500	(I,II,III)	k.A.	0,2	29 – 66	k.A.	3,84 – 3,37	0,88
Granit	3000 – 2400	I / II / III	14,0 – 1,5 / 18,0 – 3,0	0,2	32 – 72	5,0 – 11,0	4,07 – 2,91	0,84
Grauwacke	2700 – 2600	I / II / III	12,0 – 1,2 / 15,0 – 2,4	0,2	12 – 54	10,0 – 12,0	3,88 – 2,91	k.A.
Kalkstein, fest	2800 – 2600	I / II / III	2,0 – 0,8 / 4,0 – 1,2 / 5,0 –	0,2	16 – 90	5,0 – 10,0	1,98	0,91 – 0,93
, dicht	2600 – 1700	I / II / III	4,5 – 1,0 / 8,0 – 1,8 / 10,0 –	0,2	16 – 90	4,0 – 12,0	3,88 – 1,29	0,88
Marmor	2850 – 2500	(I,II,III)	k.A.	0,2	65 – 105	5,0 – 11,7	3,50 – 2,09	1,00
Melaphyr	3000 – 2600	I / II / III	14,0 – / 18,0 – / 3,0	0,2	—	k.A.	3,88 – 2,91	0,84
Quarzit	2650 – 2600	(I,II,III)	k.A.	0,2	50 – 75	10,0 – 13,0	k.A.	k.A.
Quarz-Porphyr	3000 – 2600	I / II / III	14,0 – / 18,0 – / 3,0	0,2	—	5,0 – 13,0	3,88 – 2,91	k.A.

A 7.2: *Mechanische und thermische Eigenschaften von Mauerwerk aus Natursteinen*

Mechanische und thermische Kenndaten von Mauerwerk aus natürlichen Steinen

BEZEICHNUNG	ROH-DICHTE ϱ [kg/m³]	Mörtel-gruppe MG	DRUCK β_DMW [N/mm²]	ZUG β_ZMW [N/mm²]	E-MODUL E_D [N/mm²] ×10³	TEMP.-AUSDEHN. KOEFF. α_T [1/K] ×10⁻⁶	WÄRME-LEITZAHL λ [W/mK]	WÄRME-KAPAZITÄT c [J/kg K] ×10³
A	B	C	D	E	F	G	H	I
Sandstein(Quarz-)	2700 - 2000	I	3,0 - 0,8	0,2	71 - 12	8,0 - 12,0	2,33 - 1,11	0,92
		II	6,0 - 1,4	0,2	71 - 12	8,0 - 12,0	2,33 - 1,11	0,92
		III	7,0	0,2	71 - 12	8,0 - 12,0	2,33 - 1,11	0,92
,quarzitisch	2700 - 2600	I	12,0 - 1,2	0,2	71 - 12	8,0 - 12,0	3,88 - 2,70	0,92
		II	15,0 - 2,4	0,2	71 - 12	8,0 - 12,0	3,88 - 2,70	0,92
		III		0,2	71 - 12	8,0 - 12,0	3,88 - 2,70	0,92
Schiefer	2700 - 2650	(I,II,III)	k.A.	0,2	80 - 50	k.A.	1,98 - 1,51	0,76
Syenit	3000 - 2600	I	14,0 - 3,0	0,2	74 - 37	5,0 - 11,0	3,88 - 2,91	k.A.
		II	18,0	0,2	74 - 37	5,0 - 11,0	3,88 - 2,91	
		III		0,2	74 - 37	5,0 - 11,0	3,88 - 2,91	
Travertin	2600 - 1700	I	2,0 - 0,8	0,2	55 - 13	4,0 - 12,0	2,33 - 1,29	k.A.
		II	6,0 - 1,2	0,2	55 - 13	4,0 - 12,0	2,33 - 1,29	
		III	7,0	0,2	55 - 13	4,0 - 12,0	2,33 - 1,29	
Tuffstein ,vulkanisch	2000 - 1800	I	2,0 - 0,8	0,2	20 - 4	6,0 - 10,0	1,29 - 1,06	k.A.
		II	6,0 - 1,2	0,2	20 - 4	6,0 - 10,0	1,29 - 1,06	
		III	7,0	0,2	20 - 4	6,0 - 10,0	1,29 - 1,06	

Spalte D: linke Seite : Quaderstein-Mauerwerk, entspricht Natursteinmauerwerk-Güteklasse N4
rechte Seite : Bruchstein-Mauerwerk, entspricht Natursteinmauerwerk-Güteklasse N1

Literaturquellen: *in [Al Bosta S.; Schäfer K., 1993]*

Spalte	Quelle
D	[36]
E	[29]
F	[52]
G	[29]
H	[36,50,51 und N5]
I	[48,50 und 51]

Stichwortverzeichnis